河南省桐柏高乐山自然保护区科学考察报告

韩 涛 郑国辉 主编

黄河水利出版社
·郑州·

图书在版编目(CIP)数据

河南省桐柏高乐山自然保护区科学考察报告/韩涛,郑国辉主编.—郑州:黄河水利出版社,2012.8

ISBN 978-7-5509-0342-5

Ⅰ.①河… Ⅱ.①韩… ②郑… Ⅲ.①自然保护区-科学考察-考察报告-河南省 Ⅳ.①S759.992.61

中国版本图书馆CIP数据核字(2012)第202870号

出 版 社:黄河水利出版社　　网址:www.yrcp.com

地址:河南省郑州市顺河路黄委会综合楼14层　　邮政编码:450003

发行单位:黄河水利出版社

发行部电话:0371-66026940、66020550、66028024、66022620(传真)

E-mail:hhslcbs@126.com

承印单位:河南省瑞光印务股份有限公司

开本:787 mm×1 092 mm 1/16

印张:11

字数:265千字　　印数:1—1 000

版次:2012年8月第1版　　印次:2012年8月第1次印刷

定价:29.00元

《河南省桐柏高乐山自然保护区科学考察报告》

编委会人员名单

前　言

千里淮河发源于桐柏山主峰北麓"小淮井"，又称淮水。在古代，淮河与黄河、长江、济水齐名，并称"四渎"——黄河是"母亲河"，长江是"生命河"，济水是"思源河"，淮河是"风水河"，而五岳四渎则是中华民族的象征物；在当代，淮河又被列为我国七大江河之一。《史记·殷本纪》对禹的治水范围有如此记载："东为江，北为济，西为河，南为淮。"

淮河流域包括湖北、河南、安徽、山东、江苏5省40个地(市)，181个县(市)，总人口1.65亿，平均人口密度为611人/km^2，是全国平均人口密度122人/km^{2}的4.8倍，居各大江大河流域人口密度之首。而淮河，因其流域面积广，两岸居住人口密集，流域内风调雨顺或旱涝灾害对中华民族的政治经济生活影响甚大，因而被华夏儿女尊为"风水河"。

淮河与秦岭是我国南北方的地理分界线，为了保护淮河的发源地，2004年，河南省成立了高乐山省级自然保护区，高乐山是淮河一级支流五里河、毛集河的发源地，不仅是淮河的源头，也是淮河源头重要的储水库，是薄山、尖山、连庄、李庄等众多中小型水库的汇水区。

由于淮河源头人口密度大，生态环境脆弱，一旦遭到破坏，将很难恢复。为了让淮河清水长流，在有关专家的建议下，组建高乐山自然保护区考察组，用更统一、更规范、更科学的方法建设和发展保护区，以确保淮河源头的森林生态系统得到有效保护。

高乐山自然保护区位于桐柏县东北部，地理坐标为北纬32°25′55″至32°42′40″，东经113°32′33″至113°48′12″。东邻信阳平桥区，北接驻马店市确山县，西与驻马店市泌阳县接壤，南与湖北省随州市隔河相望。地跨毛集、黄岗、回龙三个乡镇，呈掌状分布，总面积9 060 hm^2。

高乐山自然保护区属桐柏山余脉，区内山峦起伏，地形复杂，整个地势呈北高南低，海拔130～813 m，最高峰祖师顶812.5 m，高乐山730 m。主要山峰有花棚山、猪屎大顶、牛屎大顶、七亩顶、歪头山、双峰山、老寨山、明山、杏山、祖师顶等。大部分地区沟壑纵横，山势陡峻，坡面长，相对高差大，坡度多在30°～50°，岩石裸露地多，小部分地区分布在低山区，坡度在10°～15°。

高乐山位于淮河源头区，是淮河的一级支流五里河、毛集河的发源地。该区丰富的降水、茂密的森林植被、复杂的地形地势形成境内众多的山溪小河，蜿蜒而下汇合形成淮河的一级支流五里河、毛集河等，另有部分降水流入确山县境内的薄山水库；境内水库、塘、堰星罗棋布，比较大的水库有连庄水库、李庄水库、鸳鸯寺水库等。

高乐山属北亚热带季风型大陆性气候，四季分明，温暖湿润，日照时数平均2 023 h，太阳辐射总量112 kcal/cm^2，年有效辐射55 kcal/cm^2，无霜期205～231天，年有效积温4 500 ℃以上，年平均气温15.0 ℃。年平均降水量933～1 181 mm，多集中在6、7、8月三个月，占全年降水量的48.2%；年蒸发量1 499 mm，相对湿度74%。

高乐山地处北亚热带向暖温带过渡地带，区内南北植物种类兼有。主要植被类型有常绿针叶林、落叶阔叶林、针阔混交林、常绿落叶混交林、常绿落叶灌丛及草丛。植物资源十分丰富,种类繁多,据调查共有植物 82 科 1 971 种。其中银杏、水杉、粗榧、山核桃、辛夷、杜仲、青檀、八角莲、望春花、金钱槭、白楠、大叶楠、河南杜鹃、厚壳树、三尖杉等被列为国家级、省级重点保护植物。

经过长期观察和监测,保护区内的动物资源比较丰富,现已知的哺乳类动物中,属国家重点保护的哺乳动物有穿山甲、水獭、青羊等,属河南省重点保护的动物有 10 多种。

保护区已知鸟类有 170 种,其中属国家重点保护的有灰鹤、白冠长尾雉、鹰隼等。

爬行动物有 28 种,两栖动物有 15 种,昆虫有 1 036 种。

切实保护高乐山自然保护区的森林生态系统及其丰富的生物多样性,充分发挥其保持水土,涵养水源作用,对保证淮河中下游数亿人口的生活用水和工农业用水具有重大战略意义,其水质、水量更关系到我国南水北调东线工程的水质安全,受到党和国家及全国人民的高度重视。本科学考察报告是受河南省桐柏高乐山自然保护区委托,由河南省林业厅、桐柏县林业局、高乐山自然保护区管理局、太白顶自然保护区管理局、伏牛山自然保护区黄石庵管理局、天目山自然保护区管理局、薄山林场等单位共同组成科考队与科考报告编辑组,在河南省林业厅、桐柏县人民政府等有关领导的支持与帮助下,在对高乐山自然保护区综合考察的基础上完成的。

由于水平有限,不足之处在所难免,敬请专家和同仁批评斧正,不胜感谢!

高乐山自然保护区科考组

2011 年 4 月

目　录

第一章　总　论

第一节　自然地理概述

一、位置

高乐山自然保护区位于桐柏县东北部，地理坐标为北纬32°25′55″至32°42′40″，东经113°32′33″至113°48′12″。东邻信阳平桥区，北接驻马店市确山县，西与驻马店市泌阳县接壤，南与湖北省随州市隔河相望。地跨毛集、黄岗、回龙三个乡镇，呈掌状分布，总面积9 060 hm^2。

二、地质地貌

保护区位于桐柏—大别山区，南北跨淮阳地盾和华北陆台两大地质构造区。在燕山运动、喜马拉雅运动和第四纪新构造运动中，南部淮阳地盾多次隆起抬升，北部华北陆台多次沉降，在内外引力的共同作用下，形成西南高、东北低的地貌格局。区内构造以断裂为主，褶皱为次。保护区地层主要包括下元古界、中元古界、下古生界和新生界。岩石以花岗岩、石英岩、云母岩、砂岩、片麻岩为主。

自然保护区属中低山丘陵区，群山峻起，峰峦叠嶂，沟壑纵横，溪流密布，谷地、丘陵介于山水之间，是综合性的山川地貌。

桐柏山地西部、西北部隔南阳盆地与秦岭相连，东部为淮河平原，东南部连接大别山地。桐柏山的主脊也是河南和湖北的分省界线。总的地势是南部、东部低，其中海拔在800 m以上的中山面积占该部分总面积的0.2%，海拔300 m以上的低山面积占该部分总面积的46.2%，海拔300 m以下的丘陵、山间谷地占该部分总面积的53.6%。自然保护区东北部分，为桐柏山支脉，最高海拔为东部的祖师顶，海拔812.5 m，自然保护区东北部分，总的山脉走向仍然是西北—东南走向。

自然保护区沟谷密布，切割强烈，逆淮河干支流流向，溪流像扇面一样展开。桐柏山脉受断裂控制，地势高峻陡峭，海拔300 m以下的丘陵、谷地则相对平缓。

三、气候

高乐山自然保护区位于河南省南部，属暖温带与北亚热带过渡区，以淮河干流为界，北部为暖温带季风型气候，南部为北亚热带季风型气候。特点是：夏季湿热，冬季干旱，春秋凉爽，四季分明，雨热同期，雨量充沛。年平均气温15 ℃，1月平均气温1.6～2.2 ℃，7月平均气温约28 ℃，年平均降水量933～1 181 mm，主要集中在夏季。年平均无霜期205～231天，年平均蒸发量1 499 mm，空气相对湿度74%，年平均日照时数2 023 h，年平均风速3.0 m/s。

四、水文

保护区西南北三面群山环峙,地形复杂,茂密的森林植被,丰富的降水,形成境内众多的河流湖泊。区内的河流基本上属于淮河水系。

保护区还是众多水库的汇水区,周边比较大的有薄山、尖山、连庄、李庄等10余座水库。

五、土壤

土壤是自然景观的重要组成部分,在其漫长的发展过程中,受各种自然因素以及人为活动的深刻影响,致使土壤组成存在着很大差异,形成的土壤类型也各不相同。本区土壤母岩以花岗岩、石英岩、云母岩、砂岩、片麻岩为主,土壤基本属于黄棕壤,pH 值为 5 ~6,土层厚度在 15 ~40 cm。本区土壤土类主要有黄棕壤、石质土、粗骨土、水稻土。

第二节　植物资源

一、物种组成

保护区共分布有高等维管束植物 182 科、796 属、1 971 种,其中蕨类植物 26 科、59 属、136 种;种子植物 156 科、737 属、1 835 种。种子植物中又包括:裸子植物 6 科、9 属、15 种;被子植物 150 科、728 属、1 820 种。

二、区系地理成分

高乐山自然保护区植物区系的地理成分是复杂的。从种子植物各分布类型所占比例来看,除去世界分布的 76 个属,剩下的 661 个属,属于 2 ~7 项热带或以热带为中心分布地理成分的有 220 属、470 种,分别占总数的 29.9%、25.6%,属于 8 ~15 项温带性质的有 441 属、1 016 种,分别占总数的 59.8%、55.4%,温带分布占明显优势。另外,北温带分布的属数、种数都是最多的,泛热带分布的属数、种数占第二位,表明本区植物区系以温带成分为主,兼有一定的热带分布类群,显示出南温带与北亚热带过渡交替的特征。

三、区系特征

(一)植物种类丰富,区系组成多元化

本区有种子植物 156 科、737 属、1 835 种,中国种子植物属的 15 个分布区类型本区都有它们的代表,分布类型非常齐全,可见本区植物区系地理成分的复杂性。

在本区内,物种数量超过 100 种的大科,其组成种的分布区类型所占比例(热带分布型: 温带型: 世界分布型)为菊科 18: 86: 17;蔷薇科 1: 94: 11;禾本科 51: 58: 20;基本上以温带分布为主(除少数蔷薇科、唇形科外)。

从属的分布来看,多于 20 种的属有 2 个,占保护区总属数的 0.3%;15 ~20 种的属 3 个,占保护区总属数的 0.4%;10 ~14 种的属 17 个,占保护区总属数的 2.3%;5 ~9 种的属 72 个,占保护区总属数的 9.8%;而少种属(2 ~4 种)和 1 种属却有 287 个和 356 个,分别占总属数的 38.9%和 48.3%。充分证明了本区植物区系的多样性。

(二)特有和珍稀濒危植物丰富

保护区生物多样性较为丰富,特有种及国家重点保护物种繁多,共有中国特有植物20属、24种。

根据国家林业局1999年颁布的《国家重点野生植物名录》(第一批),分布于保护区的保护植物有13种,其中Ⅰ级保护植物3种,Ⅱ级保护植物11种;被《中国植物红皮书(第一册)》收录的有17种。上述各物种不重复统计,共计22种。另外,在《国家重点保护野生植物名录》(第二批)(待公布)中,保护区内有43种Ⅱ级保护植物被收录。

高乐山自然保护区在中国植物区系分区上,属于泛北极植物区,中国—日本森林植物亚区,位于华中地区、华东地区、华北地区的交会点上,是华中、华东、西南、华北植物区系的交会地,各种成分内容并存。

从科属的分布型统计看,属于世界广布型的有76属、349种,分别占自然保护区种子植物总属数和总种数的10.3%和19.0%;属于热带分布型的有220属、470种,分别占自然保护区种子植物总属数和总种数的29.9%和25.6%;而属于温带分布型的有441属、1 016种,分别占自然保护区种子植物总属数和总种数的59.8%和55.4%,本区植物区系偏重于温带性质,具北亚热带向暖温带过渡的特点,是亚热带和温带地区植物区系重要的交会地区。

(三)起源古老,古老科属和孑遗属种多

保护区植物区系起源的古老特性,表现在古老科属和孑遗属种的数量上。复杂多样的山地地形以及优越的自然条件使得不少古老物种在高乐山自然保护区得以保存,显示出一定的古老性。古老、孑遗植物主要有三尖杉、红豆杉、杜仲、水青树、领春木、鸡桑等。

基于A. C. Smith对被子植物原始科的研究,高乐山自然保护区被子植物原始科较多,如木兰科、马兜铃科、三白草科、金粟兰科、樟科、木通科、防己科、毛茛科、小蘖科、罂粟科、领春木科、连香树科等13科,含56属、139种。说明保护区的植物区系有着深远的历史渊源。

四、植被类型

高乐山保护区的植被可以划分为5级,12个植被型,49个群系。

高乐山自然保护区植被分类系统

自然植被

(一)针叶林(Vegetation type group)

Ⅰ.暖性针叶林(Vegetaion type)

1.马尾松群系(Form. *Pinus massoniana*)

2.杉木群系(Form. *Cunninghamia lanceolata*)

Ⅱ.温性针阔混交林(Vegetation tyge)

3.马尾松、栓皮栎群系(Form. *Pinus massonian*, *Quercus variabilis*)

4.马尾松、麻栎群系(Form. *Pinus massonian*, *Quercus acutissima*)

5.马尾松、化香群系(Form. *Pinus massonian*, *Platycarya strobilacea*)

(二)阔叶林(Vegetation type group)

Ⅲ.落叶阔叶林(Vegetation type)

6.栓皮栎群系(Form. *Quercus variabilis*)

7. 栓皮栎、枫香群系(Form. *Quercus variabilis*, *Liquidambar formosana*)

8. 化香、栓皮栎群系(Form. *Platycarya strobilacea*, *Quercus variabilis*)

9. 枫香、麻栎群系(Form. *Liquidambar formosana*, *Quercus acutissima*)

10. 麻栎、栓皮栎群系(Form. *Quercus acutissima*, *Quercus variabilis*)

11. 黄栌群系(Form. *Cotinus coggygria*)

12. 槲栎群系(Form. *Quercus aliena*)

13. 茅栗群系(Form. *Castanea seguliii*, *Castanea moooissima*)

14. 黄檀群系(Form. *Dalbergia hupeana*)

15. 化香群系(Form. *Platycarya strobilacea*)

16. 枫杨群系(Form. *Pterocarya stenoptera*)

17. 枫香群系(Form. *Liquidambar formosana*)

18. 刺槐群系(Form. *Robina pseudcacacia*)

Ⅳ. 常绿、落叶阔叶混交林(Vegetation type)

19. 栓皮栎、青冈群系(Form. *Quercus variabilis*, *Quercus glauca*)

20. 青冈、枫杨群系(Form. *Quercus glauca*, *Pterocarya stenoptera*)

21. 青冈、化香群系(Form. *Quercus glauca*, *Platycarya strobilacea*)

22. 青冈、黄檀群系(Form. *Quercus glauca*, *Dalbergia hupeana*)

Ⅴ. 常绿阔叶林(Vegetation type)

23. 青冈群系(Form. *Quercus glauca*)

Ⅵ. 竹林(Vegetation type)

24. 毛竹群系(Form. *Phyllostachys pubescens*)

25. 刚竹群系(Form. *phyllostachys bambusoides*)

26. 淡竹群系(Form. *Phyllostachys glauca*)

(三)灌丛和草丛(Vegetation type group)

Ⅶ. 灌丛(Vegetation type)

27. 连翘群系(Form. *Forsythia supensa*)

28. 灰栒子群系(Form. *Cotoneaster acutifolius*)

29. 杜鹃群系(Form. *Rhododendron simsii*)

30. 白鹃梅系(Form. *Exochorda racemesa*)

31. 葛、盐肤木群系(Form. *Pueranria lobata*, *Rhus chinensis*)

Ⅷ. 灌草丛(Vegetation type)

32. 算盘珠、黄背草群系(Form. *Glochidion fortunci*, *Themeda traindravar. japonica*)

33. 野山楂、小果蔷薇、披叶苔群系(Form. *Crataegus cuneata*, *Rosa microcarpa*, *Carex lanceolata*)

(四)草甸(Vegetation type group)

Ⅸ. 草甸(Vegetation type)

34. 结缕草群系(Form. *Zoysia japonica*)

35. 狗牙根群系(Form. *Cynodon dactylon*)

36. 假俭草群系(Form. *Eremochloa ophiuroides*)

(五)沼泽和水生植被(Vegetation type group)

Ⅹ.沼泽(Vegetation type)

37.香蒲群系(Form. *Typha crientalis*)

38.芦苇群系(Form. *Phragmites communis*)

39.灯心草群系(Form. *Juncus effuses*)

40.莎草群系(Form. *Cyperus fuscus*)

Ⅺ.水生植被(Vegetation type)

41.莲群系(Form. *Nelumbo nucifera*)

42.浮萍、紫萍群系(Form. *Lemna minor*、*Spirodela polyrrhiza*)

43.满江红、槐叶萍群系(Form. *Azolla imbricata*、*Salvinia natans*)

44.弧尾藻群系(Form. *Myriophyllum spicatum*)

45.眼子菜群系(Form. *Potamogeton distinctus*)

46.金鱼藻群系(Form. *Ceratophyllum demersum*)

栽培植被

Ⅻ.经济林植被(Vegetation type)

47.柳杉群系(Form. *Cryptomeria fortunei*)

48.油桐群系(Form. *Vernicia fordii*)

49.板栗群系(Form. *Castanea moooissima*)

五、植被分布规律及主要特征

(一)丰富的植被类型

保护区地处北亚热带与暖温带的过渡地带,而且由于保护区地形复杂、坡向不同、海拔差异、干湿状况及降雨、风向、风速的不同,使得保护区内植被生境丰富多彩,植被类型多种多样。通过初步统计,保护区共有12个植被型,49个群系。

(二)具有北亚热带向暖温带交会过渡的特征

通过对区内植物区系地理成分的分析,本区拥有各类温带成分如栎类、槭等共计441属,占总属数的59.8%;同时,本区也具有一定的亚热带和热带成分,如马尾松、葛、苎麻等共计220属,占总属数的29.9%。这说明了保护区植被具有北亚热带向暖温带的过渡特征。

(三)本区植被具有第三纪残余植被性质

本区分布有许多第三纪孑遗植物,如蕨类的紫萁(*Osmanda*)、石松(*Lycopodium*);裸子植物有松属(*Pinus*);被子植物则有栎、香果树、杜仲、领春木、枫杨、刚竹、水青树、猕猴桃等,都是第三纪古热带区系的残余、孑遗种或后裔,说明高乐山自然保护区具第三纪残遗性质。

(四)具有一定的垂直梯度格局

保护区最高峰祖师顶海拔812.5 m,最低海拔140 m,相对高差近700 m,随着海拔的变化,热量和水分相应地发生垂直变化。植被具有一定的垂直分布格局。①海拔500 m以下,主要为常绿针叶林及一些经济林类型,此带由于人为活动的影响,植被格局比较破碎,主要为马尾松、杉木林等与油桐林、毛竹林及农耕地等镶嵌排列,并包括一些灌草丛。②海拔500~700 m,代表类型为常绿和落叶阔叶混交林。③海拔700 m以上,代表类型为落叶阔叶林,主要为栎类、枫香和化香等。

六、国家珍稀濒危保护植物

保护区地处北亚热带向暖温带的过渡地带,生物多样性极为丰富,特有种及国家重点保护物种类繁多,保护区共有中国特有植物20属、24种。

根据国家林业局1999年颁布的《国家重点保护野生植物名录》(第一批),分布于保护区的有14种,其中Ⅰ级保护植物3种,Ⅱ级保护植物11种,被《中国植物红皮书(第一册)》收录的有17种。上述各物种不重复统计,共计22种。另外,在《国家重点保护野生植物名录》(第二批)(待公布)中,保护区有43种Ⅱ级保护植物被收录;被《濒危野生动植物种国际贸易公约》附录Ⅱ收录43种。

七、资源植物

保护区内具有食用、药用等经济价值的野生资源植物极为丰富。根据初步调查统计,保护区资源植物种类繁多,其具体类型和数量如下:淀粉植物75种,中草药植物800余种,蜜源植物85种,香料植物60种,工业油脂植物90种,花卉植物50种,食用野菜植物40种,鞣料植物65种,其他还有许多昆虫寄生植物、水土保持植物和纤维植物等。研究该地区内野生资源植物的保护和开发利用,既有利于野生植物的保护工作,又可以发展当地经济,具有非常重要的现实意义。

第三节　动物资源

一、基本组成

保护区内共有脊椎动物32目、79科、286种,其中兽类有6目、17科、45种,鸟类有17目、39科、170种,两栖类有2目、6科、15种,爬行类有3目、7科、28种,鱼类有4目、10科、28种。

二、区系地理成分

从动物地理区划看,保护区位于古北界与东洋界的分界线上,南北东西物种交流渗透,呈现出多样性。保护区内共有陆生脊椎动物258种,属于东洋界的种类有99种,古北界的种类有85种,广布种有74种,所占比例分别为38.37%、32.95%、28.68%。

两栖纲动物中东洋界物种8种,所占比例为53.3%;古北界种类2种,所占比例为13.3%;广布种5种,所占比例为33.3%。爬行纲动物属于东洋界的有16种,所占比例为57.1%;属于古北界的有4种,所占比例为14.3%;属于广布种的有8种,所占比例为28.6%;没有古北界物种。保护区的两栖、爬行类动物组成以东洋种为主,东洋和古北两界均有分布的广布种占有较大比例,此区域内,两界动物相互渗透,这说明保护区处于动物区系的过渡地带。

鸟类属于东洋界的有56种,所占比例为33%;属于古北界的有65种,所占比例为38%;属于广布种的有49种,所占比例为29%。可见,保护区的鸟类组成也体现了动物区系过渡地带所具有的特点,南北方鸟类种数大体相当,鸟类组成上出现混杂的现象。

哺乳动物属于东洋界的有 19 种,所占比例为 42%;古北界物种有 14 种,所占比例为 31%;广布种 12 种,所占比例为 27%。可见,东洋种、古北种和广布种 3 种的种数相近,完全反映了动物区系过渡地带南北方动物皆有,相互渗透的特点。

三、国家保护动物和珍稀濒危动物

高乐山自然保护区内陆生脊椎动物中国家重点保护的有 31 种,Ⅰ级保护动物 4 种,其中鸟类 2 种,即金雕(*Aquila chrysaetos*)和黑鹳(*Ciconia nigra*),兽类 2 种,即金钱豹(*Panthera pardus*)和麝(*Moschus moschiferus*);Ⅱ级保护动物 27 种,其中两栖类 2 种,鸟类 19 种,兽类 6 种;国家保护的有益的兽类、有重要经济价值、有科学研究价值的陆生野生动物(以下简称"三有"动物)共 175 种,其中,两栖类 10 种,爬行类 19 种,鸟类 123 种,兽类 23 种;属于《濒危野生动植物种国际贸易公约》(CITES)附录物种共 39 种,其中有 4 种为附录Ⅰ物种,26 种为附录Ⅱ物种,9 种为附录Ⅲ物种,另外有国家重点保护的动物和科研价值的陆生野生动物 175 种。

第四节 旅游资源

高乐山自然保护区地处我国南北气候带的分界线上,丰富而寓意深远的地貌景观、优美的森林景观、神秘的地质奇观和深厚的文化底蕴,野生动植物物种和国家重点保护的野生动植物众多,森林旅游资源较为丰富,是开展森林生态旅游的理想场所。

保护区内有大面积的天然落叶阔叶林和灌木林及人工针叶林。林下植被丰富多样,有维管束植物 182 科、796 属、1 971 种。各种植物群落四季景色丰富多彩。春天空谷幽兰,迎春绽放,杜鹃烂漫;夏天古木参天,浓荫蔽日,山林内外两重天;秋天金风送爽,枫叶流丹,层林尽染,秋色无边;冬日满天飞絮,银装素裹,玉树琼花。真可谓万山俊秀,四季皆景。

高乐山自然保护区内丰润的雨水、深蕴的径流造就出山清水秀的高乐山、祖师顶,形成形态各异的水文景观。保护区内高山流水,蜿蜒而下,飞瀑流泉,迸珠溅玉。其间形成的瀑布、水库,水质碧绿,清澈见底,泉水甘甜,清香可口。游人至此,踏水而上,顺水追源,心旷神怡,流连忘返。

保护区因是淮河源头,其独特的地理位置和在中华文明史上占据的重要地位而衍生出丰厚的淮源文化。对淮河源头探寻,自古至今从未停止。淮源的奥秘,引起了许多名人雅士的兴趣,自古以来来此觅踪探源、浏览胜景者难以计数。

保护区内蕴含深厚的淮源山水历史文化、矿产文化和红色苏区文化。

第五节 历史沿革和保护区概况

、历史沿革及现状

高乐山自然保护区前身是国有桐柏毛集林场,于 2004 年由河南省人民政府批准成立了省级自然保护区,属于淮河源头,保护对象为亚热带常绿落叶阔叶混交林生态系统,总面积为 9 060 hm^2。

目前,高乐山自然保护区已成立自然保护区管理局,为正科级事业单位,行政上隶属于桐柏县人民政府,业务上由河南省林业厅主管,具有独立的事业法人资格,下设有综合办、人事股、业务股、保护股、经营股,形成了局、站、点的三级管理体系。

自然保护区成立后,由于经费短缺,基础设施建设滞后,管理局及下设各科室均设在原林场场部。区内有干线公路25 km,支线公路55 km,巡护路120 km,管护用汽车4 辆;通信线路40 km;初步建立了保护管理体系,现有行政管理人员 9 人,科研技术人员 28 人,后勤服务人员 12 人,管护人员 51 人。

通过广大职工励精图治、艰苦创业,保护区的日常管理逐步迈入正轨,各种规章制度日渐完善,保护工作初见成效。

二、保护区概况

高乐山自然保护区地处河南省南部,地跨回龙乡、黄岗镇、毛集镇 3 个乡镇 15 个行政村,保护区距桐柏县城 35 km,与驻马店市确山县、泌阳县,信阳市平桥区相邻。

与保护区相邻乡镇所涉及人口总数为 2 519 人,其中,农业人口 1 414 人,非农业人口 1 105人,其中保护区内人口为 48 人,均居住在保护区内的实验区。保护区及周边所有居民均为汉族。

保护区和周边社区主要经济来源为种植业、采矿以及外出务工。种植业主要为粮食作物,如水稻、小麦等;其他经济类有油菜、花生、食用菌等;主要林副产品有银杏、茶叶、板栗等。

第六节　综合评价

一、区位重要性

淮河,因其流域面积广,两岸居住人口密集,流域内风调雨顺或旱涝灾害对中华民族的政治经济生活影响甚大,因而被华夏儿女尊为“风水河”。桐柏山是千里淮河的发源地,高乐山是淮河一级支流五里河、毛集河的发源地。保护区也是淮河源头重要的贮水库,是薄山、尖山、赵庄、连庄等水库的汇水区。南阳、信阳、驻马店南部及淮河中下游地区数千万人口的饮用水和工农业用水均来自该区。由于区内降水丰富且集中在 7、8 月,容易形成大洪水,如果保护区森林生态系统遭到破坏,大量的洪水裹着泥沙奔涌而下,流入淮河及水库,将增加淮河的泥沙含量和洪水量,缩短淮河上水利工程的使用寿命,增大防洪难度,增加淮河治理的难度。因此,高乐山自然保护区大面积的森林植被对于淮河流域的生态安全、水土保持以及经济建设等都具有非常重要的意义,是淮河源头的生态屏障。

二、南北过渡典型性

保护区地处淮河流域,属桐柏山脉,南北气候差别大。动物区划是中国古北界与东洋界的分界线,由于山地不高(最高海拔 812.5 m),形成南北共有种成分较多的过渡区域。保护区处于北亚热带和暖温带过渡地带,植物区系以温带成分为主,华北、华中与华东成分各占1/3,植被类型属北亚热带常绿林向暖温带落叶林的过渡型。总之,无论是植被和物种,在这里与大的地理环境和具体的生态环境相协调、相适应,反映出明显的规律性和典型性。

三、生态多样性

保护区共有高等维管束植物182科、796属、1 971种,脊椎动物32目、79科、286种,其中258种陆生脊椎动物中属于东洋界的种类有99种,古北界的种类有85种,广布种有74种,所占比例分别为38.37%、32.95%、28.68%。昆虫12目、136科、1 036种。

在中国植被区划上,高乐山自然保护区属于亚热带常绿落叶阔叶林区域的桐柏、大别山地、丘陵松栎林植被片,具有暖温带向北亚热带过渡的性质。保护区植被共有5个植被型组、13个植被型、48个群系以及大量的群丛。海拔相对高差700 m,植被具有明显的垂直梯度格局,植被类型的多样性丰富。

四、独特性和稀有性

保护区内,分布有中国特有植物24属、28种。国家Ⅰ级保护植物3种,Ⅱ级保护植物10种;待公布的Ⅱ级保护植物43种;被《中国植物红皮书(第一册)》收录的有17种;被《濒危野生动植物种国际贸易公约》附录Ⅱ收录43种;国家Ⅰ级保护动物4种,国家Ⅱ级保护动物27种;被濒危动植物种国际贸易公约附录Ⅰ、附录Ⅱ和附录Ⅲ收入的物种共有39种,国家保护的有益的或者有重要经济、科学研究价值的陆生野生动物共有175种。

五、生态系统脆弱性

保护区地形的复杂性、气候植被的过渡性造就了其生态系统的敏感性和脆弱性。保护区处于我国内陆山区,周边人口多,环境压力大,经济比较落后,社区经济发展对森林依赖性强,保护区的生态环境受人为活动威胁大。同时,由于保护区降水丰富,径流量大,土层较薄,保护区植被一旦被破坏,极易造成不可逆转的水土流失和生态系统的逆行演替,带来毁灭性的灾难。

高乐山自然保护区总面积9 060 hm^2,划建保护区可以形成较大范围的自然整体,而不是几个孤立的“绿色岛屿”。因此,有利于有效维持生态系统的结构和功能,同时满足生物物种生息繁衍的需要。

六、学术研究性

保护区是研究北亚热带到暖温带生态交错带上,亚热带森林生态系统发生、发展及演替的活教材,汇集了多种区系地理成分,加上生态系统的多样性,丰富的珍稀濒危动植物资源,使得高乐山自然保护区成为良好的科研、教学基地,这里的研究工作具有很高的科研、学术价值。

总之,保护区的建设和发展对于淮河源的生态安全,保护和发展保护区内珍稀动植物种群森林生态系统,充分发挥其保持水土、涵养水源作用,对保证淮河中下游数亿人口的生活用水和工业农业用水具有重大战略意义,其水质、水量更关系到我国南水北调东线工程的水质安全。

第二章 自然环境

高乐山属北亚热带季风型大陆性气候，四季分明，温暖湿润，日照时数平均 2 023 h，太阳辐射总量为 112 kcal/cm^2，年有效辐射为 55 kcal/cm^2，无霜期 205 ~ 231 天，年有效积温 4 500 ℃以上，年平均气温 15.0 ℃。年平均降水量 933 ~ 1 181 mm，多集中在 6、7、8 月三个月，占年降水量的 48.2%，年蒸发量 1 499 mm，绝对湿度 14.5 mm，相对湿度 74%。

第一节 地质地貌

习惯上，将京汉铁路以西和南襄盆地以东的山地，称为桐柏山，它是巨型中国大陆中央山系的一个组成部分。桐柏山在构造上是秦岭造山带和大别造山带接壤部位，地处桐柏—商城大断裂带上，特殊的地质形成过程中，使地貌结构复杂，由南向北，沟谷发育，切割深度较大。

一、区域自然历史

本区域在漫长的地质时代里，历经多次地壳运动形成现今的构造和地貌。

30 亿年以前，原始地壳形成时，这里是浩瀚的海洋，延续 1 亿年的海底地壳活动，积起 6 000 m 厚的岩层，到太古代末期隆起海面，成为高耸的大别隆起。接着，隆起下降为东西狭长的海槽，开始建造地层的地槽旋回。

第一次旋回历时 6 亿年，海槽接受近陆泥沙和海底火山喷出的岩熔，固结成 5 000 m 厚的下元古界桐柏群、汝阳群、红安群等地层后，隆出海面成为地槽，也就是山岭。

第二次旋回发生于中元古代的吕梁运动，地槽下降为海槽，接受 7 亿年的沉积，结成数千米后的中元古界毛集群地层后，又隆出海面。

第三次旋回发生于晚元古代的晋宁运动，地槽下降为海槽，海域狭窄，适宜生物繁殖，海水充满饱和的胶体和化学元素，经历 1 亿年的沉积，形成富含磷和赤铁的上元古界石门冲组地层，然后隆出海面。

第四次旋回发生于寒武纪的加里东运动，地槽下沉为海槽，海底火山喷出的岩浆变成热泉，带出金银铜硫元素，形成众多的矿床，历经 1 亿年，海槽上升为东西向褶皱山脉。褶皱时产生的张力和压力，使地壳断裂，山体显得高耸，呈轴状横卧在地槽中央，隔开南北两面的大海，奠定了本区地质构造的基本格局，地槽旋回也至此结束。

泥盆纪开始时发生广西运动和海西运动，使本区褶皱山脉发生强烈的岩浆活动，形成诸多基性、超基性和酸性岩体，伴生出铬镍铜矿床和蛇绿石矿床。另外，山脉褶皱时形成曲曲折折的海盆，加上气候炎热，水中软体动物大量繁殖，陆地树木参天，动植物日积月累，积成厚层，被泥沙覆盖，形成杨山、马鞍山等石炭系煤矿。侏罗纪时爆发全球性印支运动，本区火山喷发强烈，东部火山口喷出巨量岩熔，堆起高耸的金刚台。随之，白垩纪的燕山运动开始，信阳罗山一代火山崩裂，火山灰盖满森林，形成今天青山一带的硅化木，熔岩填满湖泊，造成特大的珍珠岩矿。同时，迸发岩浆侵入，形成巨大的鸡公山、灵山、新县和商城花岗岩体。白垩纪晚期，地壳运动转为垂直升降，出现一系列北东向的断裂，形成一列列纵向山岭（地垒）和盆地（地堑）。通过燕山运动，本区现代地貌完全形成。古淮河西段被下陷的南阳盆地截断，以西经过南阳盆地流入汉水，以东经过吴城盆地和平昌关盆地向东流去，为现在淮河的源头和上游。

进入全新区，全区分布着连绵的高山、蜿蜒的盆地、辽阔的湖泊。火山不再喷发，岩浆停止侵入。随着中国西部地层升高成陆，强烈的西北风送来沉积，风化流水剥蚀着大别山，因而山岭逐渐降低，盆地逐渐升高，平原日益扩大，成为今天南高北低、岗川相间的阶梯地貌。

二、地质构造

秦岭带西起昆仑山、祁连山至秦岭，东到桐柏—大别山，是在上元古代—三叠纪中世之板块俯冲碰撞造山作用形成的一个统一的，而包含多期不同地质动力学机制与成因的多种构造组合。呈东西向绵延1 000多km。东部收敛变窄，大幅度削减，深层的造山带根部剥露出来，有超高压变质带出露，向西撒开变宽，以中浅构造层为主。新的资料表明，沿通渭—白马、大兴安岭—太行山—武陵山两个重力梯级带横跨秦岭部位，秦岭裂解为西秦岭、东秦岭、桐柏—大别三大块构造带。

本区大地构造位于秦岭带的东端，桐柏—大别构造带。各种构造以强烈的紧密褶皱和走向断裂为特征，各种构造的延展方向，均为北西290°至东南110°之间，呈现出向北西方向散开，向南东方收敛的趋势。

（一）褶皱

堡子复向斜。向斜轴位于泌阳县堡子、桐柏县黄岗和毛集、信阳县王岗一带，包括两个次级背斜。其中条山—铁山庙背斜为一紧密型背斜构造，主要岩性为浅粒岩、变质晶屑凝灰岩、细碧岩等一套变质基性火山岩或火山碎屑岩，沿轴部多有斜长花岗岩分布，褶皱幅度较小，两翼倾角一般为50°~60°，呈330°~340°方向延伸；河前庄倾伏背斜，褶皱轴线总方向为北西300°左右，轴面倾向南西，倾角55°，轴部主要有刘山岩组地层变粒岩及含炭质绢云石英片岩组成，在褶皱轴部断裂颇为发育；在条山—铁山庙背斜与河前庄倾伏背斜之间为郭竹园—龟山市向斜，走向333°~340°，以张家大庄组组成向斜核部，主要岩性为卷云石英片岩、黑云变粒岩、夹石墨片岩等一套较复杂的沉积变质岩系，向斜褶皱幅度小，比较紧密。

自然保护区及周边褶皱还包括蟹子岭倒转向斜、彭家寨倒转倾伏背斜、庙对门向斜及南湾复向斜等。

（二）断裂

本区域经历了多次的构造运动，致使断裂挤压碎带十分发育，规模大，连续性强，延伸远，呈北西—南东向展开。断裂构造的形成与区内的褶皱作用关系十分密切。断裂挤压带一般分布于褶皱的轴部或近轴部地带，断裂走向与褶皱的轴向一致。

松扒—龟山—梅山断裂。西起桐柏松扒，东迄安徽金寨，全长500 km，走向285°~295°，倾向南西，倾角60°~80°。断裂带宽150~1 000 m，带内岩石破碎、挤压、揉皱、摩擎岩化发育，保护区出露在平氏盆地和吴城盆地之间，断裂沿走向呈缓坡状弯曲，主裂面倾向北东，倾角一般为60°~74°，有时近于直立，沿断裂两侧普遍受动力变质作用影响，形成数十米至百余米宽窄不一的挤压破碎带。

桐柏—商城断裂。西自桐柏县鸿仪河，向东经信阳西浉河港和柳林、新县王母观、光山县白雀园、商城延入安徽，断续出露，长 170 km，走向 310°，倾角 70°～85°，断裂带宽 100～2 000 m，带内岩石挤压破碎，摩掌岩化、绿泥石化、白云母化强烈，出露不连续。自然保护区地处该断裂的西端。

破山断裂。大致沿河前庄倾伏背斜轴的北西端分布，出露长约 14 km，由几条互为平行或近于平行的断裂组成，主断裂面倾向西南 190°～230°，倾角 39°～78°。带内岩石表现强烈硅化、破碎、角砾岩化等。

大河断裂。西起四里冲，经二郎山、大河、花山，止于台子庄，出露长约 27 km，沿走向略有弯曲，由两条互为平行的断裂组成，裂面较为平直，一般呈平缓的波状起伏，主裂面一般倾向北东 20°～40°，倾角 55°～82°，断裂带岩石强烈片断化、揉皱、压碎、角砾岩化。

三、地层

保护区地层主要包括下元古界、中元古界、下古生界和新生界。

下元古界。①桐柏群分布在自然保护区西南部分，主要岩性为眼球状黑云二长混合片麻岩、黑云斜长片麻岩、白云斜长混合片麻岩；②汝阳群分布在自然保护区东北部分，桐柏、信阳、确山三县交界处，主要岩性为黑云斜长片麻岩、白云石英片岩夹石英岩。

中元古界。①苏家河群，主要出露为定远组，分布在自然保护区西南部分的最西端，属于长江流域，主要岩性为石榴白云石英片岩、炭质白云片岩及透镜状大理岩。②毛集群，包括：a. 银洞坡组，分布在自然保护区东北部分，祖师顶北西和红石洞一带，下段以中厚层细粒石英岩为主，夹薄层白云石英片岩、大理岩透镜体及钾长浅粒岩，中段下部为白云石英片岩、混合岩、二云片岩夹炭质绢云片岩，中段中部为白云二长片麻岩夹大理岩透镜体，钾长浅粒岩及含磷灰石黑云母片岩，中段上部为角闪片岩、绿帘角闪片岩；上段为灰、灰白色硅质条带大理岩，夹斜长角闪片岩及白云质大理岩；b. 回龙寺组，分布于回龙寺一带，在邢集以北也少有出露，下段为斜长角闪片岩、石榴角闪片岩夹二云大理岩、黑云石英片岩，上段为石榴二云石英片岩、石榴黑云石英片岩夹薄层斜长角闪片岩，夹大理岩透镜体；c. 左老庄组，分布于堡子向斜的两翼，主要岩性为黑云埂长片麻岩、薄层石英岩、黑云变粒岩、炭质卷石英片岩及大理岩；d. 堡子组，主要岩性为斜长角闪片岩、混合片麻岩、透镜状大理岩、角闪片岩。③信阳群，主要分布在高乐山自然保护区的东部，包括：a. 歪庙组，主要岩性为斜长角闪片麻岩、黑云石英片岩、含炭质大理岩；b. 龟山组，组成庙对门向斜的两翼，北翼主要岩性为二云石英片岩、蓝晶石白云石英片岩，南翼主要岩性为绢云母石英片岩、白云石英片岩；c. 南湾组，组成庙对门向斜的核部，主要岩性为灰绿、黄褐色变粒岩夹白云石英片岩。

下古生界。自然保护区零星出露的为朱庄群，分布在自然保护区西南部分高乐山的边缘，包括：①大栗树组，主要岩性为角闪斜长混合片麻岩、变质细碧岩等一套基性变质火山岩；②张家大庄组，主要岩性为卷云石英片岩、黑云变粒岩、挟石墨片岩、石榴绢云石英片岩等一套较复杂的沉积变质岩系；③刘山岩组，主要岩性为浅粒岩、变质晶屑凝灰岩、细碧岩等一套变质性基性火山岩或火山碎屑岩。

新生界。①第三系吴城群，零星分布在自然保护区边缘靠近吴城盆地的较低海拔处，岩层为砖红、紫红、暗红色胶结疏松的砂砾岩、长石砂岩夹薄层含砾粗砂岩、粗砂岩、泥质粉砂岩。②第四系，分布在自然保护区边缘最低海拔的山前丘陵、垄岗、沟谷、河流两侧，岩层主要为亚砂土、亚黏土、黏土、砂砾石层等,多表现为褐红、棕黄色、灰黄色。

四、岩浆岩

境内岩浆活动频繁,自扬子期至燕山期均有活动,尤以燕山期酸性岩浆活动显著。

(一)扬子期

分布于祖师顶一带。岩性为辉长岩,呈岩株状产出。岩石自变质程度较弱。

(二)华力西期

超基性岩。分布在大河以东,由70多个小岩体组成超基性岩带,主要岩石为辉长岩、辉橄岩、角闪岩等。

桃园岩体。在祖师顶北面出露,呈不规则岩基状,岩石主要为中粒黑云母花岗岩及斜长花岗岩。

老湾花岗岩体。分布在高乐山一带。岩石主要为粗—中—中细粒花岗岩。

(三)燕山期

高乐山花岗岩体。呈岩株状,主要岩石为似斑状黑云母花岗岩、中—细粒花岗岩。

老寨山花岗岩体。呈岩株状产出,主要岩石为中—细粒黑云母花岗岩。

天目山花岗岩体。主要岩石为中粒黑云母花岗岩。

五、地貌

高乐山自然保护区,位于秦岭和大别山之间的桐柏山地,地貌以山地为主体形态。自然保护区属中低山丘陵区,群山峻起,峰峦叠嶂,沟壑纵横,溪流密布,谷地、丘陵介于山水之间,是综合性的山川地貌。

桐柏山地西部、西北部隔南阳盆地与秦岭断续相连,东部为淮河平原,东南部连接大别山地。自然保护区最高峰——祖师顶,位于自然保护区东北边缘,海拔812.5 m,自然保护区最低海拔位于毛集河河谷,即保护区西南部分中部的南缘,淮河出桐柏山将要进入吴城盆地的河谷,海拔140 m,相对高差约700 m。

自然保护区分为西南和东北两部分,中间被黄岗—毛集盆地隔开。自然保护区西南部分是桐柏山的余脉,桐柏山的主脊也是河南和湖北的分省界线。总的地势是南部、西部高,东部低,其中海拔在800 m以上的中山面积占该部分总面积的2%,沿自然保护区主脊祖师顶西部有保护区第二高峰——齐亩顶,海拔757.5 m,海拔300 m以上的低山面积占该部分总面积的46.2%,海拔300 m以下的丘陵、山间谷地占该部分总面积的53.6%。自然保护区东北部分总的山脉走向仍然是西北—东南走向,总地势为北部高,东南部低。海拔300 m以上的低山占东北部分总面积的36.9%,63.1%的面积为海拔300 m以下的丘陵、山间谷地。

自然保护区沟谷密布,切割强烈,逆淮河干支流流向,溪流像扇面一样展开。桐柏山脉受断裂控制,地势高峻陡峭。海拔300 m以下的丘陵、谷地则相对平缓。

第二节　气　候

高乐山自然保护区位于河南省南部,属暖温带与北亚热带过渡区,以淮河干流为界,北部为暖温带季风型气候，南部为北亚热带季风型气候。特点是：夏季湿热，冬季干旱，春秋凉爽，四季分明，雨热同期，雨量充沛。

一、气温

保护区内年平均气温 15 ℃，1 月平均气温 1.6 ~ 2.2 ℃，7 月平均气温约 28 ℃，极端最低气温 -7 ~ -17 ℃，极端最高气温 40 ~ 41 ℃，历史最低气温曾达 -17.3 ℃。全年≥0 ℃的积温 5 500 ~ 5 600 ℃，≥10 ℃的积温 4 500 ℃。无霜期 205 ~ 231 天。

保护区属于中山和低山丘陵地区，山区气温随海拔的升高逐渐降低，气温的垂直递减率明显，年平均气温的垂直递减率为 0.49 ℃/100 m。

二、降水

高乐山自然保护区是河南省雨量最多的地区之一，年平均降水量在 933 ~ 1 181 mm，年均雨日 114.4 天。降水量受季节影响变化很大，四季降雨分配，夏季最多，春秋季居中，且春雨多于秋雨。春季平均降水量 250 ~ 380 mm，占全年的 26% ~ 30%，秋季平均降水量 170 ~ 270 mm，占全年的 18% ~ 20%，变率为 50% ~ 60%，冬季平均降水量 80 ~ 100 mm，占全年的 10% 以下，变率为 50% ~ 70%。

暴雨多集中于夏季，各月平均降雨强度，6 月为 14 ~ 17 mm/d，7 月为 15 ~ 20 mm/d，8 月为 11 ~ 13 mm/d。夏季暴雨日占全年暴雨日总数的 63% ~ 71%，1 日最大降水量为 190 ~ 230 mm，1 小时最大降水量为 50 ~ 90 mm，以 7 月出现的概率最大。由于夏季降水的悬殊变化，初夏旱、伏旱和夏涝时有发生。

三、日照、湿度

保护区所处的桐柏县多年平均日照时数为 2 023 h，日均 5.6 h，年均日照率为 45%。

日照时数一年中以夏季最多，621.5 h，日均 6.8 h；春季次之，502.9 h，日均 5.7 h；秋季又次之，462.9 h，日均 5 h；冬季最少，439.4 h，日均 4.8 h。平均为 200 h 以上；最少月份为 12 月至次年 1 月，平均为 54 h。

桐柏县的空气相对湿度年平均为 74%，季节变化不大，夏季（7 月）为 79%，秋季（10 月）77%，春季（4 月）72%，冬季（1 月）70%。

大气和土壤的湿润状况主要由气温和湿度确定。随着地势的升高，气温下降，森林植被增多，相对湿度就增大。

第三节　水　文

一、水系

高乐山自然保护区的河流基本上属于淮河流域的淮河水系，自然保护区内有淮河的源头和上游最初汇入的几条支流，且基本上分布在淮河的左岸。

淮河水系包括淮河干流，亦称淮水，为古四渎（江、淮、河、济）之一。源于桐柏山主峰太白顶北麓。桐柏山淮河支流共有 5 条，分别为月河、五里河、毛集河、柳河和明河。

三家河水系，主要为鸿仪河。古称澧水，与淮水齐名，源自桐柏县鸿仪河乡小仙垛，自东南流向西北，至新集乡龟山入三家河，三家河又名解河，是唐河支流，唐河入汉水，汉水汇入长江，所以自然保护区西端少量区域属于长江流域，界线在鸿仪河乡固庙村的西岭和大河乡土门村的新坡岭，以西为长江流域三家河水系。

保护区还是众多水库的汇水区，比较大的水库有薄山、尖山、连庄、李庄、鸳鸯寺等水库10余座。

二、地表水文特征

高乐山自然保护区位于河南省南部，其地质古老、地形地貌独特，自然环境复杂。河流基本上属于淮河流域的淮河水系；在气候区划上，属暖温带与北亚热带过渡区，雨量充沛，地表径流主要靠大气降水补给。

保护区内植被良好，森林覆盖率高达93.7%，水土流失程度轻微。

保护区内无工矿企业及其他水污染源，水质良好。

三、地下水

地下水丰富，随地形变化而不同。保护区的浅层地下水属于降水入渗补给型。消耗途径主要是垂直蒸发和水平排泄。丰水年补水量超过消耗量，潜水位明显抬升；平水年补水量稍大于消耗量，潜水位稍有抬升；干旱年补给量小于消耗量，潜水位有所下降。

岩层含水系不均匀，主要为风化裂隙潜水，裂隙水沿沟谷流出地表。

四、水能

保护区内河流源远流长，水量丰富，比降大，水能理论蕴藏量14.5万kW，可开发利用的为4.6万kW。

第四节　土　壤

土壤是自然景观的重要组成部分，在其漫长的发展过程中，受各种自然成土因素以及人为活动的深刻影响，致使土壤组成存在着很大差异，形成的土壤类型也各不相同。高乐山自然保护区土壤母岩以花岗岩、片麻岩、石英岩、云母岩、砂岩为主，土壤主要分为黄棕壤和黄褐土两大土类。另外，还分布有石质土、粗骨土、水稻土等。

黄棕壤主要分布在海拔500 m以上的深山区，是在当地针阔混交林和气候条件综合作用下形成的地带性土壤，pH值为6.0，土层厚度在30～50 cm，质地黏重，土壤养分含量适中，有较强的淋溶作用。

黄褐土分布在海拔100～300 m的浅山区，土层厚度20～40 cm，pH值为6.5，土壤养分含量一般，淋溶作用较弱。

石质土、粗骨土和水稻土分布范围较小。石质土和粗骨土共同的特点是土层薄，砾石含量多。粗骨土比石质土的肥力特性稍好，一般石质土上分布草本和灌丛，粗骨土还分布有耐瘠薄的马尾松等各种森林类型。水稻土分布在低洼处，多为农田。

第三章 植物资源

第一节 蕨类植物

高乐山自然保护区在中国植物区系分区上,属于泛北极植物区,中国—日本森林植物亚区,位于华中地区、华北地区的交会点上,是华中、华东、西南和华北植物区系的交会地。地理位置、气候条件的过渡性,造就了植物区系的混杂性、复杂性、多样性和丰富性,也给蕨类植物生长繁衍创造了良好条件,种类较为丰富。

一、物种组成

通过对高乐山自然保护区的植物考察,采集了大量的蕨类植物标本,并参考有关资料,据初步调查结果统计,根据秦仁昌 1978 年的分类系统,保护区蕨类植物共计 26 科、59 属、136 种(见表 3-1)。本区蕨类植物种类非常丰富,高乐山自然保护区分布有蕨类植物共计 3 个亚门、26 科、59 属、136 种。

表 3-1 高乐山自然保护区蕨类植物统计

类别	拉丁名	科数	属数	种数	世界分布区域
松叶蕨亚门	Psilophytina	2	2	11	
石松科	Lycopodiaceae		1	3	全世界
卷柏科	Selaginellaceae		1	8	全世界,主产热带、亚热带
楔叶蕨亚门	Sphenophytina	1	11	4	
木贼科	Equisetaceae		1	4	全世界
真蕨亚门	Pilicophytina	23	56	121	
阴地蕨科	Botrychiaceae		1	2	全世界,主产温带
瓶尔小草科	Ophioglossaeceae		1	2	全世界
紫萁科	Osmundaceae		1	1	全世界
里白科	Gleicheniaceae		1	1	全世界
海金沙科	Lygodiaceae		1	1	热带至亚热带
膜蕨科	Hymenophyllaceae		1	1	泛热带
碗蕨科	Dennstaedtiaceae		1	2	热带至亚热带
凤尾蕨科	Pteridaceae		2	6	泛热带

续表 3-1

类别	拉丁名	科数	属数	种数	世界分布区域
中国蕨科	Sinopteridaceae		4	5	亚热带
铁线蕨科	Adiantaceae		1	6	全世界
裸子蕨科	Hemiontidaceae		2	5	泛热带至亚热带
蹄盖蕨科	Athriaceae		9	14	全世界,主产热带亚热带
金星蕨科	Thelypteridaceae		9	15	主产热带亚热带
铁角蕨科	Aspleniaceae		2	7	北温带
球子蕨科	Onocleaceae		1	2	北半球寒温带
岩蕨科	Woodsiaceae		1	2	南半球热带
乌毛蕨科	Blechaceae		1	2	南半球热带
鳞毛蕨科	Dryopteridaceae		4	24	全世界
水龙骨科	Polypodiaceae		9	17	主产热带亚热带
剑蕨科	Loxogrammaceae		1	2	热带至亚热带
苹科	Marsileaceae		1	1	全世界
槐叶苹科	Salviniaceae		1	1	全世界
满江红科	Azollaceae		1	2	全世界
合计		26	59	136	

二、数量分析

我国共有蕨类植物 63 科,高乐山自然保护区有分布的科占全国的 41%;保护区分布的蕨类 59 属,占全国 227 个属的 26%;保护区分布的蕨类 136 种,占全国约 2 000 种的 7%。

在保护区分布的 26 科中,含 5 属以上的科有水龙骨科(9 属)、蹄盖蕨科(9 属)和金星蕨科(9 属)3 科;中国蕨科(4 属)、鳞毛蕨科(4 属)、凤尾蕨科(2 属)、裸子蕨科(2 属)和铁角蕨科(2 属)等 5 科的科属数为 2 ~4 属;其余卷柏科、木贼科、瓶尔小草科等 18 科都只有 1 属分布在保护区。

在保护区分布的 26 科中,种数最多的科是鳞毛蕨科(24 种),其次为水龙骨科(17 种),含 10 种以上的科还有蹄盖蕨科、金星蕨科 2 科;含 5 ~9 种的科有裸子蕨科、凤尾蕨科等 6 科;含 2 ~4 种的科有石松科、阴地蕨科等 11 科;海金沙科、膜蕨科等 6 科只有 1 种分布在保护区。

在保护区分布的 59 属中,含种数最多的属是鳞毛蕨属(11 种),其次为卷柏蕨属(8 种),另有铁线蕨(6 种)、铁角蕨(6 种)、耳蕨属(6 种)等 5 属为含 10 种以上的属,上述 7 属占保护区蕨类植物总属数的 12%,其包含的 47 种占保护区蕨类植物总种数的 35%。

第二节 种子植物区系

一、区系组成成分统计

根据调查及资料整理统计，本区共有种子植物 156 科、737 属、1 835 种，组成统计如表 3-2所示。

表 3-2 高乐山自然保护区种子植物区系组成统计

类别	拉丁名	科	属	种
裸子植物门	Gymnospermae	6	9	15
被子植物门	Angiospermae	150	728	1 820
其中：双子叶植物纲	Dicotyledoneae	127	570	1 448
其中：离瓣花亚纲	Archichlamydeae	92	371	978
合瓣花亚纲	Sympetalae	35	199	470
单子叶植物纲	Monocotyledoneae	23	158	372
合计		156	737	1 835

二、科级数量统计

就科的大小而言，本区含 100 ~ 200 种的大科有 3 个，依次为禾本科、菊科和蔷薇科；含 40 ~ 99 种的科有 5 个；含 20 ~ 39 种的科有 12 个；含 10 ~ 19 种的科有 28 个；含 5 ~ 9 种的科有 29 个；含 2 ~ 4 种的科有 52 个；含 1 种的科有 27 个（见表 3-3）。

表 3-3 高乐山自然保护区种子植物科的大小排序

科名	拉丁名	科属数	科种数	科名	拉丁名	科属数	科种数
100 ~ 200 种（3 科）							
禾本科	Gramineae	70	129	蔷薇科	Rosaceae	26	106
菊科	Compositae	51	121				
40 ~ 99 种（5 科）							
豆科	Leguminosae	30	82	百合科	Liliaceae	23	62
莎草科	Cyperaceae	10	64	毛茛科	Ranunculaceae	17	57
唇形科	Labiatae	25	62				
20 ~ 39 种（12 科）							
蓼科	Polygonaceae	4	39	忍冬科	Caprifoliaceae	4	31
十字花科	Cruciferae	21	35	葡萄科	Vitaceae	5	30
虎耳草科	Saxifragaceae	12	35	大戟科	Euphorbiaceae	12	27
兰科	Orchidaceae	21	35	樟科	Lauraceae	6	22
伞形科	Umbelliferae	19	34	荨麻科	Urticaceae	9	21
玄参科	Scrophulariaceae	12	34	石竹科	Caryophyllaceae	14	21

续表 3-3

科名	拉丁名	科属数	科种数	科名	拉丁名	科属数	科种数
10～19种(28科)							
杨柳科	Salicaceae	2	19	榆科	Ulmaceae	5	14
鼠李科	Rhamnaceae	7	19	景天科	Crassulaceae	4	14
茄科	Solanaceae	9	19	椴树科	Tiliaceae	4	14
紫草科	Boraginaceae	8	18	马鞭草科	Verbenaceae	6	14
桑科	Moraceae	6	17	桔梗科	Campanulaceae	6	14
槭树科	Aceraceae	1	17	罂粟科	Papaveraceae	5	13
堇菜科	Violaceae	1	17	报春花科	Primulaceae	3	13
木犀科	Oleaceae	8	17	眼子菜科	Potamogetonaceae	2	15
壳斗科	Fagaceae	3	16	天南星科	Araceae	4	12
芸香科	Rutaceae	5	16	桦木科	Betulaceae	3	11
卫矛科	Celastraceae	2	16	藜科	Chenopodiaceae	6	11
萝藦科	Asclepiadaceae	6	16	四照花科	Cornaceae	4	11
旋花科	Convolvulaceae	7	15	苋科	Amaranthaceae	4	10
茜草科	Rubiaceae	6	15	灯心草科	Juncaceae	2	10
5～9种(29科)							
小檗科	Berberidaceae	6	9	清风藤科	Sabiaceae	2	7
漆树科	Anacardiaceae	5	9	苦苣苔科	Gesneriaceae	5	7
锦葵科	Malvaceae	5	9	败酱科	Valerianaceae	2	7
柳叶菜科	Onagraceae	4	9	金缕梅科	Hamamelidaceae	6	7
五加科	Araliaceae	6	9	千屈菜科	Lythraceae	4	6
葫芦科	Cucurbitaceae	6	9	杜鹃花科	Eriaceae	2	6
胡桃科	Juglandaceae	5	8	紫葳科	Bignoniaceae	3	6
木兰科	Magnoliaceae	5	8	鸭跖草科	Commelinaceae	4	6
牻牛儿苗科	Geraniaceae	2	8	薯蓣科	Dioscoreaceae	1	6
猕猴桃科	Actinidiaceae	2	8	苦木科	Simaroubaceae	2	5
藤黄科	Guttiferae	1	8	远志科	Polygalaceae	1	5
龙胆科	Gentianaceae	5	8	凤仙花科	Balsaminaceae	1	5
马兜铃科	Aristolochiaceae	3	7	大风子科	Flacourtiaceae	3	5
木通科	Sargentodoxaceae	4	7	爵床科	Acanthaceae	5	5
防己科	Menispermaceae	4	7				

续表 3-3

科名	拉丁名	科属数	科种数	科名	拉丁名	科属数	科种数
2~4 种(52 科)							
金粟兰科	Chrcidiphyllaceae	1	4	三白草科	Saururaceae	2	2
桑寄生科	Loranthaceae	3	4	马齿苋科	Portulaceae	2	2
睡莲科	Nymphaceae	4	4	白菜花科	Capparidaceae	1	2
海桐花科	Pittosporaceae	1	4	粗酱草科	Oxalidaceae	1	2
省沽油科	Staphyleaceae	3	4	亚麻科	Linaceae	2	2
山茶科	Theaceae	3	4	楝科	Meliaceae	2	2
瑞香科	Thymelaeaceae	3	4	冬青科	Aquifoliaceae	1	2
胡颓子科	Elaeagnaceae	1	4	梧桐科	Sterculiaceae	2	2
八角枫科	Alangiaceae	1	4	旌节花科	Stechyuraceae	1	2
马钱科	Loganiaceae	2	4	秋海棠科	Begoniaceae	1	2
夹竹桃科	Apocynaceae	2	4	菱科	Trapaceae	1	2
泽泻科	Alismataceae	2	4	小二仙草科	Haloragaidceae	2	2
水鳖科	Hydrocharitaceae	4	4	鹿蹄草科	Pyrolaceae	1	2
浮萍科	Lemnaceae	3	4	紫金牛科	Myrsinaceae	2	2
鸢尾科	Iridaceae	2	4	胡麻科	Padaliaceae	2	2
松科	Pinaceae	1	4	列当科	Orobanchaceae	2	2
杉科	Taxodiaceae	3	4	黑三棱科	Sparganiaceae	1	2
蛇菰科	Balanophoraceae	1	3	茨藻科	Najadaceae	1	2
无患子科	Sapindaceae	2	3	谷精草科	Eriocaulaceae	1	2
柿树科	Ebenaceae	1	3	雨久花科	Pontederiaceae	1	2
山矾科	Symplocaceae	1	3	百部科	Stemonaceae	1	2
安息香科	Styraceae	1	3	石蒜科	Amaryllidaceae	1	2
香蒲科	Typhaceae	1	3	姜科	Zingiberaceae	1	2
车前草科	Plantaginaceae	1	3	柏科	Cupressaceae	2	2
檀香科	Santalaceae	2	2	三尖杉科	Cephalotaxaceae	1	2
桑陆科	Phytoacaceae	1	2	红豆杉科	Taxaceae	1	2
1 种(27 科)							
铁青树科	Olacaceae	1	1	七叶树科	Hippocastanceae	1	1
紫茉莉科	Nyctaginaceae	1	1	柽柳科	Tamaricaceae	1	1
粟米草科	Molluginaceae	1	1	仙人掌科	Cactaceae	1	1
落葵科	Basellaceae	1	1	安石榴科	Punicaceae	1	1
金鱼藻科	Ceratophyllaceae	1	1	杉叶藻科	Hippuridaceae	1	1

续表 3-3

科名	拉丁名	科属数	科种数	科名	拉丁名	科属数	科种数
领春木科	Eupteleaceae	1	1	兰雪科	Plumbaginaceae	1	1
连香树科	Cercidiphyllaceae	1	1	花荵科	Polemoniaceae	1	1
蜡梅科	Calycanthaceae	1	1	狸藻科	Lentibulariaecae	1	1
杜仲科	Eucommiaceae	1	1	透骨草科	Phrymataceae	1	1
悬铃木科	Platanaceae	1	1	川续断科	Dipsacaceae	1	1
蒺藜科	Zygophyllaceae	1	1	花蔺科	Butomaceae	1	1
水马齿科	Callitrichaceae	1	1	美人蕉科	Cannaceae	1	1
黄杨科	Buxaceae	1	1	银杏科	Ginkgoaceae	1	1
马桑科	Coriariaceae	1	1				

在保护区中,分布种数少于10种的科占总科数的69.2%,分布2~4种的科为52科,占总科数的33.3%,是占总科数中比例最高者,只分布1种的科占总科数的17.3%;分布种数多于100种的科虽然仅占总科数的1.9%,但这3科包含的属数和种数分别占保护区种子植物总属数和总种数的19.9%和19.4%,说明这些科在本区中占有重要地位(见表3-4)。

表3-4　高乐山自然保护区种子植物科的科属种数量统计

科内种数量	科数	占总科数(%)	属数	占总属数(%)	种数	占总种数(%)
100~200	3	1.9	147	19.9	356	19.4
40~99	5	3.2	105	14.2	327	17.8
20~39	12	7.7	139	18.9	364	19.8
10~19	28	17.9	129	17.5	411	22.4
5~9	29	18.6	104	14.1	205	11.2
2~4	52	33.3	86	11.7	145	7.9
1	27	17.3	27	3.7	27	1.5
共计	156	100	737	100	1 835	100

三、属级数量统计及地理成分分析

(一)属级数量统计

在高乐山自然保护区种子植物的737属中,含10种以上的属有22个,占总属数的3%;含2~9种的属有359个,占总属数的48.7%;含1种的属有356个,占总属数的48.3%(见表3-5)。

表 3-5　高乐山自然保护区种子植物属的数量统计

属内种数量	属数	占总属数(%)	种数	占总种数(%)
>20	2	0.3	58	3.2
15~20	3	0.4	49	2.7
10~14	17	2.3	196	10.7
5~9	72	9.8	455	24.8
2~4	287	38.9	721	39.3
1	356	48.3	356	19.4
共计	737	100	1 835	100

按属所含种数的多少顺序排列,高乐山自然保护区种子植物区系中最大的属依次为:蓼属(*Polygonum*,30 种)、苔草属(*Carex*,28 种)、槭属(*Acer*,17 种)、堇菜属(*Viola*,17 种)和铁线莲属(*Clematis*,15 种),这些属仅占总属数的 0.7%,所含种数是总种数的 5.9%,它们中的大多数是该植物区系中的常见种类,表明这些优势属在高乐山自然保护区中占有重要地位。其次,含有 10 种以上的属还有蒿属(*Artemisia*)、柳属(*Salix*)、栎属(*Quercus*)和绣线菊属(*Spiraes*)等 17 属(见表 3-6)。

表 3-6　高乐山自然保护区植物中含 10 种以上的属

科名	属名	拉丁名	分布区	世界种数	中国种数	保护区种数	占中国种数的百分比(%)
蓼科	蓼属	*Polygonum*	1	300	120	30	25.0
莎草科	苔草属	*Carex*	1	2 000	400	28	7.0
槭树科	槭属	*Acer*	8	200	150	17	11.3
堇菜科	堇菜属	*Viola*	1	500	120	17	14.2
毛茛科	铁线莲属	*Clematis*	1	300	110	15	13.6
菊科	蒿属	*Artemisia*	8	350	170	14	8.2
杨柳科	柳属	*Salix*	8	500	200	13	6.5
壳斗科	栎属	*Quercus*	8	450	110	13	11.8
蔷薇科	绣线菊属	*Spiraea*	8	100	70	13	18.6
葡萄科	葡萄属	*Vits*	8	70	25	13	52.0
樟科	山胡椒属	*Lindera*	7	100	54	12	22.2
忍冬科	忍冬属	*Lonicera*	8	200	100	12	12.0

续表 3-6

科名	属名	拉丁名	分布区	世界种数	中国种数	保护区种数	占中国种数的百分比(%)
眼子菜科	眼子菜属	*Potamogeton*	1	100	30	12	40.0
蔷薇科	李属	*Prunus*	8	200	140	11	7.9
蔷薇科	蔷薇属	*Rosa*	8	250	100	11	11.0
蔷薇科	悬钩子属	*Rubus*	1	200	30	11	36.7
报春花科	珍珠菜属	*Lysimachia*	1	200	120	11	9.2
蔷薇科	委陵菜属	*Potentilla*	8	500	100	10	10.0
豆科	胡枝子属	*Lespedeza*	9	100	65	10	15.4
豆科	野豌豆属	*Vicia*	8.4	150	40	10	25.0
卫矛科	卫矛属	*Euonymus*	2	176	125	10	8.0
萝藦科	白前属	*Cynanchum*	2	10	10	10	100.0

(二)属的地理成分分析

对于自然保护区统计的目的来说,最好多用植物的属,因为属这一较高级的分类单位能较好地彼此划清界限,而它们的差异特点在历史上是较古老的。因此,对区系中属的地理成分进行分析,对阐明区系的性质和特征具有重要意义。根据吴征镒先生对中国种子植物划分的分布区类型,我们对高乐山自然保护区种子植物的737属进行区系分析,结果如表3-7、表3-8所示。

表 3-7　高乐山自然保护区种子植物属的分布区类型

序号	分布区类型及其变型	属数	种数	属数比例(%)	种数比例(%)
1	世界分布	76	349	10.3	19.0
2	泛热带分布	111	272	15.1	14.8
3	热带亚洲和热带美洲间断分布	14	25	1.9	1.4
4	旧世界热带分布	26	51	3.5	2.8
5	热带亚洲至热带大洋洲分布	21	37	2.8	2.0
6	热带亚洲至热带非洲分布	22	32	3.0	1.7
7	热带亚洲分布	26	53	3.5	2.9
8	北温带分布	161	533	21.8	29.0
9	东亚和北美间断分布	58	121	7.9	6.6
10	旧世界温带分布	68	124	9.2	6.8
11	温带亚洲分布	15	26	2.0	1.4
12	地中海区、西亚至中亚分布	11	12	1.5	0.7
13	中亚分布	5	6	0.7	0.3
14	东亚分布	99	166	13.4	9.0
15	中国特有分布	24	28	3.3	1.5

15个分布区类型中,在保护区中均有分布,说明该地区植物区系的地理成分是复杂的。从高乐山自然保护区区系各分布类型所占比例来看,除去世界分布的76个属,剩下的661个属,属于2~7项热带或以热带为中心分布地理成分的有220属、470种,分别占总数的59.8%、55.4%,温带分布占明显优势。另外,北温带分布的属数、种数都是最多的,泛热带分布的属数、种数占第二位,表明本区植物区系以温带成分为主,兼有一定的热带分布类群,显示出南温带与北亚热带过渡交替的特征。

表3-8 高乐山自然保护区种子植物属的分布区类型(包括变型)在中国的位置

区系编号	分布区类型及其变型	保护区属数	中国属数	占中国属数(%)	种数	占总种数(%)
1	世界分布	76	104	73.1	349	19.0
2	泛热带分布	107	316	33.9	268	14.6
2—1	热带亚洲、大洋洲和南美洲间断	3	17	17.6	3	0.2
2—2	热带亚洲、非洲和南美洲间断	1	29	3.4	1	0.1
3	热带亚洲和热带美洲间断分布	14	62	22.6	25	1.4
4	旧世界热带分布	23	147	15.6	48	2.6
4—1	热带亚洲、非洲和大洋洲间断	3	30	10.0	3	0.2
5	热带亚洲至热带大洋洲分布	21	147	14.3	37	2.0
6	热带亚洲至热带非洲分布	20	149	13.4	30	1.6
6—1	华南、西南到印度和热带非洲间断分布	1	6	16.7	1	0.1
6—2	华南、西南至印度和热带非洲间断	1	6	16.7	1	0.1
7	热带亚洲分布	22	442	5.0	45	2.5
7—2	热带印度至华南	1	43	2.3	1	0.1
7—4	越南至华南	3	67	4.5	8	0.4
8	北温带分布	123	213	57.7	435	23.7
8—2	北极-高山	2	14	14.3	3	0.2
8—4	北温带和南温带间断	33	57	57.9	90	4.9
8—5	欧亚和南美洲温带间断	2	5	40.0	4	0.2
8—6	地中海区、东亚、新西兰和墨西哥到智利间断	1	1	100.0	1	0.1
9	东亚和北美间断	57	123	46.3	117	6.4
9—1	东亚和墨西哥间断	1	1	100.0	4	0.2
10	旧世界温带分布	51	114	44.7	92	5.0
10—1	地中海区、西亚和东亚间断	11	25	44.0	21	1.1
10—3	欧亚和南非洲间断	6	17	35.3	11	0.6

续表 3-8

区系编号	分布区类型及其变型	保护区属数	中国属数	占中国属数(%)	种数	占总种数(%)
11	温带亚洲分布	15	55	27.3	26	1.4
12	地中海区、西亚至中亚分布	8	152	5.3	9	0.5
12—2	地中海区至中亚和墨西哥间断	1	2	50.0	1	0.1
12—3	地中海区至温带、热带亚洲、大洋洲和南美洲间断	2	5	40.0	2	0.1
13	中亚分布	4	69	5.8	5	0.3
13—2	中亚至喜马拉雅	1	26	3.8	1	0.1
14	东亚分布	44	73	60.3	90	4.9
14(SH)	中国—喜马拉雅	22	141	15.6	25	1.4
14(SJ)	中国—日本	33	85	38.8	51	2.8
15	中国特有分布	24	257	9.3	28	1.5
	共计	747	3 082	23.9	1 835	100.0

1　世界分布区类型(Cosmopolitan)是指几乎遍布世界各大洲而没有特殊分布中心的属,或虽有一个或数个分布中心而包含世界分布种的属。这种类型高乐山自然保护区有76属、349种,占中国该类型属的73.1%。这一分布类型广而且常见,田间地头、路旁宅边居多,绝大部分为草本,如蓼科的廖属(*Polygonum*)、报春花科的珍珠菜属(*Lysimachia*)、堇菜科的堇菜属(*Viola*)、莎草科的苔草属(*Carex*)、毛茛科的铁线莲属(*Clematis*)、龙胆科的龙胆属(*Gentiana*)、牻牛儿苗科的老鹳草属(*Geranium*)、十字花科的碎米荠属(*Gardamine*)、藤黄科的金丝猴属(*Hypericum*)、唇形科的鼠尾草属(*Salvia*)、黄芩属(*Scutellaria*)、菊科的鬼针草属(*Bidens*)、茜草科的篷子菜属(*Galium*)等。木本种类比较少见,主要有蔷薇科的悬钩子属(*Rubus*)和鼠李科的鼠李属(*Rhammus*)等。

2　泛热带分布区类型(Pantropic)包括普遍分布于东、西两半球热带,在全世界热带范围内有一个或数个分布中心,但在其他地区也有一些种类分布的热带属。这种分布区类型本区有107属、268种,占中国该类型属的33.9%,居各分布区类型属的第二位。其中木本成分有卫矛属(*Euonymus*)、冬青属(*Llex*)、花椒属(*Zanthoxylum*)、榕属(*Ficus*)、山矾属(*Symplocos*)、紫珠属(*Callicarpa*)、南蛇藤属(*Celastrus*)、紫金牛属(*Ardisia*)、马兜铃属(*Aristolochia*)、木槿属(*Hibiscus*)等;藤本和草本成分也很多,如菝葜属(*Smilax*)、冷水花属(*Pilea*)、大戟属(*Euphorbia*)、凤仙花属(*Impaiens*)、虾脊兰属(*Calanthe*)、牛膝属(*Achyranthes*)、狗尾草属(*Setaria*)、薯蓣属(*Dioscorea*)等。

其中:2—1 热带亚洲、大洋洲(至新西兰)和中、南美(或墨西哥)间断分布(Trop. Asia, Australasia(to N. Zeal.)& C. to S. Amer. (or Mexico) disjuncted.)是泛热带分布区类型的一个变型,在本区分布有3属、3种。包括茄科的烟草(*Nicotiana tabacum* L.)、桔梗科蓝花参(*Wahlenbergia marginata*(Thunb.)A. DC.)和菊科的球子草(*Centipeda minima* A. Br. Et Aschers.)

2—2 热带亚洲、非洲和中、南美洲间断分布(Trop. Africa & C. tos. Amer. disjuncted.)也是泛热带分布区类型的一个变形,在本区分布有 1 属、1 种,为马齿苋科的土人参(*Talinum paniculatum*(Jacq.)Gaertn.),占中国该类型属的 3.4%。

3 热带亚洲和热带美洲间断分布区类型(Trop. Asia & Trop. Amer. disjuncted)包括间断分布于美洲和亚洲温暖地区的热带属,在旧世界(东半球)从亚洲可能延伸到澳大利亚东北部或西南太平洋岛屿。这一类型本区有 14 属、25 种,占中国该类型属的 22.6%。其中常见的有清风藤科泡花树属(*Meliosma*)、鼠李科雀梅藤属(*Sageretia*)、樟科的楠木属(*Phoebe*)和木姜子属(*Litsea*)、山茶科的柃木属(*Eurya*)、美人蕉科美人蕉属(*Canna*)和柳叶菜科月见草属(*Oenoghera*)等,木本成分较多。

4 旧世界热带分布(Old World Tropics)是指亚洲、非洲和大洋洲热带地区及其邻近岛屿(也常称为古热带 Paleo Tropics),以与美洲新大陆热带相区别。属于这一分布区类型本区有 23 属、48 种,占中国该类型属的 15.6%。这一类型保护区种数最多的是唇形科的香茶菜属(*Rabdosia*),有 5 种;其次是海桐花科的海桐花属(*Pittosporum*)、芸香科吴茱萸属(*Evodia*)、八角枫科八角枫属(*Alangium*),均有 4 种;此外,常见的还有大戟科野桐属(*Mallotus*)、葡萄科乌蔹梅属(*Cayratia*)、防己科千金藤属(*Stephania*)等。

其中:4—1 热带亚洲、非洲和大洋洲间断分布(Trop. Asia., Africa & Australas disjuncted)是旧世界热带分布的一个变型。这一类型本区分布有 3 属 3 种,占中国该类型属的 10%。即旋花科飞蛾藤属的飞蛾藤(*Poranaracemosa* Roxb.)、爵床科爵床属的爵床(*Rostellularia procumbens* (L.) Ness)、水鳖科水鳖属的水鳖(*Hydro Asiatica* Miq.)。

5 热带亚洲至热带大洋洲分布(Tropical Asia & Trop. Australasia)是旧世界热带分布区的东翼,其西端有时可达马达加斯加,但一般不到非洲大陆。属于这一分布区类型本区有 21 属、37 种,占中国该类型属的 14.3%。这一类型保护区分布种数最多的属是兰科兰属(*Cymbidium*)、玄参科通泉草属(*Mazus*)、苦木科臭椿属(*Ailanthus*),均有 4 种;其次常见的还有葫芦科的栝楼属(*Trichosanthes*)、蛇菰科蛇菰属(*Balanophora*)、葡萄科崖藤属(*Tetrastigma*)、楝科香椿属(*Toona*)等。

6 热带亚洲至热带非洲分布(Trop. Asia to Trop. Africa)是旧世界热带分布区类型的西翼,即从热带非洲至印度—马来西亚,特别是马来西亚。这一类型本区有 20 属、30 种,占中国该类型属的 13.4%。禾本科的芒属(*Miscanthus*)在保护区分布种数最多,为 3 种;其次常见的还有葫芦科赤瓟属(*Thladiantha*)、禾本科荩草属(*Arthraxon*)、紫金牛科铁仔属(*Myrsine*)、菊科鱼眼草属(*Dichrocephala*)和土三七属(*Gynura*)、萝藦科杠柳属(*Periploca*)、茜草科水团花属(*Adina*)、荨麻科的蝎子草属(*Girardinia*)、马鞭草科腐婢属(*Premna*)等。

其中:6—1 华南、西南到印度和热带非洲间断分布(S., SW. China to India & Trop. Africa disjuncted)是热带亚洲至热带非洲分布的一个变型。在本区仅分布 1 属、1 种,即萝藦科南山藤属(*Dregea*)苦绳(*Dregea sinensis Hemsl.*),占中国该类型属的 16.7%。

6—2 热带亚洲和东非间断分布(Trop. Asia & E. Afr. Or Madagascar disjuncted)是热带亚洲至热带非洲分布的另一个类型。在本区分布 1 属、1 种,为爵床科马蓝属(*Strobilanthes*)的马蓝(*S. Cusia O. kuntz.*)。占中国该类型属的 16.7%。

7 热带亚洲(印度—马来西亚)分布(Trop. Asia(Indo—Malesia)是旧世界热带的中心部分,分布区的北部边缘,能够到达我国西南、华南及台湾,甚至更北地区。属于这一分布区类型本区有22属、45种，占中国该类型属的5%。樟科的山胡椒属（*Lindera*）种数最多，达12种；其次为菊科的苦荬菜属（*Ixeris*）、桑科的构属（*Broussonetia*）；常见的属包括山茶科山茶属（*Camelia*），清风藤科清风藤属（*Sabia*）、豆科葛属（*Pueraria*）、兰科斑叶兰属（*Goodyera*）等。

7—2 热带印度至华南（尤其是云南南部）分布（Trop. India to S. China（esp. S. Yunnan））也是热带亚洲分布的一个变型。在本区仅分布1属1种，占中国该类型属的2.3%。即兰科的独蒜兰属（*Pleione*）的独蒜兰（*P. bulbocodioides*（Franch.）Rolfe）。

7—4 越南（或中南半岛）至华南（或西南）分布（Vietnam（or Indo—Chinese Peninsula）也是热带亚洲分布的一个变型。在本区分布3属、8种，占中国该类型属的4.5%。即苦苣苔科半蒴苣苔属（*Hemiboea*）2种，百合科萱草属（*Hemerocallis*）4种和竹根七属（*Disporopsis*）2种。

8　北温带分布（North Temperate）是指那些广泛分布于欧洲、亚洲和北美洲温带地区的属。由于地理和历史的原因，有些属沿山脉向南延伸到热带山区，甚至远达南半球温带，但其原始类型或分布中心仍在北温带。这种分布类型包括变型在本区共有161属、533种，是所有类型属中数量最多的。本区共有123属、435种（不包括变型），占中国该类型属的57.7%，这种分布区类型是本区植被的最重要的组成部分，如槭属（*Acer*）17种、栎属（*Quercus*）13种、柳属（*Salix*）13种、鹅耳枥属（*Carpinus*）9种、杨属（*Populus*）、松属（*Pinus*）、白蜡属（*Fraxinus*）、桦属（*Betula*）、胡桃属（*Juglans*）、榆属（*Ulmus*）、水青冈属（*Fagus*）、椴属（*Tilia*）等均为森林植被的建群种或主要种；小檗属（*Berberis*）17种、忍冬属（*Lonicera*）12种、蔷薇属（*Rosa*）11种、绣线菊属（*Spiraea*）13种、葡萄属（*Vitis*）13种、夹蒾属（*Viburnum*）9种、栒子属（*Cotoneaster*）9种、胡颓子属（*Elaeagnus*）4种、山茱萸属（*Cornus*）6种、花楸属（*Sorbus*）5种、杜鹃属（*Rhododendron*）4种、榛属（*Corylus*）3种等是林下灌木或藤本的主要成分；也有不少草本如蒿属（*Artemisia*）14种、委陵菜（*Potentilla*）10种、百合属（*Lilium*）9种、韭属（*Allium*）9种、马先蒿属（*Pedicularis*）7种、天南星属（*Arisaema*）7种、堇菜属（*Corydalis*）7种、风毛菊属（*Saussurea*）4种、紫菀属（*Aster*）5种、乌头属（*Aconitum*）5种、黄精属（*Polygonatum*）5种、香青属（*Anaphalis*）4种等。它们都是本区种子植物区系中的常见成分。

其中：8—2 北极—高山分布（Arctic—alpine）是北温带分布的一个变型，在环北极及较高纬度的高山分布，或甚至到亚热带和热带高山区。本区分布2属3种，占中国该类型属的14.3%。主要有十字花科的山嵛菜属（*Eutrema*）的云南山嵛菜（*E. yunanense* Franch.），景天科的红景天属（*Rhodiola*）。

8—4 北温带和南温带间断分布（N. Temb. & S. Temb. Disjuncted）是北温带分布的一个变型，本区有33属、90种，占中国该类型属的57.9%。保护区常见种类有野豌豆属（*Vicia*）10种、景天属（*Sedum*）9种、唐松草属（*Thalictrum*）7种、婆婆纳属（*Veronica*）6种、接骨木属（*Sambucus*）6种、柳叶菜属（*Epilobium*）4种、金腰属（*Chrysosplenium*）4种，以及越橘属（*Vaccinium*）、柴胡属（*Bupleurum*）、荨麻属（*Urtica*）等，其中大部分为林下植被的主要成分。

8—5 欧亚和南美洲温带间断分布（Eurasia & Temp. S. Amer. disjuncted）是北温带分布的一个变型，本区有2属、4种，占中国该类型属的40%。本区分布的是菊科的火绒草属（*Leontopodium*）的薄雪火绒草（*L. japonicum* Miq.）和火绒草（*L. leontopodioides*（Willd.）Beauv.），禾本科的看麦娘属（*Alopercurus*）的看麦娘（*A. aequalis* Sobol）和日本看麦娘（*A. Ja-*

ponicus Steud.）。

8—6 地中海、东亚、新西兰和墨西哥—智利间断分布（Mediterranea，E. Asia，New Zealand and Mexico—Chile disjuncted）是北温带分布的一个变型，这种分布区的变型，我国有1属、3种，本区有1属、1种，即马桑（*Coriaria sinica*），保护区低山地区常见，生于海拔600～800 m灌丛中，林缘、栎林内，阴处沟旁，山谷溪边，马桑属全世界共有15种。

9　东亚和北美洲间断分布（E. Asia & N. Amer. disjuncted）是指间断分布于东亚和北美洲温带及亚热带地区。属于这一分布区类型本区有57属、117种，占中国该类型属的46.3%。其中有不少是单型属和寡种属，表明这一区系的古老性和孤立性。这一类型在本区分布种数较多的属有胡枝子属（*Lespedeza*）10种、蛇葡萄属（*Ampelopsis*）9种、山蚂蝗属（*Desmodium*）8种、绣球属（*Hydrangea*）5种、地锦属（*Parthenocissus*）5种、木兰属（*Magnolia*）、络石属（*Trachelospermum*）、漆树属（*Toxicodendron*）、五味子属（*Schisandra*）等。

其中：9—1 东亚和墨西哥间断分布（E. Asia and Mexico disjuncted）是东亚和北美洲分布的一个变型。这种分布区的变型，我国有1属、9种，本区有1属、4种，即忍冬科六道木属（*Abelia*）中的糯米条（*Abelia chinensis*）、六道木（*A. biflora* Turcz）、南方六道木（*A. Dielsii*）、二翅六道木（*A. macrotera*），六道木属世界共有30种，本区占世界的13.3%、中国的44.4%。

10　旧世界温带分布（Old World Temperate）一般是指广泛分布于欧洲、亚洲中—高纬度的温带和寒温带，或个别延伸到亚洲—非洲热带山地甚至澳大利亚的属。本区有51属、92种，占中国该类型属的44.7%。加上2个变型，本区共分布有68属、124种。常见的属有桔梗科的沙参属（*Adenophora*）6种、唇形科香糯属（*Elsholtzia*）和筋骨草属（*Ajuga*）各4种、菊科的天名精属（*Carpesium*）和菊属（*Dendranthema*）各4种等。

其中：10—1 地中海区、西亚和东亚间断分布（Mediteranea. W. Asia & E. Asia disjuncted）是旧世界温带分布类型的一个变型，分布中心多偏于东亚，个别则偏于地中海—西亚。本区有11属、21种，占中国该类型属的44%。保护区常见的属有木犀科的女贞属（*Ligustrum*）5种、连翘属（*Forsythia*）2种，榆科榉树（*Zelkova*）3种，伞形科的窃衣属（*Torilis*）2种，夹竹桃科的夹竹桃属（*Nerium*）等。

10—3 欧亚和南部非洲间断分布（Eurasia & S. Africa disjuncted）是旧世界温带分布类型第三个变型。本区分布有6属、11种，占中国该类型属的35.3%。本区分布的是菊科的山莴苣属（*Lactuca*）3种、豆科的小苜蓿属（*Medicago*）3种、伞形科的前胡属（*Peucedanum*）2种，以及伞形科的蛇床（*Cnidium monnieri*（L.）Cusson）、豆科的百脉根（*Lotus corniculatus* L.）和百合科的绵枣属（*Scilla*）的绵枣（*S. Scilloioes* Druce）。

11　温带亚洲分布（Temp. Asia）是指主要局限于亚洲温带地区的属。它们分布区的范围一般包括从南俄罗斯至西伯利亚和亚洲东北部，南部界限至喜马拉雅山区，我国西南、华北至东北、朝鲜和日本北部。属于这一分布区类型本区有15属、26种，占中国该类型属的27.3%。其中有紫草科附地菜属（*Trigongtis*）6种、豆科杭子梢属（*Campylotropis*）5种和锦鸡儿属（*Caragana*）2种、菊科马兰属（*Kalimeris*）3种和刺儿菜属（*Cephlanoplos*）2种、蓼科大黄属（*Rheum*）2种、景天科瓦松属瓦松（*Orostachys fimbriatus*（*Turcz.*）Berger）、龙胆科蔓龙胆属蔓龙胆（*Crawfurdia japonica* Sieb. et Zucc.）等。

12　地中海区、西亚至中亚分布（Mediterranea，W. Asia to C. Asia）是指分布于现代地中海周围，经过西亚或西南亚至中亚和我国新疆、青藏高原及蒙古高原一带的属。分布于本区的共有8属、9种，即藜科的菠菜属（*Spinacia*）2种、石榴科的石榴属石榴（*Punica granatum* L.）、伞形科的芫荽（*Coriandrum sativum* L.）和茴香（*Foeniculum vulgare* Mill.）、紫草科的聚合草（*Symphytum officiale* L.）、菊科的红花（*Carthamus tinctorius* L.）、十字花科的小花唐芥（*Erysimum cheiranthoides* L.），大部分为栽培规划种，数量少，对区系影响不大。

其中：12—2 地中海区至中亚和墨西哥至美国南部间断分布（Mediterranea to C. Asia & Mexico to S. USA. disjuncted）保护区分布有石竹科丝石竹属的霞草（*Gypsophila oldhamiana* Miq.），占中国该类型属的50%。

12—3 地中海区至温带—热带亚洲、大洋洲和南美洲间断分布（Mediterranea to Temp，—Trop. Asia，Australasia & S. Amer disjuncted）保护区分布有2属、2种，占中国该类型属的40%，即牻牛儿苗科的牻牛儿苗（*Erodium stephanianum* Willd.）和漆树科的黄连木（*Pistacia chinensis* Bunge）。

13　中亚分布（C. Asia）是指只分布于中亚（特别是山地）而不见于西亚及地中海周围的属，即约位于古地中海的东半部。分布于本区的共有4属、5种，即十字花科诸葛菜属（*Orychophragmus*）的诸葛菜（*O. Violaceus*（L.）O. E Schulz）和湖北诸葛菜（*O. Violaceusvar. hupehensis*（Pamp.）O. E. Schulz），以及桑科大麻属的大麻（*Cannabis sativa* L.）、十字花科花旗杆属（*Dontostemon*）的花旗杆（*D. Dentats*（Bge.）Leded）、伞形科防风属（*Ledebouriella*）的防风（*L. Seseloides*（Hoffm）Wolff）。

其中：13—2 中亚至喜马拉雅和我国西南分布（C. Asia to Himalaya & S. W. China.）保护区仅分布有紫葳科角蒿属的角蒿（*I. sinensis* L.），占中国该类型属的3.8%。

14　东亚分布（E. Asia）是指从东喜马拉雅一直分布到日本的一些属。一般分布区较少，几乎都是森林区系成分，并且分布中心不超过喜马拉雅至日本的范围。本类型及其变型在本区内共有99属、166种，占中国该类型属的33.1%，居各分布区类型属的第三位。这种分布区类型在本区主要分布的属有毛竹属（*Phyllostachys*）9种、猕猴桃属（*Actinidia*）6种、溲疏属（*Perilla*）5种、败酱属（*Patrinia*）5种、五加属（*Acanthopanax*）4种、山麦冬属（*Liriope*）3种、沿阶草属（*Ophiopogon*）、党参属（*Codonopsis*）、紫苏属（*Perilla*）等。

其中：14（SH）中国—喜马拉雅分布（Sino—Himalaya）是东亚分布类型的一种，主要分布于喜马拉雅山区诸国至我国西南诸省，有的达到陕西、甘肃、华东或台湾省，向南延伸到中南半岛，但不见于日本。本区有22属、25种，占中国该类型属的15.6%。主要分布有南酸枣属（*Choerospondias*）、双蝴蝶属（*Tripterospenmum*）、水青树属（*Tetracentron*）、鹰爪枫属（*Holboelia*）、吊石苣苔属（*Lysionotus*）、臭樱属（*Maddenia*）、裂瓜属（*Schizopepon*）、射干属（*Belamcanda*）等。

14（SJ）中国—日本分布（Sino—Japan）是东亚分布类型的一个变型，分布于我国滇、川金沙江河谷以东地区直至日本和琉球，但不分布于喜马拉雅山区。本区有33属、51种，占中国该类型属的38.8%。主要分布有泡桐属（*Paulownia*）、木通属（*Akebia*）、苍术属（*Atractylodes*）、刺楸属（*Kalopanax*）、半夏属（*Pinellia*）、枫杨属（*Pterocarya*）、田麻属（*Corchoropsis*）、玉簪属（*Hosta*）、山桐子属（*Idesia*）、桔梗属（*Platycodon*）、连香树属（*Cercidiphyllum*）等。

15　中国特有分布（Endemic to China）是指分布范围限于中国境内的类型，即以中国整体的自然植物区为中心而分布界限不越出国境很远。本区属于这一类型的有24属、28种，占中国该类型属的9.3%。分布于本区的中国特有属有藤山柳属（*Clematoclethra*）、盾果草属(*Thyrocarpus*)、动蕊花属(*Kinostmon*)、直瓣苣苔属(*Ancylostemon*)、蜡梅属(*Chimonanthus*)、车前紫草属(*Sinojohnstonia*)、地构叶属(*Speranskia*)、瘿椒树属(*Tapiscia*)、杉属(*Cunninghamia*)、星果草属(*Asteropyrum*)、银杏属(*Ginkgo*)、通脱木属(*Tetrapanax*)、杜仲属(*Eucommia*)、香果树属(*Emmenopterys*)、枳属(*Poncirus*)等。

四、植物区系特征

通过以上统计分析,高乐山自然保护区系具有如下特征。

(一)植物种类丰富,区系组成多元化

本区有种子植物156科、737属、1 835种,中国种子植物属的15个分布区类型本区都有它们的代表,分布类型非常齐全,可见本区植物区系地理成分的复杂性。

在本区内,物种数量超过100种的大科,其组成种的分布区类型所占比例(热带分布型:温带分布型:世界分布型)为:菊科18:86:17;蔷薇科1:94:11;禾本科51:58:20,基本上以温带分布为主(除少数蔷薇科、唇形科外)。

从属的分布来看,多于20种的属有2个,占保护区总属数的0.3%;15~20种的属3个,占保护区总属数的0.4%;10~14种的属17个,占保护区总属数的2.3%;5~9种的属72个,占保护区总属数的9.8%;而少种属(2~4)和1种属却有287个和356个,分别占总属数的38.9%和48.3%。充分证明了本区植物区系的多样性。

(二)特有和珍稀濒危植物丰富

保护区生物多样性较为丰富,特有种及国家重点保护物种繁多,共有中国特有植物20属、24种。

根据国家林业局1999年颁布的《国家重点保护野生植物名录》(第一批),分布于保护区的保护植物有14种,其中Ⅰ级保护植物3种,Ⅱ级保护植物11种;被《中国植物红皮书(第一册)》收录的有17种。上述各物种不重复统计,共计22种。另外,在《国家重点保护区野生植物名录》(第二批)(待公布)中,保护区内有43种Ⅱ级保护植物被收录;被《濒危野生动植物种国际贸易公约》附录Ⅱ收录43种。

(三)区系的交会性或过渡性显著

高乐山自然保护区在中国植物区系分区上,属于泛北极植物区,中国—日本森林植物亚区,位于华中地区、华东地区、华北地区的交会点上,是华中、华东、西南、华北植物区系的交会地,各种成分内容并存。

从科属的分布型统计看,属于世界广布型的有76属、349种,分别占自然保护区总属数和总种数的10.3%和19.0%;属于热带分布型的有220属、470种,分别占自然保护区总属数和总种数的29.9%和25.6%;而属于温带分布型的有441属、1 016种,分别占自然保护区总属数和总种数的59.8%和55.4%,本区植物区系偏重于温带性质,具北亚热带向暖温带过渡的特点,是亚热带和温带地区植物区系重要的交会地区。

(四)起源古老,古老科属和孑遗属种多

保护区植物区系起源的古老特性,表现在古老科属和孑遗属种的数量上。复杂多样的山地地形以及优越的自然条件使得不少古老物种在高乐山自然保护区得以保存,显示出一定的古老性。古老、孑遗植物主要有三尖杉、红豆杉、杜仲、水青树、领春木、鸡桑等。

基于A. C. Smith对被子植物原始科的研究,高乐山自然保护区被子植物原始科较多,如木兰科、马兜铃科、三白草科、金粟兰科、樟科、木通科、防己科、毛茛科、小蘗科、罂粟科、杜仲科、领春木科、连香树科等13科,含56属、139种。说明保护区的植物区系有着深远的历史渊源。

第三节　植被及其特征

高乐山自然保护区分布有森林、草甸、灌丛等植被类型,在以森林为主体的巨大自然复合生态系统中,生物与其环境之间的相互依存、相互制约的复杂关系,维系着最适宜的生物结构图式,构成自然整体。因而,研究植被对于保护自然环境和自然资源,维持生态平衡以及发挥其多种功能和效益均具有重要意义。

一、概述

根据《中国植被》和河南植被区划,高乐山自然保护区属于亚热带常绿落叶阔叶林区域的桐柏、大别山地丘陵松栎林植被片,具有南温带向北亚热带过渡的性质。虽然该区植被曾受到人类活动的长期干扰和破坏,发生了较大的变化,但是,落叶栎林、马尾松林、松栎混交林以及由栎类、黄檀、山槐、化香、枫香等阔杂树种组成的次生阔杂林,是保护区的优势植被。

森林植被明显呈乔、灌、草三层结构。乔木层通常分为两个亚层,建群种和共建种为栓皮栎、麻栎、槲栎、青冈栎、马尾松、化香、山槐(*Albizziakalkora*)、枫香、黄檀(*Dalbergia hupeana*)、五角槭(*Acer mono*)、刺楸(*Kalopanax septemlobus*)等;林下灌木层优势种有山胡椒、盐肤木(*Rhus chinensis*)、白鹃梅、连翘、映山红(*Rhododendron simsii*)、茅栗(*Castanea sequinii*)、胡枝子、黄荆(*Vitex negundo*)、省沽油、三尖杉(*Cephalotaxus fortunei*)、钓樟(*Lindera rubronervia*)等;草本层优势种有求米草(*Oplismenus undalatifolius*)、羊胡子草、萱草(*Hemerocallis fulva*)、细叶苔草、野苎麻(*Bochmeria nivea*)、白茅(*Imerata cylindrical*)、芒(*Miscanthus sinensis*)、五节芒(*M. floridulus*)、显子草(*Phaenosperma globsa*)、结缕草(*Zoysia japonia*)等。

天然灌丛和草甸不多,常零星分布在山顶和山脊。主要灌丛有白鹃梅、连翘、胡枝子、山胡椒、盐肤木和黄荆。草甸有结缕草、狗牙根等。

二、植被类型划分

自然保护区植被类型是根据《中国植被》的分类原则,即植物群落学—生态学原则,既强调植物群落本身特征又十分注意群落的生态环境及其关系,将保护区的自然植被划分为5级,13个植被型,48个群系。

三、主要植被类型

(一)针叶林植被型组

针叶林是指以针叶树种为建群种,所组成的各种森林群落的总称,是森林生态系统的重要组成部分,在物质交换、能量传递、涵养水源、调节生态环境等方面,都起到重要的作用。

1. 暖性针叶林

暖性针叶林是亚热带低山丘陵地带性植被常绿阔叶林破坏后或陡坡地区、贫瘠环境下形成的次生或原生常绿针叶树。保护区本植被型主要有2个群系,一般分布在海拔500 m

以下的山地丘陵,有人工林,也有天然林,林内常混生一些其他树种,下木层种类较丰富。

1)马尾松群系(Form. *Pinus massoniana*)

马尾松是保护区内针叶林的主要代表树种之一。马尾松林是我国东南部湿润亚热带地区分布最广、资源最大的森林群落。高乐山自然保护区是马尾松分布的北缘,在区内垂直分布于海拔500 m以下的低山丘陵,群落外貌呈翠绿色,林冠整齐,层次分明。马尾松是向阳、喜温暖的树种,具有耐瘠薄、干燥、喜酸性土壤的特性,是荒山荒地造林的先锋树种。

保护区内马尾松分布很广,既有天然林。一般林龄差异大,天然林树高一般12~16 m,胸径12~30 cm,郁闭度0.5~0.8,以纯林为主。层次明显,通常为乔木、灌木、草本三层。乔木层除马尾松外,偶有板栗(*Castanea mollissima*)、枫香(*Liquidambar formosana*)、栓皮栎(*Quercus variabilis*)、麻栎(*Q. acutissima*)等渗入。灌木种类多,常见的有山胡椒、灰木、连翘、盐肤木、胡枝子、山莓(*Rubus corchorifolirs*)、白鹃梅等,总盖度70%左右。草本层盖度20%~30%,高20~30 cm,主要有求米草、山茅、羊胡子草、野苎麻、荩草(*Arthraxon hispidus*)。层间植物较少,常有络石、蛇葡萄(*Ampelopsis brevipedun*)、五味子(*Schisandra chinensis*)、三叶木通(*Akebia trifoliate*)、茜草等。

马尾松林是常绿阔叶林破坏后形成的次生植被类型。如果人为活动较小,则耐旱、喜阳的阔叶树种侵入形成混交林。从植被演替的角度来看,此类型是顺向演替,在继续无外来因素作用下,将会发展成亚热带常绿针叶林。

2)杉木群系(Form. *Cunninghamia lanceolata*)

杉木是喜温凉湿润的树种,广泛分布于东部亚热带地区,为我国东部亚热带常绿针叶林之一。保护区内的杉木林多为人工林,栽植在海拔300~500 m的山坡中下部或洼地,呈小片状分布。

一般杉木长势良好,乔木总盖度40%左右,平均树高10~15 m,胸径12~14 cm,树龄15~30年。伴生树种有马尾松、板栗、枫香、化香等。灌木层常见种类有钓樟、山胡椒、野桐(*Mallotus tennifolium*)、八角枫(*Allangium chinensis*)、野蔷薇(*Rosa* spp.)、悬钩子(*Robus spp.*)、映山红、盐肤木(*Rhus chinensis*)等。草木层盖度主要受灌木层影响,常见种类有狗脊蕨(*Woodwardia japonica*)、斜方复叶耳蕨(*Arachniodes rhomboidea*)、金星蕨(*Parathelypteris*)、江南卷柏(*Selaginella moellendorfii*)、中华里白(*Diploptergium chinense*)、水金风(*Impatiens noli—tangere*)、血水草(*Eomecon chionantha*)、荩草、羊胡子草等。层间植物有菝葜(*Smilax* spp.)、猕猴桃(*Actinidia chinensis*)、山葡萄(*Vitis* spp.)和鸡矢藤(*Paderia scadens*)等。

2. 温性针阔混交林

保护区内的针阔混交林分布面积较大,主要类型是马尾松与麻栎、栓皮栎等混交林。马尾松属亚热带区系成分,麻栎、栓皮栎属温带区系成分,说明该区松区混交林具有北亚热带向南温带过渡的特性。

乔木层郁闭度为0.6~0.8,建群种马尾松、栓皮栎、麻栎,高12~18 m,胸径15~18 cm。下木层郁闭度0.4,高3~4 m,种类较多,主要有盐肤木、山胡椒、白鹃梅、胡枝子、映山红等。草本层盖度为20%~40%,优势种常为羊胡子草、五节芒、荩草、结缕草等。

(二)阔叶林植被型组

1. 落叶阔叶林

落叶阔叶林是我国北方温带气候区的主要植被类型。亚热带地区主要是常绿阔叶林或常绿阔叶林之上的山地,成为亚热带山地垂直带谱上的一个类型。保护区的落叶阔叶林优势种以栓皮栎、麻栎、槲栎等落叶栎类为主,兼有化香、黄檀、枫香等伴生树种,该类型在区内分布广泛,面积很大,发育良好。主要类型如下。

1)栓皮栎群系(Form. *Quercus variabilis*)

保护区内栓皮栎纯林较少,多为残存、片段状的中、幼龄林。郁闭度一般为0.5~0.7,林分高10~15 m。乔木层伴生树种有麻栎(*Q. acutissima*)、马尾松、杉木、黄檀(*Delbergia hupeana*)、枫香(*Liquidambar formosana*)、青冈(*Quercus glauca*)等。林下灌木种类繁多,且有多种亚热带山地的植物,如油茶(*Camellia oleifera*)、白鹃梅(*Exochorda racemosa*)、杜鹃、山胡椒(*Lindera glauca*)、三桠乌药(*L. obtusiloba*)、木姜子(*Litsea pungens*)、构骨冬青(*Ilex cornuta*)、芫花(*Daphne genkwa*)、算盘珠(*Glochidion puqorum*)、野桐(*Mallotus tenuifolius*)等。草木层一般盖度为20%~40%,主要草类有淡竹叶(*Lophatherum gracile*)、建兰(*Cymbidium ensifolium*)、狗哇花(*Heteropappus hispidus*)、南蛇藤(*C. orbiculatus*)、菝葜等。

2)麻栎、栓皮栎群系(Form. *Quercus acutissima*, *Quercus variabills*)

该类型适应于土壤瘠薄干旱的立地条件保护区,从低海拔到高海拔处均有分布,范围较广。乔木层由2个亚层组成。上层树种为麻栎和栓皮栎,树高12~15 m,胸径16~30 cm,郁闭度0.4~0.6;亚层以槲栎、短柄枹、化香、黄檀、山槐为主,树高5~8 m,胸径12~20 cm,郁闭度0.2。灌木层盖度70%,种类丰富,优势种有山胡椒、茅栗、白背叶(*Mallotus apelta*)、胡枝子等喜光耐寒种类。草本层植物常见种类有苔草、荩草、羊胡子草和求米草等。该层植物高度0.15~0.6 m,盖度30%左右。

3)槲栎群系(Form. *Quercus allienq*)

槲栎群系是温带及暖温带山地植被垂直带谱上较常见的群落,多分布在海拔1 000~2 000 m的山地。由于保护区最高海拔仅812.5 m,因此槲栎林仅在海拔500~1 000 m有小片分布,且易与栓皮栎、短柄枹、化香等树种混交,故很少有纯林出现。

乔木层建群种槲栎郁闭度为0.7~0.8,树高12~15 m,胸径14~20 cm,伴生有少量的栓皮栎、短柄枹、化香等乔木树种。灌木层盖度20%~30%,高1~2 m,种类较多,以胡枝子、连翘、映山红、六道木等为优势种。草本层零乱,盖度不足10%,但种类丰富,常见的有求米草、荩草等。层间植物有五味子、三叶木通(*Akebia trifoliatea*)、野葡萄等。

4)黄檀群系(Form. *Dalbergia hupeana*)

黄檀群系是亚热带森林中常见的群落,主要分布在保护区海拔300~800 m的低山区,郁闭度为0.3~0.6,树高3~5 m,树冠开展,群落中的伴生植物有栓皮栎、茅栗、化香、枫香、黄栌、枫杨等。灌木层盖度50%左右,高1~4 m,种类有野山楂(*Crataegus cuneata*)、山楂(*Crataegus hupehensis*)、钓樟(*Lindera umbelata*)、山胡椒、灰木、白鹃梅、卫矛、野桐(*Maollotus tenuifolius*)等。草本层盖度20%~30%,种类杂乱,如黄背草、荩草(*Arthraxon hispidus*)、牛至(*Origanum vulgare*)、桔梗、柴胡、野菊(*Dendranthema indicum*)、野古草、酸模、雀麦等多种植物。

5)化香群系(Form. *Platycarya strobilacea*)

化香群系是森林植被演替中的过渡类型,在保护区分布较为广泛,郁闭度为0.5~0.8。群落种的伴生植物主要有栓皮栎、茅栗、黄连木、黄檀、山槐、乌柏(*Spium sefiferum*)、枫香和马尾松等;林下灌木层植物繁多,且有多种喜暖的亚热带成分的种类,如山胡椒、野桐、白鹃梅、杜鹃、芫花、八角枫、华瓜木、檵木（*Loropetalum chinensis*）、乌饭树（*Vaccinium brateatum*）、算盘珠、光叶马鞍树（*Maackia tenuifolia*）等，其他还有美丽胡枝子、山莓、小果蔷薇、白檀（*Symplocus paniculata*）、鼠李（*Rhamnus utilis*）等植物；草本层稀疏，多为耐阴植物，主要有荩草、天南星（*Arisaema consanguineeum*）、半夏（*Pinellia ternate*）、土牛膝（*Achyranthes aspena*）、野古草、苍术（*Alractylodes chinensis*）、白头翁（*Pulsatilla chinensis*）、水杨梅（*Geum aleppicum*）、千里光（*Senecio scandens*）、春兰（*Cymbidium goeringii*）等。

6）枫杨群系（Form. *Pterocarya stenoptera*）

枫杨群系主要分布在保护海拔800 m以下的沟谷及河岸。群落的种类组成比较丰富，群落结构复杂，明显地分为乔木层、灌木层和草本层。乔木层的伴生种类有栓皮栎、乌桕、黄檀、化香、山槐、马尾松、黄连木、白栎和色木（*Acer mono*）等。灌木层主要由山胡椒、叶下珠、柘、芫花、杜鹃、八角枫、钓樟、三桠乌药等亚热带常见植物组成，明显地反映出亚热带色彩。草本层植物种类较多，除了一些常见的中生植物外，还有多种湿生植物，如水蓼（*Polygonum hydropiper*）、灯心草（*Juncus effuses*）、毛茛（*Rnunculus japonicus*）、旋复花（*Inula Britannica*）等植物。层间植物有猕猴桃（*Actinidia chinensis*）、菝葜、三叶木通和毛葡萄等。

7）枫香群系（Form. *Liquedambar formosana*）

枫香群系主要分布于保护区海拔400～700 m的谷地或山坡下部温暖湿润环境中，是一种天然次生林，纯林较少，常与栓皮栎或马尾松等树种混交。群落外貌整齐，郁闭度0.8左右。灌木层种类多，但数量较少，主要有山胡椒、钓樟、白鹃梅、八角枫、华瓜木、野桐、芫花、野鸦椿、垂珠花（*Styros dasyantha*）、光叶马鞍树、白檀、杜鹃、三桠乌药、小果蔷薇、山莓等多种植物。林下草本层以耐阴植物为主，如披叶苔（*Carex lanceolata*）、诸葛菜（*Orychophragmus violaceus*）、荩草、芒草、白花败酱（*Patyinia villosa*）、黄花败酱（*Patrinia seabiosaefolia*）、半夏、珍珠菜（*Lysimachia clthroides*）、春兰、绶草（*Spiranthes lancea*）、天南星、黄精等。群落种的藤本植物，常见的有紫藤（*Wistaria sinensis*）、猕猴桃、三叶木通、华中五味子、大血藤（*Sargentodoxa cuneata*）、忍冬（*Lonicora japonica*）等。爬附于林中岩上的有络石（*Trachelospermum jasmiroides*）、珍珠莲（*Ficus foveolata*）和多种藓类植物。

枫香群落是亚热带山地温湿环境中比较稳定的群落，在某些地段，虽然马尾松是群落中的主要伴生树种，但马尾松是一种旱中生的阳性植物，不能很好地适应湿润环境，在群落的演替过程中，将被枫香逐渐淘汰。

2. 常绿、落叶阔叶混交林

常绿、落叶阔叶混交林是北亚热带石灰岩地区的原生性群落。由于保护区非石灰岩山地，常绿、落叶阔叶林除常绿树种主要为青冈，落叶树种有栓皮栎、枫杨、黄连木、榉类、化香、黄檀等。乔木层优势种青冈多呈丛状，郁闭度0.6以上，树高10～12 m，胸径12～16 cm，落叶树种，郁闭度0.2～0.3，高10～12 m，胸径12～18 cm。灌木层盖度30%，高3 m左右，种类较多，常绿、落叶成分均有，常见的有山胡椒、盐肤木、六月雪（*Serissa foetidalomn*）、卫矛、崖花海桐（*Pittosporum sahnianum*）、马鞍树等。草本层盖度15%，种类多为苔草、苍术（*Atractyodes chinensis*）、石蒜等耐阴植物。另外，还有络石、三叶木通等层间植物。

3. 常绿阔叶林

青冈群系（From. *Quercus glauca*）

保护区内常绿阔叶林只有青冈林。青冈群系是典型的亚热带地带性植被之一，在保护区内有小面积人工林分布，郁闭度为0.8，下木层郁闭度0.2，种类较少，主要为山桃（*Prunus davidiana*）、蔷薇等。草本层盖度为70%，种类有山茅、牛膝（*Achyranthes bidentata*）、灯心草（*Juncus effuses*）等，以耐阴种类为主。

4. 竹林

竹林是一种常绿木本群落，主要分布于热带、亚热带，竹类是多年生一次性开花须根系的木本植物，具特殊的生物、生态特性。竹类属于禾本科竹亚科，1 300多种、50多属，中国是其分布中心。本保护区的竹林，主要为毛竹林、桂竹林及刚竹等单轴型竹林，多分布在海拔500 m以下的山沟或山谷及溪边。

1）毛竹群系（Form. *Phyllostachys pubescens*）

毛竹林是我国亚热带地区广泛栽培或自然分布的优良用材竹林。保护区毛竹林为人工林，呈小片栽植，生境多为沟洼台地、土层深厚肥沃之地。竹秆高10～15 m，胸径多在10～15 cm。林下常有虎杖（*Polygonum cuspidatum*）、络石、萱草、麦冬、华东膜蕨（*Hymenophyllum barbatum*）、毛果堇菜（*Viola collina*）、鱼腥草等。

2）淡竹群系（Form. *Phyllostachys glauca*）

保护区内的淡竹群系为半野生状态，主要分布在山谷和河溪两旁。郁闭度0.5～0.8，竹秆高7～12 m，胸径3～6 cm。林下灌木有绿叶胡枝子、枸杞、伞花胡颓子、桑及悬钩子等。草本层覆盖度30%左右，植物种类较多，常见有络石、鸭跖草、半夏、茅叶荩草、菝葜、鸡眼草、红茎马唐和蒲公英等。

（三）灌丛和灌草丛

1. 灌丛

灌丛是指由灌木占优势所组成的植被类型，一般高度在5 m以下，或植株没有明显的主干，生长比较密集，盖度达50%以上。主要是森林遭受人为严重破坏尚未得到恢复而形成的次生植被，或其他因素影响。由灌木形成的相对稳定的灌木林地。本保护区内两种类型均存在，一般海拔在600 m以上前者居多，600 m以下后者居多。优势种主要有白鹃梅、连翘、灰栒子（*Cotoneaster acutifolius*）、黄荆、葛（*Pueraria lobata*）、盐肤木（*Rhus chinensis*）、牡荆、胡枝子、山胡椒、映山红等。

2. 灌草丛

灌草丛也是灌丛的一种类型，是低山区或浅山丘陵地带的主要植被类型之一，是森林植被破坏后形成的次生类型。保护区的灌草丛最主要的有以下两种类型：

（1）算盘珠、黄背草群系（Form. *Glochidion fortunci*，*Themeda traindravar. japonica*）

该类型主要分布于海拔400～700 m，呈片状分布，覆盖度60%，草本层分为高草亚层和低草亚层。高草亚层高1 m左右，黄背草为优势种，其他有白茅、白羊草、雀麦等。低草亚层的种类一般高度在30 cm以下，常见种有荩草、鸡眼草、委陵草、地榆、夏枯草等30～40种。散生在群落中的灌木多为亚热带常见植物，以算盘珠最多，其他还有杜鹃、芫花、勾儿茶、野桐、盐肤木、蔷薇等。

（2）野山楂、小果蔷薇、披叶苔群系（Form. *Crataegus cuneata*，*Rosa microcarpa*，*Carex lanceolata*）

该类型主要分布于海拔400～800 m，覆盖度60%～70%，草本层主要由莎草科和禾本科植物组成，建群种披叶苔的适应性很强，共建种为野古草，其他伴生的草本植物有白羊草、黄背、委陵菜、天门冬、绵枣儿、柴胡、夏枯草、茜草等。其他还有山胡椒、卫矛、胡枝子等。

(四)草甸

草甸是由多年生、中生性草本植物组成的稳定的植物群落。保护区草甸不发育,仅在海拔800 m以上的山顶风大、干燥处呈片状分布。主要为根茎禾草类草甸,包括结缕草草甸、狗牙根草甸和假俭草草甸等。

(五)沼泽

沼泽植被均为草本沼泽,如香蒲沼泽、芦苇沼泽、灯心草沼泽和莎草沼泽。水生植被中的挺水植被有莲、石菖蒲;浮水植被有浮萍、紫萍、满江红、槐叶萍等;沉水植被有狐尾藻、眼子菜、金鱼藻等。

四、植被分布规律及主要特征

植物与环境的关系是非常密切的,尤其是热量和水分的关系更加密切。在不同地段上,由于不同的生态因子组合,形成不同的生境,使得植被在空间上发生变化,反映在植物群落类型的主要组成成分和生态结构上,呈现不同的植被分布格局和规律。

(一)丰富的植被类型

保护区地处北亚热带与暖温带的过渡地带,而且由于保护区地形复杂、坡向不同、海拔差异、干湿状况及降雨、风向、风速的不一样,使得保护区内植被生境丰富多彩,植被类型多种多样。通过初步统计,保护区共有13个植被型,48个群系。

(二)具有北亚热带向暖温带交会过渡的特征

通过对区内植物区系地理成分的分析,本区拥有各类温带成分如栎类、槭类等共计441属,占总属数的59.8%;同时,本区也具有一定的亚热带和热带成分,如马尾松、葛、苎麻等共计220属,占总属数的29.9%。这说明了保护区植被具有北亚热带向暖温带的过渡特征。

(三)本区植被具有第三纪残余植被性质

本区分布有许多第三纪孑遗植物,如蕨类的紫萁(*Osmanda*)、石松(*Lycopodium*);裸子植物有松属(*Pinus*);被子植物则有栎、香果树、杜仲、领春木、枫杨、刚竹、水青树、猕猴桃等,都是第三纪古热带区系的残余、孑遗种或后裔,正说明高乐山自然保护区植被具第三纪残遗性质。

(四)具有一定的垂直梯度格局

保护区主峰祖师顶海拔812.5 m,最低海拔140 m,相对高差近700 m,随着海拔的变化,热量和水分相应地发生垂直变化,植被具有一定的垂直分布格局。①海拔500 m以下,主要为常绿针叶林及一些经济林类型,此带由于人为活动的影响,植被格局比较破碎,主要为马尾松、杉木林等,与油桐林、毛竹林及农耕地等镶嵌排列,并包括一些灌草丛。②海拔500~800 m,代表类型为常绿和落叶阔叶混交林。③海拔800 m以上,代表类型为落叶阔叶林,主要为栎类、枫香和化香等。

五、评价

(一)保护区植被是淮河源头的生态屏障

淮河,因其流域面积广,两岸居住人口密集,流域内风调雨顺或旱涝灾害对中华民族的政治经济生活影响甚大,因而被华夏儿女尊为“风水河”。桐柏山是千里淮河的发源地,高乐山是淮河的一级支流五里河、毛集河的发源地,保护区也是淮河源头重要的储水库,是薄山、尖山、李庄、连庄等众多中小型水库的汇水区。同时,淮河流域森林资源较少,人口密度较大,而高乐山自然保护区大面积的森林植被对于淮河流域的生态安全、水土保持等都具有非常重要的意义,是淮河源头的生态屏障。

(二)植被类型的多样性丰富

自然保护区植被共有5个植被型组,12个植被型,49个群系以及大量的群丛,植被类型丰富多样。海拔相对高差近700 m,植被具有一定的垂直分布规律。

(三)珍稀濒危动植物的“避难所”

高乐山自然保护区独特的地理位置、地形地势和气候特点,使得这里成为众多珍稀濒危动植物的“避难所”,这些珍稀濒危动植物的生存、繁衍、发展,都依赖于保护区植被,即保护区植被所创造的良好的生境条件。

(四)良好的科研、教育基地

植被类型的多样性,丰富的珍稀濒危植物群落,使得高乐山自然保护区为我们提供了良好的科研、教学基地。

第四节　国家珍稀濒危保护植物

保护区地处北亚热带向暖温带的过渡地带,生物多样性极为丰富,特有种及国家重点保护物种繁多,是中州地区最有战略意义的生物资源基因库。保护区共有中国特有植物20属、24种。

根据国家林业局1999年颁布的《国家重点保护野生植物名录》(第一批),分布于保护区的保护植物有14种,其中Ⅰ级保护植物3种,Ⅱ级保护植物11种;被《中国植物红皮书(第一册)》收录的有17种。上述各物种不重复统计,共计22种。另外,在《国家重点保护野生植物名录》(第二批)(待公布)中,保护区内有43种Ⅱ级保护植物被收录;被《濒危野生动植物种国际贸易公约》附录Ⅱ收录43种。现分述如下。

一、国家Ⅰ级保护植物

1.红豆杉

Taxus chinensis(Pilg.)Rehd.

俗名:胭脂柏

科名:红豆杉科 Taxaceae

形态特征:常绿乔木,树皮纵裂,红褐色,枝黄绿色,小枝互生,基部扭转排成二列。叶条形,通常微弯,长1~2.5 cm,宽2~2.5 mm,边缘微反曲,先端尖或微急尖,下面沿中脉两侧有两条宽灰绿色或黄绿色气孔带,绿色的边带极窄,中脉带上有密生均匀的微小乳头点。雌雄异株。球花单生叶腋,雌球花的胚珠单生于花轴上部侧生短轴的顶端,基部托以圆盘状的假种皮。种子扁卵圆形,生于红色肉质的杯状假种皮中,长约5 mm,先端微有2脊,种脐卵圆形。

分布:保护区海拔300~800 m地段零星分布。

保护价值及用途:红豆杉为中国特有第三纪残遗植物。木材坚实致密,不翘不裂,颜色喜人,为胭脂红色,用于器具工艺;木材水湿不腐,为水工工程的优良用材;种子含油60%以上,可供制皂及润滑油,入药有驱蛔虫、消积食的作用,树皮对癌有抑制作用。

2. 南方红豆杉

Taxus mairei(Lemee et Levl.)S. Y. Hu

俗名:美丽红豆杉

科名:红豆杉科 Taxaceae

红豆杉科红豆杉属植物,中国特有,国家Ⅰ级重点保护植物。树皮和树叶可以提取紫杉醇,是珍贵的药用植物资源。见于800 m以下山地,星散分布。常混生于马尾松林、红豆杉林中。

3. 银杏

Ginkgo biloba Linn.

俗名:白果、公孙树

科名:银杏科 Cinkgoaceae

形态特征:乔木,枝条有长短枝之分,断枝周围有密生的芽鳞痕。叶在长枝上螺旋状散生,在短枝上簇生状,叶片折扇形,长有柄,无表背之分,有多数二叉并列的细脉,上缘宽5~8 cm,波状,有时中央浅裂或深裂。雌雄异株,稀同株。球花生于短枝叶腋或苞腋。雄花成葇荑花序状,雄蕊多数有二花;雌花有长梗,梗端二叉(稀不分叉或3~5叉),叉端生一珠座,每珠座生一胚珠,仅一个发育成种子。种子核果状椭圆形至球形,长2.5~3.5 cm,种子分内、中、外三层种皮,肉质,蛋黄白色,内含多种酸类;中果皮骨质,白色光滑,有2~3条棱线;内果皮为褐色的薄膜,内有白色丰富的胚珠。

分布:保护区及周边有零星大树分布,多为栽培种。

保护价值及用途:银杏为中国特有单种属古老残遗植物,同水杉一样,被誉为生物"活化石",是地质史上石炭纪的产物,对于研究裸子植物起源与演化、中国古地史的变迁和植物区系都有非常重要的科学价值。种仁可食,入药有润肺止咳强壮等效,油浸白果可治疗肺病。叶子亦可用于治疗心脑血管疾病。银杏树冠雄伟,叶子特别,可作为行道树和观赏树。

二、国家Ⅱ级保护植物

1. 榉树

Zelkova schneideriana Hand. —Mazz.

科名:榆科 Ulmaceae

榆科榉属植物,落叶乔木,当年生枝密生柔毛;叶长椭圆状卵形,长2~10 cm,边缘具桃形单锯齿,羽状脉,上面粗糙,具脱落性硬毛,下面被密柔毛,叶柄长1~4 mm。花单性,稀杂性,雌雄同株,雄花簇生于新枝下部的叶腋或苞腋,雌花1~3朵生于新枝上部的叶腋;花被片4~5(6),宿存;花柱2,歪生。坚果上部斜歪,直径2.5~4 mm。保护区有少量分布。树木纹理细,坚实耐用,可作造船、桥梁、家具用材。树干通直,树形优美,秋叶红色,作为城乡道路绿化树种具有良好的开发前途。

2. 鹅掌楸

Liriodendron chinense (Hemsl.)Sarg.

科名:木兰科 Magnoliaceae

木兰科鹅掌楸属植物,又名马褂木,鸭脚树。落叶乔木,高达 40 m。小枝灰或灰褐色。叶马褂形,长 4 ~12(18)cm,两侧中下部各具 1 较大裂片,先端具 2 浅裂,下面苍白色,被乳头状白粉点,叶柄长 4 ~8(16)cm;花杯状,径 5 ~6 cm;花被片 9,外轮绿色,萼片状,向外弯垂,内 2 轮直立,花瓣状,倒卵形,长 3 ~4 cm,绿色,具黄色纵条纹。聚合果纺锤形,长 7 ~9 cm,具翅小坚果长约 6 mm,顶端钝或钝尖,种子 1 ~2 个。花期 5 月,果期 9 ~10 月。

鹅掌楸是我国特有的孑遗植物,对研究东亚和北美植物关系及起源、探讨地史的变迁等具有重要价值,也是优良用材树种和珍贵观赏树种。我国华东、华中、西南均有分布,保护区在海拔 400 ~800 m 的山坡杂木林中有零星分布。

3. 厚朴

Magnolia officinalis Rehd. er Wils.

科名:木兰科 Magnoliaceae

木兰科木兰属植物,中国中亚热带东部特有种。分布于川、甘、鄂、湘、桂、赣等省(区)海拔 1 500 m 以下山地。喜光,喜凉爽潮湿的气候和排水良好的微酸性土壤。厚朴生长快,一般 20 年生可剥皮制药,寿命可达百余年。树皮为重要药材,能驱风镇痛,化食利尿,平喘消痰,化湿导滞,主治伤寒、中风及寒热等病;芽为妇科良药;种子能明目益气;还可榨油,用于制皂。木材纹理直,结构细,少开裂,供建筑、板料、家具、雕刻及细木工等用。厚朴叶大,树冠荫浓,花洁而玉立枝头,可作庭院观赏树栽培。保护区有零星分布,散生于阔叶林中。

4. 连香树

Cercidiphyllum japonicum Sieb. Et Zucc.

科名:连香树科 Cercidphyllaceae

连香树科连香树属植物,落叶大乔木,高 10 ~20 cm,胸径 1 m。叶近圆形或阔卵形,基部常为心形,边缘有圆钝锯齿,齿端具腺体,掌状脉 5 ~7 条。雌雄异株。花先叶开放或与叶同放,紫红色。果微弯曲,紫褐色,花柱宿存。为间断分布在中国和日本的第三纪孑遗植物。在中国分布于温暖带及亚热带地区。对于阐明第三纪植物区系起源以及中国与日本植物区系的关系,均有科研价值。树姿高大雄伟,叶形奇特,为很好的园林绿化树种。保护区分布在海拔 500 ~1 000 m 山谷林中。

5. 水青树

Tetracentron sinense Oliv.

科名:水青树科 Tegracentraceae

水青树科水青树属单属种植物,国家Ⅱ级保护植物。现仅在东亚局部地区有少量分布,为东亚特征植物,对研究植物区系的分布、进化有重要价值。是中国特有的第三纪孑遗植物,在系统演化上属孤立的科属,仅水青树一种,人称“冰川元老”。对研究我国植物区系的起源意义重大。其形态特征在被子植物分类中具有独特价值。在我国分布于陕、甘及西南各省,海拔 1 000 ~2 000 m 的杂木林中。保护区在海拔 800 m 以下的阔叶林中偶有零星散生。

6. 樟(香樟)

Cinnamomum camphora (L.)Presl

科名:樟科 Lauraceae

樟科是我国亚热带常绿阔叶林中的重要成分，为优良用材及特用经济兼备的名贵树种。樟树木材致密，纹理美观，富有香气，耐腐抗虫，是造船、箱柜、家具及工艺美术品优良用材；樟树的根、干、枝、叶皆可提取樟脑及樟油，为医药、防腐剂及香料、农药的重要原料。樟树四季常青，芳香，树冠庞大，是优良城镇绿化及庭院树种。产于长江流域以南各地，台湾、福建最多，性喜温暖湿润气候和肥沃深厚酸性黄壤、红壤和中性壤土，幼年期怕冻，长大后抗寒性增强，不耐干旱瘠薄，一般分布在800 m以下的低山平原。喜光，分枝低，树冠发达，生长快，寿命长。保护区内以单株型分布在山坡下部。

7. 润楠

Machilus nanmu(Oliv.)Hemsl.

科名：樟科 Lauraceae

樟科润楠属乔木，高达40 m。小枝无毛或基部稍被灰黄色柔毛。芽鳞近圆形，叶椭圆形或椭圆状倒披针形，长8～13 cm，先端渐尖，基部楔形，上面无毛，下面被平伏柔毛，上面中脉凹下，侧脉8～13对，不明显。叶柄长15 cm，老时无毛。花序生于新枝基部，4～7个，长5～10 cm。花长约4 mm，花被片长圆形，两面被绢毛，花丝基部被长柔毛，第三轮基部腺体具柄。果扁球形，黑色，径7～8 mm。花期3～5月，果期8～10月。木材纹理致密，是优良的用材树种。保护区海拔500～900 m林中有分布。

8. 楠木

Phoebe zhennan S. Lee et F. N. Wei

科名：樟科 Lauranceae

樟科楠木属中国特有种，材质优良，是驰名中外的珍贵用材树种，是楠木属中经济价值最高的一种，又是著名的庭园观赏和城市绿化树种。楠木为常绿大乔木，高达30 m，胸径1 m。幼枝有棱，被黄褐色或灰褐色柔毛，2年生枝黑褐色，无毛。叶长圆形，长圆状倒披针形或窄椭圆形，长5～11 cm，宽1.5～4 cm，先端渐尖，基部楔形，上面有光泽，中脉上被柔毛，下脉被短柔毛，侧脉约14对。叶柄纤细，初被黄褐色柔毛。圆锥花序腋生，被短柔毛，长4～9 cm；花被裂片6个，椭圆形，两面被柔毛；发育雄蕊9枚，被柔毛，花药4室，第3轮的花丝基部各具1对无柄腺体，退化花蕊长约1 mm，被柔毛，三角形；雌蕊无毛，长2 mm，子房近球形，花柱约与子房等长，柱头膨大。果序被毛；核果椭圆形或椭圆状卵圆形，成熟时黑色，长约1.3 cm，花被裂片宿存，紧贴果实基部。保护区海拔800 m以下有零星分布。

9. 野大豆

Glycine soja Sieb. Et Zucc.

科名：豆科 Legguminosae

豆科大豆属植物，一年生缠绕草本，植物体密被黄色长硬毛。三出复叶。总状花序腋生，花冠淡紫红色。荚果条形或条状矩圆形，种子2～4粒。花期6～8月，果期8～10月。野大豆为东亚分布种，是探索大豆起源的原始材料，也是改良栽培大豆的优良种质资源。成熟种子含油量为18%～22%，蛋白质30%～45%，可作食用油，也可供药用，有利尿、平肝、敛汗、明目之效。茎叶又是优良饲料。保护区常见于海拔800 m以下的河岸、草地或灌丛中。

10. 香果树

Emmenopterys henryi Oliv.

科名:茜草科 Rubiaceae

茜草科香果树属植物。我国特产孑遗树种,对研究茜草科分类系统及植物地理学具有一定学术价值。主要分布于长江以南各省(区),分布在海拔600~800 m的山区。幼树耐阴,10年后渐喜光,喜湿,多生长在山谷、沟槽、溪边及村寨较湿润肥沃的土壤上。保护区在祖师顶山谷多呈零星生长,未见群落,种子细小,幼苗竞争力弱,天然更新能力有限。

11.中华结缕草

Zoysia sinica Hance

科名:禾本科 Gramineae

禾本科结缕草属植物。多年生草本,株高10~30 cm,具根状茎。叶片线状披针形,长达10 cm,宽1~3 mm,边缘常内卷。总状花序长2~4 cm,宽约5 mm;小穗紫褐色,披针形,长4~5(6)mm,宽1~1.5 mm,两侧压扁,小穗柄长达2 mm,成熟后整个小穗脱落;两性花1朵,第一颖缺,第二颖革质,边缘于下部合生,全部包裹膜质的内外稃,无毛,具小尖头。颖果棕褐色,长椭圆形,长约3 mm。保护区常见于海拔800 m以下的河岸、草地或灌丛中。

被《国家重点保护野生植物名录》(第二批)(待公布)和《濒危野生动植物种国际贸易公约》收录的其余55种重点保护野生植物,在这里不再一一展开,名录详见附录5。

三、保护区重点保护植物的特点

(1)种类丰富。据这一次粗略调查,保护区内共有国家明文规定的各类保护植物68种,分属20科、45属。国家Ⅰ级保护植物3种,国家Ⅱ级保护植物11种(第一批名录),另有43种野生植物被列入《国家重点保护植物名录》(第二批)(待公布);被《中国植物红皮书(第一册)》收录17种;被《濒危野生动植物种国际贸易公约》附录Ⅱ收录43种。

(2)重点保护植物的分布具有明显的地带性。海拔500~800 m的常绿落叶阔叶林及落叶阔叶林带,是本区保护植物集中分布区,种类多,种群数量较大,如红豆杉、连香树、水青树、厚朴、青檀等10多种,除裸子植物外,多为落叶树种。保护植物种群多为散生于落叶阔叶林或常绿落叶阔叶混交林中,或陡岩上。也有部分人工引种栽培,如银杏、香樟、楠木等。

(3)保护区处于北亚热带和暖温带过渡带,地形地貌较为复杂,植物区系成分渗透、交流广泛,是河南省生物多样性保护的关键地区和优先重点保护的区域,重点保护植物的分布相对集中,加强保护区科学管理可以更加有效地保护这些物种。

第五节　资源植物

高乐山自然保护区野生植物种类丰富,分布范围广,其中具有食用、药用等经济价值的野生资源植物极为丰富,研究该地区内野生资源植物的开发利用具有重要的现实意义。根据初步调查统计,保护区资源植物分为12类,现将主要类型及所属植物简述如下。

一、淀粉植物

淀粉是人类生活和工业方面的重要物质,可直接利用或作为工业原料以加工制成各种工业产品,如糖浆、淀粉糖、葡萄糖、糊精、胶粘剂等。含淀粉的野生植物以壳斗科、禾本科、蓼科、百合科、天南星科、旋花科等的种类较多。其次是蕨类、豆科、防己科、莲科、桔梗科、菱科、银杏科等。

保护区淀粉资源植物有 75 种,主要种类为:银杏 *Ginkgo biloba*、串果藤 *Sinofranchetia chinensis*、木防己 *Cocculus orbiculatus*、千金藤 *Stephania japonica*、华榛 *Coryllus chinensis*、川榛 *Corylus heterophylla* var. *sutchuenensis*、板栗 *Castanea mollissima*、茅栗 *Castanea seguinii*、麻栎 *Quercus acutissima*、槲栎 *Quercus aliena*、白栎 *Quercus fabri*、栓皮栎 *Quercus variabilis*、柘树 *Cudrania tricuspidata*、薜荔 *Ficus pumila*、桑树 *Morus alba*、鸡桑 *Morus australis*、华桑 *Morus cathayana*、何首乌 *Polygonum multiflorum*、软枣猕猴桃 *Actinidia arguta*、中华猕猴桃 *Actinidia chinensis*、野山楂 *Crataegus cuneata*、火棘 *Pyracantha fortuneana*、金樱子 *Rosa laevigata*、山莓 *Rubus corchorifolius*、水榆花楸 *Sorbus alnifolia*、草木犀 *Melioltus suaveolens*、野葛 *Pueraria lobata*、北枳椇 *Hovenia dulcis*、胡颓子 *Elaeagnus pungens*、白蔹 *Ampelopsis japonica*、爬山虎 *Parthenocissus tricuspidata*、刺葡萄 *Vitis davidii*、四照花 *Dendrobenthamia japonica* var. *chinensis*、柿 *Diospyros kaki*、苍术 *Atractylodes lancea*、轮叶沙参 *Adenophora tetraphylla*、羊乳 *Codonopsis lanceolata*、打碗花 *Calystegia hederacea*、慈姑 *Sagittaria trifolia*、天门冬 *Asparagus cochinchinensis*、百合 *Lilium brownii* var. *viridulum*、卷丹 *Lilium lancifolium*、玉竹 *Polyginatum odoratum*、菝葜 *Smilax china*、土茯苓 *Smilax glabra*、黑果菝葜 *Smilax glauco—china*、菖蒲 *Acorus calamus*、魔芋 *Amorphophallus rivieri*、天南星 *Arisaema heterophyllum*、黄独 *Dioscorea bulifera*、穿龙薯蓣 *Dioscorea nipponica*、白芨 *Bletilla striata*、光头稗 *Echinochloa colonum*、稗 *Echmochloa rusgalli*、白茅 *Imperata cylindrica* var. *majop* 等。

二、饮料植物

保护区共有饮料植物约 20 种,它们是:五味子 *Schisandra chinensis*、化香树 *Platycarya strobilacea*、桑树 *Morus alba*、软枣猕猴桃 *Actinidia arguta*、中华猕猴桃 *Actinidia chinensis*、麦李 *Cerasus glandulosa*、野山楂 *Crataegus cuneata*、中华草莓 *Fragaria chinensis*、金樱子 *Rosa laevigata*、缫丝花 *Rosa roxburghii*、槐树 *Sophora japonica*、枳椇 *Hovenia dulcis*、牛奶子 *Elaeagnus umbellata*、柿 *Diospyros kaki*、君迁子 *Diospyros lotus*、忍冬 *Lonicera japonica*、婆婆针 *Bidens bipinnata*、枸杞 *Lycium chinense* 等。

三、饲用植物

饲用植物与人类生产的关系,有着悠久的历史。当人类从渔猎进入牧畜时代,便与牧草发生了联系,尔后,对饲用植物的经济价值、生产价值和应用的可能性以及利用途径、化学成分、营养价值及其功能进行了深入的研究。

保护区的饲用植物丰富,约有 35 种,主要种类为:旱柳 *Salix matsudana*、异叶榕 *Ficus heteromorpha*、地瓜 *Ficus tikoua*、桑树 *Morus alba*、鸡桑 *Morus australis*、华桑 *Morus cathayana*、红蓼 *Polygonum orientale*、酸模 *Rumex acetosa*、空心莲子草 *Alternanathera philoxeroides*、皱果苋 *Amaranthus viridis*、繁缕 *Stellariamedia*、豆瓣菜 *Nasturtium officinale*、瓦松 *Orostachys fimbriatus*、田皂角 *Aeschynomene indica*、紫云英 *Astragalus sinicus*、野大豆 *Glycine soja*、鸡眼草 *Kummerowia striata*、截叶铁扫帚 *Lespedeza cuneata*、草木犀 *Melioltus suaveolens*、野胡萝卜 *Daucus carota*、抱茎苦荬菜 *Ixeris sonchifolia*、山莴苣 *Lactuca indica*、平车前 *Plantago depressa*、打碗花 *Calystegia hederacea*、魔芋 *Amorphophallus rivieri*、看麦娘 *Alopecurus aequalis*、荩草 *Arthraxon hispidus*、拂子

茅 *Calamagrostis epigejos*、细柄草 *Capillipedium parviflorum*、马唐 *Digitaria sanguinalis*、稗 *Echmochloa crusgalli*、小画眉草 *Eragrostis poaeoides*、白茅 *Imperata cylindrical* var. *majop*、五节芒 *Miscanthus floridulus*、芒 *Miscanthus sinensis*、鹅观草 *Roegnerta kamoji*、狗尾草 *Setaria viridis*、青绿苔草 *Carex leucochlora*、宽叶苔草 *Carex siderosticta* 等。

四、蜜源植物

我国的养蜂业是国民经济的一个重要行业，目前，我国蜜蜂的数量和蜂蜜产量均名列前茅。保护区气候温暖湿润，蜜源植物颇为丰富，以药用植物居多，而且未被污染，为蜜蜂提供了丰富的蜜源。

保护区有蜜源植物和蜜源辅助植物 85 种，主要种类为：杉木 *Cuninghamia lanceolata*、侧柏 *Platycladus orientalis*、山鸡椒 *litsea cubeba*、南天竹 *Nandina domestica*、鹅耳枥 *Carpinus turczaninowii*、板栗 *Castanea mollissima*、麻栎 *Quercus acutissima*、构树 *Broussonetia papyrifera*、桑树 *Morus alba*、葎草 *Humulus scandens*、红叶树 *Helicia cochinchinensis*、水蓼 *Polygonum hydropiper*、青葙 *Celosia argentea*、唐松草 *Thalictrum aquilegifolium* var. *Sibiricum*、瓦松 *Orostachys fimbriatus*、佛甲草 *Sedum lineare*、酢浆草 *Oxalis corniculata*、凤仙花 *Impatiens balsamina*、柳叶菜 *Epilobium hirsutum*、木荷 *Schima superba*、中华猕猴桃 *Actinidia chinensis*、华杜英 *Elaeocarpus chinensis*、猴欢喜 *Sloanea sinensis*、梧桐 *Firmiana platanifolia*、白背叶 *Mallotus apelta*、粗糠柴 *Mallotus philippinensis*、龙牙草 *Agrimonia pilosa*、蛇莓 *Duchesnea indica*、光叶石楠 *Photinia glabra*、李 *Prunus salicina*、火棘 *Pyracantha fortuneana*、小果蔷薇 *Rosa cymosa*、金樱子 *Rosa laevigata*、野蔷薇 *Rosa multiflora*、缫丝花 *Rosa roxburghrghii*、石灰花楸 *Sorbus folgner*、合欢 *Albizzia julibrissin*、槐树 *Sophora japonica*、广布野豌豆 *Vicia cracca*、枫香 *Liquidambar formosana*、黄杨 *Buxussinica*、枳椇 *Hovenia acerba*、胡颓子 *Elaeagnus pungens*、牛奶子 *Elaeganus umbellata*、臭椿 *Ailanthus altissima*、楝 *Melia azedarach*、色木槭 *Acer mono*、盐肤木 *Rhus chinensis*、漆树 *Toxicodendron verniciflum*、毛梾 *Cornus walteri*、五加 *Acanthopanax gracilistylus*、葱木 *Aralia chinensis*、常春藤 *Hedera nepalensis var. sinernsis*、刺楸 *Kalopanax septemlobus*、防风 *Saposhnikovia divaricata*、美丽马醉木 *Pieris formosa*、乌饭树 *Vaccinium bracteatum*、黄背越橘 *Vaccinium iteophyllum*、君迁子 *Diospyros lotus*、白檀 *Symplocos paniculata*、老鼠矢 *Symplocos stellaris*、醉鱼草 *Buddleja lindleyana*、白蜡树 *Fraxinus macrocephala*、婆婆针 *Bidens bipinnata*、刺儿菜 *Cephalanoplos segetum*、蓟 *Cirsium japonicum*、泽兰 *Eupatorium japonicum*、一枝黄花 *Solidago decurrens*、蒲公英 *Taraxacum mongolicum*、枸杞 *Lycium chinense*、紫苏 *Perilla frutescens*、夏枯草 *Prunella vulgaris*、黄花菜 *Hemerocallis citrina*、菝葜 *Smilax china*、芒 *Miscanthus sinensis* 等。

五、食用野菜植物

保护区食用野菜资源植物有 40 种，主要种类为：蕺菜 *Houttuynia cordata*、何首乌 *Polygonum multiflorum*、酸模 *Rumex acetosa*、牛膝 *Achyranthes bidentata*、刺苋 *Amaranthus spinosus*、青葙 *Celosia argentea*、豆瓣菜 *Nasturtium officinale*、鸡腿堇菜 *Viola acrminata*、长萼堇菜 *Viola inconspicia*、龙牙草 *Agrimonia pilosa*、委陵菜 *Potentilla chinen*、救荒野豌豆 *Vicia sativa*、香椿 *Toona sinensis*、野胡萝卜 *Daucus carota*、水芹 *Oenanthe javanica*、大齿山芹 *Ostericum grosseserran-*

tum、异叶茴芹 *Pimpinella diversifolia*、变豆菜 *Sanicula chinensis*、牡蒿 *Artemisia japonica*、白术 *Atractylodes macrocephala*、刺儿菜 *Cirsium setosum*、小蓬草 *Conyza canadensisn*、东风菜 *Doellingeria scaber*、鼠曲草 *Gnaphalium affine*、野茼蒿 *Gynura crepidioides*、马兰 *Kelimeris indica*、山莴苣 *Lactuca indica*、毛连菜 *Picris hieracioides*、笔管草 *Scorzonera albicaulis*、苦苣菜 *Sonchus oleraceus*、蒲公英 *Tzraxacum mongolicum*、珍珠菜 *Lysimachia clethroides*、车前草 *Plantago asiatica*、平车前 *Plantago depressa*、大车前 *Plantago major*、轮叶沙参 *Adenophora tetraphylla*、羊乳 *Codonopsis lanceolata*、枸杞 *Lycium chinense*、夏枯草 *Prunella vulgaris*、鸭跖草 *Commelina communis*、竹叶子 *Streptolirion volubile*、黄花菜 *Hemerocallis citrina* 等。

六、中草药

保护区中草药资源植物有800余种，主要种类为：银杏 *Ginkgo biloba*、马尾松 *Pinus massoniana*、杉木 *Cuminghamia lanceolata*、柏木 *Cupressuss funebris*、刺柏 *Juniperus formosana*、侧柏 *Platycladus orientalis*、三尖杉 *Cephalotaxus fortunei*、粗榧 *Cephalotaxus sinensis*、红豆杉 *Taxus chinensis*、南方红豆杉 *Taxus chinensis* var. *mairei*、紫花玉兰 *Magnolia liliflora*、厚朴 *Magnolia officinalis*、红茴香 *Illicium henryi*、莽草 *Illicium lanceolatum*、南五味子 *Kadsura longepedunculata*、领春木 *Euptelea pleiosperma*、连香树 *Cercidiphyllum japonicum*、樟树 *Cinnamomum camphora*、山胡椒 *Lindera glauca*、绿叶甘橿 *Lindera neesiana*、三桠乌药 *Lindera obtusiloba*、豹皮樟 *Litsea coreana* var. *sinensis*、山鸡椒 *Litsea cubeba*、木姜子 *Litsea pungens*、簇叶新木姜子 *Neolitsea confertifolia*、楠木 *Phoebe zhennan*、柔毛淫羊藿 *Epimedium pubescens*、阔叶十大功劳 *Mahonia bealei*、南天竹 *Nandina domestica*、三叶木通 *Akebia trifoliata*、白木通 *Akebia trifoliata*、猫儿屎 *Decaisnea fargesii*、鹰爪枫 *Holboellia coriacea*、五叶爪藤 *Holboellia fargesii*、牛姆瓜 *Holboellia grandiflora*、串果藤 *Sinofranchetia chinensis*、羊爪藤 *Stauntonia ducoluxii*、大血藤 *Sargentodoxa cuneata*、木防己 *Cocculus orbiculatus*、白栎 *Quercus fabri Hance*、防己 *Sinomenium acutum*、毛防己 *Sinomenium orbiculatus* var. *cinerum*、千金藤 *Stephania japonica*、华千金藤 *Stephania sinica*、蕺菜 *Houttuynia cordata*、宽叶金粟兰 *Chloranthus henryi*、多穗金粟兰 *Chloranthus multistachys*、及已 *Chloranthus serratus*、垂柳 *Salix babylonica*、中华柳 *Salix cathayana*、青钱柳 *Cyclocarya paliurus*、野核桃 *Juglans cathayensis*、化香树 *Platycarya strobilacea*、枫杨 *Pterocarya stenoptera*、千筋树 *Carpinus fargesiana*、华榛 *Corylus strobilacea*、川榛 *Corylus heterophylla var. sutchuenensis*、板栗 *Castanea mollissima*、茅栗 *Castanea seguinii*、钩栲 *Castanopsis tibetana*、麻栎 *Quercus acutissima*、槲栎 *Quercus aliena*、白栎 *Quercus fabri*、栓皮栎 *Quercus variabilis*、小叶朴 *Celtis bungeana*、大叶榉 *Zelkova schneideriana*、藤构 *Broussonetia kaempferi*、小构 *Broussonetia kazinoki*、构树 *Broussonetia papyrifera*、柘树 *Cudrrania tricuspidata*、异叶榕 *Ficus heteromorpha*、薜荔 *Ficus pumila*、珍珠莲 *Ficus sarmentosa* var. *impressa*、薄叶爬藤榕 *Ficus sarmentosa* var. *lacrymans*、爬藤榕 *Ficus sarmentosa* var. *inpressa*、地瓜 *Ficus tikoua*、桑树 *Morus alba*、鸡桑 *Morus australis*、华桑 *Morus cathayana*、大麻 *Cannabis sativa*、葎草 *Humulus scandens*、苎麻 *Boehmeria nivea*、赤麻 *Boehmeria silvestrii*、糯米团 *Gonostegia hirta*、艾麻 *Laportea cuspidata*、毛花点草 *Nanocnide lobata*、冷水花 *Pilea notata*、青皮木 *Schoepfia jasminodora*、细辛 *Asarum sieboldii*、蛇菰 *Balanophora japonica*、金线草 *Antenoron filiforme*、短毛金线草 *Antenoron neofiliforme*、中华抱茎廖 *Polygonum amplexi-*

caule var. *sinense*、萹蓄 *Polygonum aviculare*、丛枝蓼 *Polygonum caespitosum*、头花蓼 *Polygonum capitatum*、毛脉蓼 *Polygonum ciliinerve*、虎杖 *Polygonum cuspidatum*、水蓼 *Polygonum hydropiper*、小头蓼 *Polygonum microcephalum*、何首乌 *Polygonum multiflorum*、尼泊尔蓼 *Polygonum nepalense*、红蓼 *Polygonum orientale*、扛板归 *Polygonum perfoliatum*、春蓼 *Polygonum persicaria*、赤胫散 *Polygonum runcinatum*、中华赤胫散 *Polygonum runcinatum* var. *Sinensis*、大箭叶蓼 *Polygonum sagittifolium*、支柱蓼 *Polygonum suffultum*、戟叶蓼 *Polygonum thunbergii*、大黄 *Rheum officinale*、酸模 *Rumex acetosa*、齿果酸模 *Rumex dentatus*、羊蹄 *Rumex japonca*、尼泊尔酸模 *Rumex nepalensis*、土荆芥 *Chenopodium ambrosioides*、牛膝 *Achyranthes bidentata*、反枝苋 *Amaranthus retroflexus*、刺苋 *Amaranthus spinosus*、皱果苋 *Amaranthus viridis*、青葙 *Celosia argentea*、商陆 *Phytolacca acinosa*、粟米草 *Mollugo pentaphylla*、蚤缀 *Arenaria serpyllifolia*、簇生卷耳 *Cerastium caespitosum*、狗筋蔓 *Cucubalus baccifer*、漆姑草 *Sagina japonica*、麦瓶菜 *Silene conoidea*、中国繁缕 *Stellaria chinensis*、繁缕 *Stellaria media*、麦蓝菜 *Vaccaria segetalis*、乌头 *Aconitum carmichaeli*、瓜叶乌头 *Aconitum hemsleyanum*、花亭乌头 *Aconitum scaposum*、类叶升麻 *Aconitum hemsleyanum*、打破碗碗花 *Anemone hupehensis*、金龟草 *Cimicifuga*、钝齿铁线莲 *Clematis apiifolia* var. *obtusidentata*、粗齿铁线莲 *Clematis afgentilucida*、山木通 *Clematis finetiana*、单叶铁线莲 *Clematis henryi*、毛蕊铁线莲 *Clematis lasiandra*、草芍药 *Paeonia obovata*、禺毛茛 *Ranunculus cantoniensis*、茴茴蒜 *Ranunculus chinensis*、毛茛 *Ranunculus japonicus*、扬子毛茛 *Ranunculus sieboldii*、天葵 *Semiaquilegia adoxoides*、西南唐松草 *Thalictrum fargesii*、华东唐松草 *Thalictrum fortunei*、盾叶唐松草 *Thalictrum ichangense*、弯曲碎米荠 *Cardamine flexuosa*、水田碎米荠 *Cardamine lyrata*、北美独行菜 *Lepidium virginicum*、焯菜 *Rorippa indica*、菥冥 *Thlaspi arvense*、鸡腿堇菜 *Viola acuminata*、毛果堇菜 *Viola collina*、心叶堇菜 *Viola cordifolia*、蔓茎堇菜 *Viola diffusa*、紫花堇菜 *Viola grypoceras*、柔毛紫花堇菜 *Viola Grypoceras* var. *pubescens*、长萼堇菜 *Viola inconspicla*、柔毛堇菜 *Viola principis*、堇菜 *Viola verecunda*、瓜子金 *Polygala japonica*、八宝 *Hylotelephium erythrostictum*、瓦松 *Orostachys fimbriatus*、菱叶红景天 *Rhodiola henryi*、苞叶景天 *Sedum amplibracteatum*、凹叶景天 *Sedum emarginatum*、小山飘风 *Sedum filipes*、佛甲草 *Sedum lineare*、垂盆草 *Sedum sarmentesum*、落新妇 *Astilbe chinensis*、多花落新妇 *Astilbe myriantha*、绵毛金腰 *Chrysosplenium lanuginosum*、大叶金腰 *Chrysosplenium macrophyllum*、中华金腰 *Chrysosplenium sinicum*、突隔梅花草 *Parnassia delvayi*、虎耳草 *Saxifraga stolonifera*、黄水枝 *Tiarella polyphylla*、酢浆草 *Oxalis corniculata*、山酢浆草 *Oxalis griffithii*、凤仙花 *Impatiens balsamina*、水金凤 *Impatiens noli—tangere*、紫薇 *Lagerstroemia indica*、南紫薇 *Lagerstroemia subcostata*、节节菜 *Rotala indica*、圆叶节节菜 *Rotala rotundifolia*、柳兰 *Chamaenerion angustifolium*、露珠草 *Circaea cordata*、谷蓼 *Circaea erubescens*、南方露珠草 *Circaea mollis*、光华柳叶菜 *Epilobium amurens* ssp. *cepphalostigma*、广布柳叶菜 *Epilobium brevifolium* ssp. *trichoneurum*、柳叶菜 *Epilobium hirsutum*、丁香蓼 *Ludwigia prostrata*、马桑 *Coriaria nepalensis*、狭叶海桐 *Pittosporum glabratum* var. *neriifolium*、崖花子 *Pittosporum truncatum*、绞股蓝 *Gynostemma pentaphyllum*、王瓜 *Trichosanthes cucumeroides*、栝楼 *Trichosanthes kirilowii*、中华栝楼 *Trichosanthes rosthornii* 等。

七、木材

保护区木材资源植物约有 30 种，主要种类为：马尾松 *Pinus massoniana*、杉木 *Cuning-*

hamia lanceolata、柏木 *Cupressuss funebris*、红豆杉 *Taxus chinensis*、水青树 *Tetracentron sinensis*、领春木 *Euptelea pleiosperma*、连香树 *Cercidiphyllum japonicum*、樟树 *Cinnamomum camphora*、楠木 *Phoebe zhennan*、响叶杨 *Populus adenopoda*、旱柳 *Salix matsudana*、青钱柳 *Cyclocarya paliurrs*、黄杞 *Engelhardtia roxburghiana*、野核桃 *Juglans cathayensis*、枫杨 *Pterocarya stenoptera*、板栗 *Castanea mollissima*、茅栗 *Castanea seguinii*、米心水青冈 *Fagus engleriana*、麻栎 *Quercus acutissima*、槲栎 *Quercus aliena*、大果榉 *Zelkova sinica*、桑树 *Morus alba*、木荷 *Schima superba*、乌桕 *Sapium sebiferum*、水榆花楸 *Sorbus alnifolia*、黄檀 *Dalbergia hupehana*、枫香 *Liquidambar formosana*、臭椿 *Ailanthus altissima*、楝 *Melia azedarach*、香椿 *Toona sinensis*、梓 *Catalpa ovata* 等。

八、纤维植物

保护区纤维资源植物约有100种，主要种类为：大血藤 *Sargentodoxa cuneata*、防己 *Sinomenium acutum*、千金藤 *Stephania japonica*、响叶杨 *Populus adenopoda*、垂柳 *Salix babylonica*、旱柳 *Salix matsudana*、青钱柳 *Cyclocarya paliurus*、化香树 *Platycarya strobilacea*、枫杨 *Pterocarya stenoptera*、小叶朴 *Celtis bungeana*、珊瑚朴 *Celtis julianae*、青檀 *Pteroceltis tatarinowii*、山油麻 *Trema cannabina* var. *dielsiana*、大果榆 *Ulmus macrocarpa*、藤构 *Broussonetia kaempferi*、构树 *Broussonetia papyrifera*、柘树 *Cudrania tricuspidata*、异叶榕 *Ficus heteromorpha*、薜荔 *Ficus pumila*、珍珠莲 *Ficus sarmentosa* var. *impressa*、桑树 *Morus alba*、鸡桑 *Morus australis*、华桑 *Morus cathayana*、蒙桑 *Morus mongolica*、大麻 *Cannabis sativa*、葎草 *Humulus scandens*、细苎麻 *Boehmeria gracilis*、苎麻 *Boehmeria nivea*、艾麻 *Laportea cuspidata*、女萎 *Clematis apiifolia*、结香 *Edgeworthia chrysantha*、小黄构 *Wikstroemia micrantha*、狭叶海桐 *Pittosporum glabratum* var. *neriifolium*、粉椴 *Tilia oliveri*、野葵 *Malva verticillata*、山麻杆 *Alchornea davidii*、白背叶 *Mallotus apelta*、毛桐 *Mallotus barbatus*、野桐 *Mallotus japonicus* var. *floccosus*、粗糠柴 *Mallotus philippinensis*、水榆花楸 *Sorbus alnifolia*、野珠兰 *Stephanandra chinensis*、山合欢 *Albizzia kalkora*、杭子梢 *Campylotropis macrocarpa*、藤黄檀 *Dalbergia hancei*、草木犀 *Melioltus suaveolens*、香花崖豆藤 *Millettia dielsiana*、常春油麻藤 *Mucuna sempervirens*、苦参 *Sophora flavescens*、槐树 *Sophora japonica*、苦皮藤 *Celastrus angulatus*、哥兰叶 *Celastrus gemmatus*、南蛇藤 *Celastrus orbiculatus*、短梗南蛇藤 *Clastrus rosthornianus*、勾儿茶 *Berchemia sinica*、胡颓子 *Elaeagnus pungens*、乌蔹梅 *Cayratia japonica*、枳 *Poncirus trifoliata*、青榨槭 *Acer davidii*、八角枫 *Alangium chinense*、瓜木 *Alangium platanifolium*、老鼠矢 *Symplocos stellaris*、小蜡 *Ligustrum sinense*、络石 *Tracheolspermum jasminoldes*、青蛇藤 *Periploca calophylla*、香果树 *Emmenopterys henryi*、玉叶金花 *Mussaenda pubescens*、鸡矢藤 *Paederia scandens*、钩藤 *Uncaria rhynchophylla*、宜昌荚迷 *Viburnum ichangense*、牛蒡 *Arctium lappa*、黄花蒿 *Artemisia annus*、华山姜 *Alpinia chinensis*、山姜 *Alpinia japonica*、黄花菜 *Hemerocallis citrina*、萱草 *Hemerocallis fulva*、菖蒲 *Acorus calamus*、射干 *Belamcanda chinensis*、桂竹 *Phyllostachys bambusoides*、毛竹 *Phyllostachys congesta*、箭竹 *Sinarundinaria nitida*、荩草 *Arthraxon hispidus*、拂子茅 *Calamagrostis epigejos*、稗 *Echmochloa crusgalli*、白茅 *Imperata cylindrica* var. *major*、五节芒 *Miscanghus floridulus*、芒 *Miscanthus sinensis*、狗尾草 *Setaria viridis*、灯心草 *Juncus effusus*、野灯心草 *Juncus setchuensis* 等。

九、鞣料植物

保护区有鞣料植物65种,主要种类为:马尾松 *Pinus massoniana*、杉木 *Cuninghamia lanceolata*、垂柳 *Salix babylonica*、旱柳 *Salix matsudana*、青钱柳 *Cyclocarya paliurus*、野核桃 *Juglans cathayensis*、化香树 *Platycarya strobilacea*、鹅耳枥 *Carpinus turczaninowii*、板栗 *Castanea mollissima*、茅栗 *Castanea seguinii*、槲栎 *Quercus aliena*、栓皮栎 *Quercus variabilis*、构树 *Broussonetia papyrifera*、大麻 *Cannabis sativa*、虎杖 *Polygonum cuspidatum*、扛板归 *Polygonum perfoliatum*、赤胫散 *Polygonum runcinatum*、酸模 *Rumex acetosa*、羊蹄 *Rumex japonca*、商陆 *Phytolacca acinosa*、费菜 *Sedum aizoon*、落新妇 *Astilbe chinensis*、柳兰 *Chamaenerion angustifolium*、中华猕猴桃 *Actinidia chinensis*、地锦 *Euphorbia humifusa*、乌桕 *Sapium sebiferum*、千年桐 *Vernicia montana*、龙牙草 *Agrimonia pilosa*、委陵菜 *Potentilla chinensis*、小果蔷薇 *Rosa cymosa*、卵果蔷薇 *Rosa helenae*、金樱子 *Rosa laevigata*、野蔷薇 *Rosa multiflora*、缫丝花 *Rosa roxburghii*、悬钩子蔷薇 *Rosa rubus*、棠叶悬钩子 *Rubus malifolius*、地榆 *Sanguisorba officinalis*、水榆花楸 *Sorbus alnifolia*、黑荆 *Acacia mearnsii*、合欢 *Albizzia julibrissin*、山合欢 *Albizzia kalkora*、云实 *Caesalpinia decapetala*、藤黄檀 *Dalbergia hancei*、金缕梅 *Hamamelis mollis*、枫香 *Liquidambar formosana*、继木 *Loropetalum chinense*、牯岭蛇葡萄 *Ampelopsis brevipedunculata* var. *kulingensis*、臭椿 *Ailanthus altissima*、楝 *Melia azedarach*、香椿 *Toona sinensis*、青榨槭 *Acer davidii*、野鸭椿 *Euscaphis japonica*、盐肤木 *Rhus chinensis*、野漆树 *Toxicodendron succedaneum*、灯台树 *Cornus controversa*、梾木 *Cornus macrophylla*、毛梾 *Cornus walteri*、瓜木 *Alangium platanifolium*、常春藤 *Hedera nepalensis* var. *sinensis*、刺楸 *Kalopanax septemlobus*、映山红 *Rhododendron simsii*、长蕊杜鹃 *Rhododendron stamineum*、野柿 *Diospyros kaki* var. *sylvestris*、水红木 *Viburnum cylindricum*、鳢肠 *Eclipta prostrata*、慈姑 *Sagittaria trifolia*、菝葜 *Smilax china*、黄独 *Dioscorea bulifera* 等。

十、香料植物

香料工业是我国国民经济中的一个重要行业,以香料植物作为原料的天然香料生产日益引起人们的重视。保护区有香料植物60种,主要种类为:马尾松 *Pinus massoniana*、杉木 *Cuninghamia lanceolata*、柏木 *Cupressuss funebris*、侧柏 *Platycladus orientalis*、紫花玉兰 *Magnolia liliflora*、厚朴 *Magnolia officinalis*、黄心夜合 *Michelia martinii*、红茴香 *Illicium henryi*、莽草 *Illicium lanceolatum*、南五味子 *Kadsura longepedunculata*、铁箍散 *Schisandra propinqua* var. *sinensis*、樟树 *Cinnamomum camphora*、香叶树 *Lindera communis*、小叶香叶树 *Lindera fragrans*、山胡椒 *Lindera glauca*、三桠乌药 *Lindera obtusiloba*、山鸡椒 *Litsea cubeba*、木姜子 *Litsea pungens*、大麻 *Cannabis sativa*、单叶细辛 *Asarum himalaicum*、细辛 *Asarum sieboldii*、毛瑞香 *Daphne kiusiana* var. *atrocaulis*、椴树 *Tilia tuan*、野蔷薇 *Rosa multiflora*、草木犀 *Melioltus suaveolens*、槐树 *Sophora japonica*、枫香 *Liquidambar formosana*、胡颓子 *Elaeagnus pungens*、松风草 *Boenninghausenia albiflora*、吴茱萸 *Evodia rutaecarpa*、枳 *Poncirus trifoliata*、异叶花椒 *Zanthoxylum dimorphophyllum*、野花椒 *Zanthoxylum simulans*、香椿 *Toona sinesis*、五加 *Acanthopanax gracilistylus*、异叶梁王茶 *Nothopanax davidii*、蛇床 *Cnidium monnieri*、野胡萝卜 *Daucus carota*、紫花前胡 *Peucedanum decursivum*、异叶茴芹 *Pimpinella diversifolia*、大叶醉鱼草 *Buddleja davidii*、清香藤 *Jasminum lanceolarium*、女贞 *Ligustrum lucidum*、络石 *Trachelospermum jasminoides*、栀子 *Garde-*

nia jasminoides、忍冬 *Lonicera japonica*、荚迷 *Viburnum dilatatum*、蜘蛛香 *Valeriana jatamansi*、缬草 *Valerlana officinalis*、黄花蒿 *Artemisia annus*、艾蒿 *Arlemisia argyi*、茵陈蒿 *Artemisia capillaris*、青蒿 *Artemisia caruifolia*、牡蒿 *Aremisia japonica*、苍术 *Atraqylodes lancea*、白术 *Atractylodes macrocephala*、泽兰 *Eupatorium japonicum*、鼠曲草 *Gnaphalium affine*、薄荷 *Mentha haplocalyx*、紫苏 *Perilla frutescens*、玉簪 *Hosta plantaginea*、百合 *Lilium brownii* var. *viridulum*、菖蒲 *Acorus calamus*、春兰 *Cymbidium goeringii*、香附子 *Cyperus rotundus* 等。

十一、工业油脂植物

油脂是一种重要的工业原料，用于油漆、涂料和鞣革等工业中。保护区有工业油脂植物90种，主要种类为：马尾松 *Pinus massoniana*、杉木 *Cuninghamia lanceolata*、柏木 *Cupressuss funebris*、侧柏 *Platycladus orientalis*、三尖杉 *Cephalotaxus fortunei*、红豆杉 *Taxus chinensis*、厚朴 *Magnolia officinalis*、五味子 *Schisandra chinensis*、山胡椒 *Lindera gglauca*、绿叶甘橿 *Lindera neesiana*、三桠乌药 *Lindera obtusiloba*、山鸡椒 *Litsea cubeba*、毛叶木姜子 *Litsea mollis*、宜昌润楠 *Machilus ichangensis*、野核桃 *Juglans cathayensis*、化香树 *Platycarya strobilacea*、枫杨 *Pterocarya stenoptera*、鹅耳枥 *Carpinus turczaninowii*、山油麻 *Trema cannabina* var. *dielsiana*、构树 *Broussonetia papyrifera*、桑树 *Morus alba*、鸡桑 *Morus australis*、大麻 *Cannabis sativa*、葎草 *Humulus scandens*、苎麻 *Boehmeria nivea*、青皮木 *Schoepfia jasminodora*、青葙 *Celosia argentea*、蔊菜 *Rorippa indica*、菥蓂 *Thlaspi arvense*、狭叶海桐 *Pittosporum glabratum* var. *neriifolium*、山桐子 *Idesia polycarpa*、栝楼 *Trichosanthes kirilowii*、油茶 *Camellia oleifera*、粉椴 *Tilia oliver*、椴树 *Tilia tuan*、梵天花 *Urena lobata*、续随子 *Euphorbia lathyris*、算盘子 *Glochidion puberum*、白背叶 *Mallotus apelta*、毛桐 *Mallotus barbatus*、野桐 *Mallotus japonicus* var. *floccosus*、粗糠柴 *Mallotus philippinensis*、石岩枫 *Mallotus repandus*、乌桕 *Sapium sebiferum*、油桐 *Vernicia fordii*、千年桐 *Vernicia montana*、虎皮楠 *Daphniphyllum oldhami*、光叶石楠 *Photinia glabra*、石楠 *Photinia serrulata*、毛叶石楠 *Photinia villosa*、云实 *Caesalpinia decapetala*、野大豆 *Glycine soja*、槐树 *Sophora japonica*、哥兰叶 *Celastrus gemmatus*、南蛇藤 *Celastrus orbiculatus*、卫矛 *Euonymus alatus*、吴茱萸 *Evodia rutaecarpa*、黄皮树 *Phellodendron chinensis*、臭椿 *Ailanthus altissima*、楝 *Melia azedarach*、香椿 *Toona sinensis*、野鸭椿 *Euscaphis japonica*、省沽油 *Staphylea bumalda*、盐肤木 *Rhus chinensis*、野漆树 *Toxicodendron succdeaneum*、漆树 *Toxicodendron verniciflum*、灯台树 *Cornus controversa*、梾木 *Cornus macrophylla*、毛梾 *Cornus walteri*、长毛八角枫 *Alangium kurzii*、楤木 *Aralla chinensis*、刺楸 *Kalopanax septemlobus*、君迁子 *Diospyros lotus*、朱砂根 *Ardisia crenata*、野茉莉 *Styrax japonicus*、薄叶山矾 *Symplocos anomala*、白檀 *Symplocos paniculata*、接骨木 *Sambucus acutissimum*、荚迷 *Viburnum dilatatum*、宜昌荚蒾 *Viburnum ichangense*、牛蒡 *Arctium lappa*、黄花蒿 *Artemisia annus*、狼把草 *Bidens tripartita*、珍珠菜 *Lysimachia clethroides*、车前草 *Plantago asiatica*、枸杞 *Lycium chinense*、牵牛 *Pharbitis nil*、紫苏 *Perilla frutescens*、鸭跖草 *Commelina communis*、香附子 Cyperus rotundus 等。

十二、花卉植物

花卉是人类文化生活中不可缺少的部分，随着人们生活水平的不断提高，人们对观赏树木、花卉、盆景等需求量越来越大，花卉已成为一项大有前途的新型产业。目前，对花卉资源的开发利用的一个非常重要的方面是对野生花卉的开发利用。我国野生花卉植物资源非常丰富,让野生花木走进园林、丰富花卉品种是目前的新潮流。

保护区花卉植物约有50种,主要种类为:南天竹 *Nandina domestica*、垂柳 *Salix babylonica*、打破碗碗花 *Anemone hupehensis*、垂盆草 *Sedum sarmentesum*、虎耳草 *Saxifraga stolonifera*、紫薇 *Lagerstroemia indica*、海桐 *Pittosporum tobira*、绣球 *Hydrangea macrophylla*、棣棠 *Kerria japonica*、野蔷薇 *Rosa multiflora*、紫荆 *Cercis chinensis*、冬青 *Ilex purpurea*、南蛇藤 *Celastrus orbiculatrs*、爬山虎 *Parthenocissus tricuspidata*、满山红 *Rhododendron mariesii*、映山红 *Rhododendron simsii*、金钟花 *Forsythia viridissima*、探春 *Jasminum floridum*、栀子 *Gardenia jasminoides*、白马骨 *Serissa serissoides*、忍冬 *Lonicera japonica*、半边月 *Weigela japonica* var. *sinica*、泽兰 *Eupatorium japonicum*、天人菊 *Gaillardia pulchella*、一枝黄花 *Solidago decurrens*、珍珠菜 *Lysimachia clethroides*、鄂报春 *Primula obconica*、牵牛 *Pharbitis nil*、梓 *Catalpa ovata*、紫苏 *Perilla frutescens*、鸭跖草 *Commelina communis*、天门冬 *Asparagus cochinchinensis*、大百合 *Cardiocrinum giganteum*、萱草 *Hemerocallis fulva*、玉簪 *Hosta plantaginea*、百合 *Lilium brownii* var. *viridulum*、山麦冬 *Liriope spicata*、麦冬 *Ophiopogon japonicus*、吉祥草 *Reineckea carnea*、万年青 *Rohdea japonica*、石蒜 *Lycoris radiata*、射干 *Belamcanda chinensis*、建兰 *Cymbidium ensifolium*、春兰 *Cymbidium goeringii*、罗汉竹 *Phyllostachys aurea*、桂竹 *Phyllostachys bambusoides*、毛竹 *Phyllostachys congesta*、小糠草 *Agrostis alba*、狗牙根 *Cynodon dactylon*、宽叶苔草 *Carex siderosticia* 等。

高乐山自然保护区内资源植物种类较多,有许多具有潜在开发价值的经济植物资源及种质植物资源。但该地区目前对资源植物的发掘利用尚不充分,而大部分资源尚未得到开发利用,非常可惜。如何把资源植物的保护和合理开发利用有机结合起来,既有利于保护区资源植物的保护工作,又可以发展当地经济,使当地人民致富,具有重要的现实意义。

第六节　森林资源

一、土地资源现状

保护区总面积为9 060 hm^2,分为核心区、缓冲区和实验区三个功能区,其中核心区面积3 378 hm^2,约占总面积的37.3%,被保护的珍稀濒危动植物中有95%以上集中在核心区,淮河的两条一级支流的源头也在该区;缓冲区3 260 hm^2,占总面积的36.0%,实验区2 422 hm^2,占总面积的26.7%;位于缓冲区的周围,主要进行教学实习、科普、旅游、生产经营等。按土地种类划分:林业用地面积8 900 hm^2,占保护区总面积的98.2%;非林业用地面积160 hm^2,占保护区总面积的1.8%。保护区森林覆盖率为93.7%。

二、森林资源现状

保护区内林分面积9 060 hm^2,根据森林资源二类调查,保护区林分中,天然林面积4 160 hm^2,占保护区面积的46%;人工林面积4 900 hm^2,占保护区面积的54%。

在龄组结构中,人工林有幼龄林、中龄林、近熟林、成熟林,以幼龄林和中龄林为主,占人工林面积的75.6%;天然林中五种龄组幼龄林、中龄林、近熟林、成熟林、过熟林都有,以中龄林和幼龄林优势最明显,分别占天然林面积的37.9%和37.3%,占天然林蓄积的43.9%

和33.8%，其次为近熟林、成熟林、过熟林比例很小。整个保护区林龄结构中，中龄林面积占林分总面积的39.1%，中龄林蓄积占林分总蓄积的43.4%，林龄结构呈偏左的正态分布，比较合理，并且正在朝着更好的方向发展，从另一个方面也说明了天然林的次生性质。

自然保护区针叶林面积占林分面积的42.25%，针叶林蓄积占林分总蓄积的40.8%；阔叶林面积占林分总面积的33.5%，蓄积量占林分总蓄积的33.7%；针阔混交林占林分总面积的24.0%，蓄积量占林分总蓄积的25.5%。单位面积蓄积以针阔混交林最大，为65.0 m^3/hm^2；其次为阔叶林，61.3 m^3/hm^2；针叶林最小。

自然保护区最明显的林分为马尾松林，其次为栎类，面积大，蓄积量多；其他较优势的树种为化香、枫香等阔叶杂木以及火炬松、杉木等。

三、森林资源特点

（一）森林生态效益明显

保护区位于淮河源头，丰富的森林资源，较高的森林覆盖率，对于涵养水源、保持水土起到了很好的作用。在保护区内，基本上没有山体滑坡现象，水土流失轻微，保护区及周边地区的小溪流四季常青，源源不断。

（二）森林覆盖率高

保护区森林覆盖率高达93.7%，而保护区所在的桐柏县森林覆盖率为50.1%，森林覆盖率相对较高。

（三）天然林和人工林比重相当

高乐山自然保护区的森林资源从其起源角度分析，保护区林分中，天然林面积4 160 hm^2，占保护区面积的46%；人工林面积4 900 hm^2，占保护区面积的54%。林分龄组结构比较合理，以中龄林为主，呈偏左的正态分布。这种林龄结构，枯损量较少，生长量较高。

四、森林资源利用

森林是保护区及周边地区居民赖以生存的重要物质资源。

木材产品：薪炭柴，砍伐薪炭柴每年约为20 t，农民自用柴约30 m^3；自用材，用于零星建厨房、盖猪圈、围栅栏、自制一些简单农具等；无商品材。

非木材产品：主要为竹材、板栗等；另外，保护区开展一些少量的旅游等。

第四章　动物资源

第一节　概　述

一、动物调查历史

高乐山自然保护区位于桐柏山的北坡，地跨南阳和信阳两市，属于北亚热带向暖温带的过渡地带，雨量充沛，森林茂密，蕴藏着丰富的野生动物资源。新中国成立以来，科研人员对该地区进行过多次动物调查。1960 年河南省进行了大规模的脊椎动物普查，同年周家兴等报道了大别山北坡鸟类计 81 个种和亚种。1960 年河南省防疫站葛凤祥等，对包括豫南在内的部分地区进行了鼠类调查，随后记述了河南啮齿动物 29 种及其分布。河南师范大学（原新乡师范学院）部分师生于 1960 年 7 ~ 9 月曾对南阳地区各县进行过动物区系区划工作，并采集了动物标本。1961 ~ 1963 年周家兴记录了河南哺乳动物 46 种，并以 199 种陆生脊椎动物的数量分布，对古北界和东洋界在河南境内过渡线的问题进行了论证。1984 年南阳地区林业技术推广站和河南师范大学生物系联合开展了南阳地区鸟类资源调查及利用研究。1984 年，吴淑辉等论述了 19 种两栖动物的分布状况。1985 年瞿文元记述了 27 种蛇类及其在河南的分布状况。1986 ~ 1990 年省地方志编纂委员会组织编写了《河南省志 · 动物志》，记述了全省 3 500 多种动物，其中脊椎动物 540 余种。共记录陆生脊椎动物 28 目、86 科、352 种和亚种。

二、动物资源及区系

国家林业局调查规划设计院于 2005 年对高乐山自然保护区进行了综合科学考察，结合以前的动物调查资料，高乐山自然保护区共有脊椎动物 32 目、79 科、286 种。其中兽类有 6 目、17 科、45 种，鸟类有 17 目、39 科、170 种，两栖类有 2 目、6 科、15 种，爬行类有 3 目、7 科、28 种，鱼类有 4 目、10 科、28 种。在 286 种野生动物中，属于国家重点保护的野生动物 31 种，其中国家Ⅰ级重点保护区野生动物 4 种，国家Ⅱ级重点保护野生动物 27 种；属于《濒危野生动植物种国际贸易公约》（CITES）附录物种共 39 种，其中有 4 种为附录Ⅰ物种，26 种为附录Ⅱ物种，9 种为附录Ⅲ物种；另外有国家重点保护的动物和科研价值的陆生野生动物 175 种。

第二节　兽　类

一、区系组成

根据 2005 年对高乐山自然保护区综合考察结果，结合以往的调查资料，初步确定高乐山自然保护区有兽类6目、12纲、45种，在45种兽类中，有国家重点保护野生动物8种，有CITES附录Ⅰ物种3种，附录Ⅱ物种3种，附录Ⅲ物种有6种；国家保护的有益的兽类、有重要经济价值、有科学研究价值的陆生野生动物23种。

二、区系特征

根据《中国动物地理》（张荣祖，1999），我国大陆的动物区系分属于南、北两个界。南部约在长江中、下游流域以南，与印度半岛、中南半岛、马来半岛及其附近岛屿同属东洋界，为亚洲东部热带动物现代分布的中心地区；北部自东北经秦岭以北的华北和内蒙古、新疆至青藏高原，与广阔的亚洲北部、欧洲和非洲北部同属于古北界，为旧大陆寒温带动物的现代分布中心地区。根据我国东部地区大多数代表性动物的分布，南北界限的北界与有常绿乔木和灌木的落叶阔叶林带的北界一致，相当于秦岭和淮河一线。

高乐山自然保护区位于东洋界和古北界的分界线上，从保护区45种兽类来看，东洋种有麝、青羊、大灵猫、黄腹鼬等19种，占保护区兽类种数的42%；古北种有狍、狗獾、豺等14种，占保护区兽类种数的31%；广布种有金钱豹、野猪、水獭、黄鼬等12种，占保护区兽类种数的27%。可见，东洋种、古北种和广布种3种的种数相近，完全反映了动物区系过渡地带南北方动物皆有，相互渗透的特点。

三、生态分布

根据自然保护区的景观类型，将保护区内兽类的主要栖息活动的生境大致分为针叶林、常绿与落叶阔叶混交林、灌丛草丛、农田居民区和溪流水域等五个类型。

针叶林主要以松、杉类为主，主要树种有马尾松、黄山松、油松、三尖杉、杉木等。针叶林树种单一，生物多样性的丰富度低，动物的种类较少。常见的兽类有岩松鼠、青鼬等。

常绿和落叶阔叶混交林以栎类为主，主要树种有麻栎、槲栎、小叶朴等，这一林带是保护区内生物多样性最为丰富的地区，该地区树种复杂，食物丰富，隐蔽条件好，因此保护区内的大部分兽类都分布于该区域。常见的兽类有刺猬、赤狐、貉、猪獾、狗獾、野猪、豹猫等。

灌丛草丛群落主要的植物有映山红、胡枝子、盐肤木、连翘、月见草、羊胡子草、白茅、黄背草、金鸡菊等。该区域常见的兽类有岩松鼠、草兔、猪獾、狗獾、赤狐等。

农田居民区一般分布于保护区的实验区内，常见的兽类有小家鼠、褐家鼠、黄鼬、猪獾、狗獾等。

保护区内溪流、水库众多，常在该区域活动的兽类有水獭、水麝鼩、灰鼩鼱、黄鼬等。

四、国家重点保护兽类生物学特征

（一）金钱豹 *Panthera pardus*

保护等级：Ⅰ级

鉴别特征：体长1.0～1.5 m，尾长75～85 cm，重约50 kg。全身棕黄，全身遍布圆形或椭圆形黑色钱状斑。颈下、腹部和四肢内侧白色，黑斑少。尾尖黑色。

生态习性：栖息于茂密林间，夜间活动。常上树追捕猎物或于大树杈间休息。有时也捕食鸟类、畜禽。冬末春初交配，妊期3个月，每胎2～4仔，2岁半成熟。

地理分布：国内分布于东北及黄河以南地区。于2004年在桐柏山发现金钱豹的踪迹。

(二)麝 *Moschus moschiferus*

保护等级:Ⅰ级

鉴别特征:体长65~85 cm,尾长4~6 cm,体重8~12 kg。尾短,不外露。身上有4~5纵行肉桂色斑点。颈纹白色。

生态习性:栖息于山地针叶林或针阔混交林中。性孤独,晨昏活动。食性广,常年以灌木和草本植物嫩叶及地衣等为食。冬季发情,妊娠期约6个月。每胎1~3仔,仔1.5岁性成熟。

地理分布:国内分布于新疆北部、东北及大别山林区。在桐柏山脉上部有分布。

(三)豺 *Cuon alpinus*

保护等级:Ⅱ级

鉴别特征:体长88~113 cm,尾长40~50 cm,雄性体重15~21 kg,雌性体重10~17 kg。背毛深棕褐色至红棕色。尾毛长而蓬松,尾尖毛黑褐色。

生态习性:栖息于山林中。多在晨昏活动,白天也常出现。营群居生活,通常由5~12头组群。结群捕食,主要捕食野猪、麝等鹿科和牛科动物。冬季发情,春季产仔,每胎4~6仔。1岁性成熟。

地理分布:国内分布于东北部和南部林区。保护区内在黄岗、毛集、回龙等地均有发现。

(四)青鼬 *Martes flavigula*

保护等级:Ⅱ级

鉴别特征:体长45~65 cm,尾长37~45 cm,体重2~3 kg。耳短而圆,尾毛不蓬松。全身暗棕至黑褐色,喉胸部鲜黄色。

生态习性:栖息于各种类型的林区。巢筑于树洞或石洞中。晨昏活动,但白天也经常出现。吃鼠类等各种小型动物,也吃野果。有时捕食麝、麂等小型有蹄类的幼仔,喜吃蜂蜜。6~7月发情,次年5月产仔,每胎2~4仔。

地理分布:全国各地山林地区均有分布。

(五)水獭 *Lutra litra*

保护级别:Ⅱ级

鉴别特征:体重2~9 kg,体长60~80 cm,尾长32~50 cm。身体细长,略呈圆筒状,头宽而稍扁,鼻垫上缘具二凹痕,眼、耳均小。四肢粗短,趾间具蹼。尾长超过体长之半。被毛短密,上体及四肢背面均为咖啡色或黑棕色,具油亮光泽。喉、颈下及胸部的毛色较淡,略带灰白色,下体毛长,呈浅棕色。

生态习性:栖息于江河、湖泊中,善于游泳和潜水。白天隐于水边灌丛下的洞穴中或石隙内,傍晚外出活动,捕食鱼类、蛙类、水禽和鼠类。9~10月交配,妊娠期约60天,11月至次年1月产仔,每胎1~4仔。

地理分布:分布于国内大部分省区。

(六)大灵猫 *Viverra zibetya*

保护等级:Ⅱ级

鉴别特征:体长约70 cm,头长,额较宽。体基色棕灰,有黑褐斑纹,脊背有一条纯黑的鬣毛,其两侧紧贴一条白纹。颈喉部有3条黑白相间的领纹。尾长,具5~6条黑白相间的环纹。肛下有香腺。

生态习性:栖息于林灌草丛,夜行性生活。以小鸟、蛙、鱼、蟹和果实种子为食,本区内数量极少。早春发情,春末夏初产仔。

地理分布:主要分布于长江以南地区。保护区内发现于桐柏山附近,数量稀少。

(七)小灵猫 *Viverricula indica*

保护等级:Ⅱ级

鉴别特征:体长约 55 cm,吻尖突,颜面窄。颈侧有 2 条黑色短纹。腹部白色。尾长超过体长之半,有 7 ~ 9 个暗褐色环。

生态习性:栖息于山丘、平原、灌丛或农田。在地面生活,很少上树。夜间活动。独栖,有沿林间小道行走并将香膏标记于树干或石块上的习性。食物多样,但以鼠类为主,其次是昆虫、鱼类和蛙类。多在春季发情,5 ~ 6 月产仔。

地理分布:主要分布于长江流域及以南地区。在桐柏山脉发现的数量稀少。

(八)斑羚 *Naemorhedus goral*

保护等级:Ⅱ级

鉴别特征:体长 106 ~ 130 cm,尾长 12 ~ 20 cm,肩高 50 ~ 78 cm,体重 22 ~ 30 kg,形似山羊。雌雄都有角。全身毛灰褐色。颈部有短的黑色鬃毛,向后形成背纹。

生态习性:栖息于山区森林中。成对或 3 ~ 5 头为群,早晨及傍晚采食,以灌木的嫩枝叶及青草等为食。秋冬发情。次年 4 ~ 6 月产仔,每胎 1 仔,哺乳期约 4 个月,次年性成熟。

地理分布:国内主要分布于西南地区高山林区。河南省也有分布,保护区内主要分布于桐柏山主脉,冬季常见。

第三节　鸟　类

一、区系组成

高乐山自然保护区鸟类资源丰富,有鸟类 17 目、39 科、170 种,占河南省鸟类种数的 23%,在 170 种鸟类中,有国家重点保护鸟类 21 种,其中有 2 种国家Ⅰ级重点保护鸟类;CITES 附录Ⅱ物种 21 种,附录Ⅲ物种 3 种;被收入“三有”动物名录的鸟类有 123 种。

国家Ⅰ级重点保护鸟类:黑鹳(*Ciconia nigra*)和金雕(*Aquila chrysaetos*)。

国家Ⅱ级重点保护鸟类:鸢(*Milvus korschun*)、苍鹰(*Accipiter gentilis*)、雀鹰(*Accipiter nisus*)、松雀鹰(*Accipiter virgatus*)、普通鵟(*Buteo buteo*)、赤腹鹰(*Accipiter soloensis*)、燕隼(*Falco subbuteo*)、灰背隼(*Falco columbarirs*)、红脚隼(*Falco vespertinus*)、红隼(*Falco tinnunculus*)、白冠长尾雉(*Syrmaticus reevesii*)、红角鸮(*Otus scops*)、领角鸮(*Otus bakkamoena*)、雕鸮(*Bubo bubo*)、纵纹腹小鸮(*Athene noctua*)、蓝翅八色鸫(*Pitta nympha*)。

在保护区的 170 种鸟类中,雀形目鸟类最多,共计 15 科、88 种,占保护区鸟类种数的 52%,其次是鹳形目和隼形目,各有 11 种,分别占保护区鸟类种数的 6%。在雀形目鸟类中,鹟科鸟类占有绝对优势,共有 32 种,占雀形目鸟类的 36%,其次为雀科,有 13 种,占雀形目鸟类的 15%。

二、区系特征

高乐山自然保护区的鸟类中,东洋种 56 种,占保护区鸟类种数的 33%;古北种 65 种,占保护区鸟类种数的38%；广布种49种，占保护区鸟类种数的29%。可见，保护区的鸟类组成也体现了动物区系过渡地带所具有的特点，南北方鸟类种数大体相当，鸟类组成上出现混杂的现象。

从鸟类居留情况看，保护区的鸟类中，有留鸟48种，夏候鸟67种，冬候鸟30种，旅鸟25种。繁殖鸟（包括留鸟和夏候鸟）计115种，占保护区鸟类种数的68%，繁殖鸟构成了保护区鸟类的主体。在115种繁殖鸟中，东洋种有52种，占繁殖鸟种数的45%；古北种26种，占繁殖鸟种数的23%；广布种36种，占繁殖鸟种数的32%。

广泛分布于华中区的棉袅、白冠长尾雉、鹊鸲、斑姬啄木鸟、苦恶鸟、绿鹦鹉鹎、领鸺鹠、橙头地鸫等东洋界鸟类不仅分布于本区，而且成为我国中部分布区的最北限；而纵纹腹小鸮为普遍分布于华北区的古北界鸟类，在本区的分布为我国中部分布区的最南界。

三、生态分布

根据自然保护区的景观类型和鸟类的生活习性，将保护区内鸟类的主要栖息活动的生境大致分为常绿与落叶阔叶混交林、针叶林、灌丛草丛、农田居民区和溪流水域等五个类型。

常绿与落叶阔叶混交林：是保护区树种最多，植被类型最复杂的区域，主要落叶树种有麻栎、槲栎、枫香、黄檀等；常绿阔叶树种有青冈栎、青栲等植物。该区域鸟类物种非常丰富，如松鸦、发冠卷尾、绿鹦鹉鹎、黑枕黄鹂、白冠长尾雉、环颈雉，各种隼形目、鸮形目、鴷形目、鹃形目、鸠鸽目及山雀目、鸫科、鹎科等鸟类。

针叶林：该区域生物多样性的丰富度远不及阔叶林带，树种单一，鸟类的种类较少，常见的鸟类有大山雀、三宝鸟、黑枕黄鹂、发冠卷尾、松鸦及断翅树莺等。

灌丛草丛：本区常见的鸟类有云雀、小鹀、短趾百灵、三道眉草鹀、北红尾鸲、白腰雨燕、金翅雀等。

农田居民区：在保护区内，目前还有少量的常住人口和农用耕地，多分布在海拔较低的山间平原地带。该地区常见的鸟类有麻雀、黑枕绿啄木鸟、八哥、画眉、黑卷尾、喜鹊、四声杜鹃、山斑鸠、噪鹃、金腰燕、家燕、红尾伯劳、火斑鸠等。

溪流水域：高乐山自然保护区是水资源比较丰富的地区，丰富的水资源为野生动物提供了较好的生存条件，该区域鸟类种数较多，尤其有许多近水生活的鸟类。该区域常见的鸟类有小鸊鷉、红尾水鸲、白鹭、池鹭、牛背鹭、白胸苦恶鸟、普通翠鸟、蓝翡翠、金腰燕、白顶溪鸲、白鹡鸰、黄鹡鸰、白腰草鹬、红脚鹬等。

四、国家重点保护鸟类生物学特征

（一）黑鹳 *Ciconia nigra*

保护等级：Ⅰ级

鉴别特征：全长89～99 cm。上体黑色，具紫色光泽。眼周红色，颈、胸黑色，下体余部白色。

生态习性：栖息于湖泊浅滩、平川河流、沼泽湿地、田坝沟边、水库周围，春夏常沿山涧溪流活动，栖止林间岩石上。单独、成对或成小群在水域及被垦殖的农田沟渠觅食。以软体动物、虾、蝼蛄、蟋蟀、蚁、黄鳝、泥鳅、鲤、蛙、蛇等为食。繁殖期3月中旬至8月中旬。

居留情况：冬候鸟。

（二）金雕 *Aquila chrysaetos*

保护等级：Ⅰ级

鉴别特征：大型猛禽，体长76～105 cm。头顶黑褐色，后颈暗棕褐色，具黑色纤细羽干纹；上体暗赤褐色；有紫色光泽；尾羽先端约1/4为黑色，余为灰褐色；下体暗褐色，尾下覆羽灰棕褐色。

生态习性：栖息于山地森林和草原地带，秋冬季节也常到林缘、低山丘陵、荒坡和沿海地带活动。日出性，通常单独或成对活动，冬季在食物丰富的地方也集成小群。主要捕食野兔、海獭、雉鸡、鹑类、雁鸭类、鼠兔、松鼠等，有时也攻击狐、狍、山羊，甚至吃大型动物的尸体。繁殖期在3～5月，通常营巢于混交林、针叶林和阔叶林内。巢多筑在马尾松、杉木等针叶树上。

居留情况：留鸟。

（三）鸢 *Milvus korschun*

保护等级：Ⅱ级

鉴别特征：中等猛禽，体长54～69 cm。上体几乎纯暗褐色；头顶至肩部各羽均具黑褐色羽干纹；尾土褐色，呈叉状；耳羽黑褐色；下体土褐色。

生态习性：栖息于低山、丘陵、开阔平原、草地、荒野、河流沿岸和城郊等地，也常出现于林缘和200 m以上的森林地带。白天活动，常单独在高空飞翔，秋季有时也集成2～3只的小群。繁殖期在5～6月。营巢于高大树上，距地10 m以上；也有营巢于悬崖峭壁上。以鼠类和小型动物为食。

居留情况：留鸟。

（四）苍鹰 *Accipiter gentiles*

别名：黄鹰、老鹰、鸡鹰

保护等级：Ⅱ级

鉴别特征：中等猛禽，体长47～60 cm。上体深苍灰色或灰褐色，头顶、枕和头侧黑褐色，眉纹白色而杂有黑纹。背棕黑色，尾灰褐色，具宽的黑褐色横斑，羽端污白色。下体污白色，胸、腹具褐色横斑。

生态习性：栖息于不同海拔的森林中，无论阔叶林、混交林或针叶林内均有栖息。也见于山陆平原和丘陵地带的疏林与小块林内，是森林中肉食性猛禽。有时亦见于林缘灌丛和村屯附近。平时多单独活动，性机警。食物主要为森林鼠类、野兔、雉鸡、榛鸡等。捕获猎物后用爪抓紧带回栖息的树上后撕裂后吞吃。繁殖期在5～7月。营巢于高大的乔木树上，尤以松树较为多见。

居留情况：夏候鸟。

（五）雀鹰 *Accipiter nisus*

保护等级：Ⅱ级

鉴别特征：小型猛禽，体长30～40 cm。上体苍灰色，头顶及后颈乌灰色，尾羽具4～5道黑色横斑。下体白色，具浓密茶栗色横斑。喉部具黑色细纵纹。

生态习性：栖息于山地针、阔混交林或稀疏林间的灌木丛中。非繁殖期主要栖息于低山丘陵、山脚平原、农田地边以及村屯附近。尤以林缘疏林、河谷、采伐迹地和农地田边树丛地带较多见。日出性，常单独活动。长时间翱翔于空中或栖息于树上和电杆上。繁殖期在

5~7月。营巢于森林中树上,食物主要为雀形目小型鸟类和鼠类,也捕食鸽形目鸟类和榛鸡等鸡形目鸟类。有时也捕食野兔、昆虫、蛇等。

居留情况:夏候鸟。

(六)松雀鹰 *Accipiter virgatus*

保护等级:Ⅱ级

鉴别特征:全长300~365 cm。上体石板黑灰色,尾上覆羽石板灰色,尾羽灰褐色,具3道暗色横斑,并具宽阔的暗黑色次端斑;下体近白色,喉部具纤细的暗色中央纵纹,向后转为显著的横斑。

生态习性:栖息于山地针、阔混交林或稀疏林间的灌木丛中。非繁殖期主要栖息于低山丘陵、山脚平原、农田地边以及村屯附近。尤以林缘疏林、河谷、采伐迹地和农田地边树丛地带较多见。以小型动物为食。

居留情况:候鸟。

(七)普通鵟 *Buteo buteo*

保护等级:Ⅱ级

鉴别特征:中型猛禽,体长51~59 cm。上体暗褐色,头顶、颈及颈侧具红棕色羽缘;下体暗褐色或淡褐色,尾淡灰褐色,具深棕色横斑。飞翔时两翼宽阔,初级飞羽基部有白斑,翼下亦为白色,尾散开成扇形,翱翔时两翅微上举成浅"V"字形。

生态习性:栖息于稀疏林中,亦见于丘陵地的农田上空。日出性,多单独活动,有时亦见2~4只同时在空中翱翔盘旋。飞行灵活,飞行时圆阔的两翅微向上抬。以昆虫和小动物为食。繁殖期在5~7月,通常营巢于林缘疏林或森林中高大树上,尤为喜欢针叶树。

居留情况:候鸟。

(八)赤腹鹰 *Accipiter soloensis*

保护等级:Ⅱ级

鉴别特征:小型猛禽,体长26~36 cm。上体及两翼灰蓝色,后颈及肩羽基部白色;中央尾羽灰黑色,末端较暗,外侧尾羽暗黑色,具黑褐色横斑;下体胸腹和两肋赤棕色。

生态习性:栖息于山麓森林及村寨。日出性,常单独活动,秋冬季节偶尔也见成小群。休息时多停息在树木顶端或电杆上。除繁殖期外一般很少鸣叫。食物主要为蛙、蜥蜴等,也吃小鸟、大型昆虫和鼠类。主要在地上捕食。常等候在树顶高处,见到地面猎物后才突然冲下捕食。繁殖期在5~7月,一年繁殖一窝,每窝产卵2~5枚,多为3~4枚。

居留情况:夏候鸟。

(九)燕隼 *Falco subbuteo*

保护等级:Ⅱ级

鉴别特征:小型猛禽,体长28~35 cm。上体暗灰色,杂以黑褐色羽干纹;下体淡黄白色,具黑褐纵纹;尾下覆羽和覆腿羽锈红色。

生态习性:栖息于开阔地附近的稀疏森林,防护林带。白天活动,多数时间都在觅食。食物主要为雀形目小鸟,也捕食蝙蝠、蜥蜴和昆虫。繁殖期在5~7月,通常在4月中下旬迁来东北繁殖地。营巢于疏林或林缘高大乔木上。

居留情况:候鸟。

(十)灰背隼 *Falco columbarius*

保护等级:Ⅱ级

鉴别特征:小型猛禽,体长25~33 cm。雄鸟前额和眼浅白色,上体淡蓝灰色,具黑色羽干纹,尾具宽的黑色亚端斑;后颈有一棕褐色领圈。颏、喉白色,其余下体淡棕色,具显著的棕褐色羽干纹;雌鸟上体褐色,具淡色羽缘,下体白色,胸以下具栗棕色纵纹。

生态习性:栖息于山区河谷、平原旷野及草原灌丛地带。常单独活动。食物主要为小型鸟类、鼠类和昆虫,也捕食蜥蜴、蛙和小型蛇类。繁殖期在5~7月,多占用喜鹊、乌鸦等鸟类旧巢,有时也自己营巢。通常营巢于树上或悬崖岩石上。

居留情况:夏候鸟。

(十一)红脚隼 *Falco vespertinus*

保护等级:Ⅱ级

鉴别特征:小型猛禽,体长26~30 cm。通体几乎呈石板灰色,下体稍淡;尾下覆羽和覆腿羽棕红色。雌鸟,上体似雄鸟色泽较淡棕色;胸部布满黑褐色纵纹,至腹转为点斑;尾下覆羽和覆腿羽纯棕黄色。

生态习性:栖息于森林、草原、开阔丘陵平原和山麓一带。食物主要为蝗虫、蝼蚁、地老虎、金龟子等,也吃各种小型鸟类、蜥蜴、蛙和鼠类等。繁殖期在5~7月。通常营巢于疏林中高大乔木树的顶端,有时也侵占乌鸦和喜鹊巢。

居留情况:留鸟。

(十二)红隼 *Falco tinnunculus*

保护等级:Ⅱ级

鉴别特征:小型猛禽,体长31~38 cm。翅狭长而尖,雄鸟头、颈蓝灰色,背和翅上覆羽砖红色,具三角形黑斑;其余上体蓝灰色,尾具宽阔的黑色次端斑和白色端斑。颏、喉乳白色或棕白色,其余下体乳黄色或棕黄色,具黑褐色纵纹和斑点。雌鸟上体棕红色,具黑褐色纵纹和横斑,下体乳黄色,具黑褐色纵纹和斑点。

生态习性:栖息于山地森林、林缘、旷野、草原、水域、田野等各类生境中,常单独或成对活动。主要以蝗虫、吉丁虫、蟋蟀等昆虫为食,也吃鼠类、小型鸟类、蛙、蜥蜴、松鼠、蛇等小型动物。繁殖期在5~7月。通常营巢于悬岩、山坡岩石缝隙和土洞中,也常侵占乌鸦和喜鹊巢。

(十三)白冠长尾雉 *Syrmaticus reevesii*

保护等级:Ⅱ级

鉴别特征:全长667~1 600 mm,雄鸟头、上体大都金黄色,各羽具黑缘;颈后有不完整的黑领;中央二对尾羽特长,上具黑、栗两色并列的横斑。翼上覆羽白色,有明显的黑、褐色羽端。下体栗色具白色杂斑,腹部中央黑色。雌鸟,体羽以棕褐为主,具明显的白色矢状斑。

生态习性:栖息于海拔600~2 000 m的阔叶林及针阔混交林内。以植物性食物为主。保护区内白冠长尾雉数量较多。

居留情况:留鸟。

(十四)红角鸮 *Otus scops*

保护等级:Ⅱ级

鉴别特征:小型鸮类,体长17~22 cm。耳羽突长而显著,面盘灰褐色,四周围以棕褐色和黑色皱领。第一枚初级飞羽长于或等于第八枚。上体主要为灰褐色,下体灰白色,被显著的黑色羽干和纤细的黑褐色横斑。

生态习性:主要栖息于低山丘陵和平原地带的森林中,尤以针阔叶混交林和阔叶林较常见。夜行性,白天多潜伏于林内。以昆虫、小鸟、鼠类为食。繁殖期在5~7月。

居留情况:夏候鸟。

(十五)领角鸮 *Otus bakkamoerna*

保护等级:Ⅱ级

鉴别特征:小型鸮类,体长20~27 cm。上体灰褐色,具黑褐色羽干纹和虫囊状斑,耳羽突明显。下体白色或皮黄色,具黑色羽干纹和淡褐色波状横斑。

生态习性:主要栖息于山地森林和林缘地带,尤以低山阔叶林和混交林较常见。夜行性。以昆虫、小鸟、鼠类为食。繁殖期在4~7月。

居留情况:夏候鸟。

(十六)雕鸮 *Bubo bubo*

保护等级:Ⅱ级

鉴别特征:大型鸮类,体长65~89 cm。耳羽发达,长达60 mm左右,上体棕黄色,具黑色斑点和纵纹,下体淡棕黄色,具显著的黑褐色纵纹、细的黑褐色纵纹斑。

生态习性:主要栖息于山地和平原森林中,尤以混交林和阔叶林中较常见。夜行性。以鼠类、蛙、兔类、昆虫和鸟类为食。繁殖期在4~6月。

居留情况:留鸟。

(十七)领鸺鹠 *Glaucidium brodiei*

保护等级:Ⅱ级

鉴别特征:体长145~170 mm。上体和体侧及尾棕黑而布满棕黄色横斑,头顶主要为小白点,后颈棕黄而形成显著的领圈;下喉及胸白色,上喉与背同色,形成一道横带,两肋白色,具宽阔棕褐色纵纹。

生态习性:主要栖息于山区密林。以鼠类为食。

居留情况:留鸟。

(十八)斑头鸺鹠 *Glaucidium cuculoides*

保护等级:Ⅱ级

鉴别特征:全长204~260 mm。上体暗褐色,密布狭窄的棕白色横斑。飞羽和尾羽黑褐色,尾羽先端白色,有6道白色横斑。下喉白色,上喉、胸、上腹暗褐色,下腹白具褐色纵纹。

生态习性:主要栖息于丘陵、平原林地,以昆虫及其他小型动物为食。

居留情况:留鸟。

(十九)纵纹腹小鸮 *Athene noctua*

保护等级:Ⅱ级

鉴别特征:小型鸮类,体长20~26 cm。上体沙褐色,背具白斑,下体棕白色,具褐色纵纹。面盘和皱领不明显,无耳羽突。跗跖和趾均被羽。

生态习性:主要栖息于低山丘陵、林缘灌丛和平原森林地带。主要在晚间活动,清晨和黄昏较为活跃,有时白天也活动。主要以鼠类和昆虫、蜥蜴、蛙、小鸟等为食。繁殖期在5~7月。

居留情况:留鸟。

(二十)蓝翅八色鸫 *Pitta nympha*

保护等级:Ⅱ级

鉴别特征:全长168~199 mm。头顶至枕部深栗色,正中具黑色冠纹,具黄色眉纹;自眼部至颊部达于耳区有宽阔黑纹,在后颈与冠纹相连;背羽翠绿,腰翠蓝,尾黑;翼上覆羽有蓝、绿、黑色,初级飞羽黑色具白斑。下体以茶黄色为主,腹中央有朱红色宽纹直达尾下。

生态习性:栖息于海拔600 m以下的林内。主食昆虫。

居留情况:夏候鸟。

第四节　两栖、爬行类

一、区系组成及特征

高乐山自然保护区共有两栖、爬行动物43种。其中有两栖类2目、6科、15种,占河南省两栖动物种数的24%;爬行类3目、7科、28种,占河南省爬行动物种数的27%。两栖类中蛙类种数最多,共有7种,占两栖类种数的47%。爬行类中的蛇目游蛇科种类最多,共有18种,占爬行类种数的41%。在两栖动物中,有大鲵和虎纹蛙2种国家Ⅱ级重点保护野生动物,CITES附录Ⅰ物种1种,附录Ⅱ物种1种,有“三有”动物10种;在爬行类动物中,CITES附录Ⅱ物种1种,属于“三有”动物的有19种。

从区系特征看,高乐山自然保护区的两栖动物中东洋种8种,占两栖动物种数的53.3%;古北种2种,占两栖类种数的13.3%;广布种5种,占两栖类种数的33.3%。爬行类中,东洋种16种,占保护区爬行类的57.1%;古北种4种,占保护区爬行类种数的14.3%;广布种8种,占爬行类种数的28.6%。保护区的两栖、爬行类动物组成以东洋种为主,东洋和古北两界均有分布的广布种占有较大比例,此区域内,两界动物相互渗透,这说明保护区处于动物区系的过渡地带。

二、国家重点保护物种生物学特征

(一)大鲵 *Andrias davidianus*

保护等级:Ⅱ级

鉴别特征:头宽扁,口大眼小,躯干扁平,体侧腋下胯间具纵行皮肤褶;四肢短小,四指五趾;尾长而侧扁,背棕褐色,具色斑;腹面浅褐色或白色。叫声似婴儿啼哭,故俗名“娃娃鱼”。

生态习性:栖息于山区水质清澈、水温低、深潭较多的溪流中。白天常居于有回流水的洞穴中,傍晚或夜间出来活动,性凶猛,肉食性,也吃蛙、鱼、蛇、蟹。分布于桐柏山的周围。

(二)虎纹蛙 *Hoplobatrachus ruguolsus*

保护等级:Ⅱ级

鉴别特征:体大,雄蛙体长82 mm,雌蛙体长107 mm左右。吻端钝尖;下颌前缘有两个齿状骨突。背面皮肤粗糙,背部有长短不一、一般断续排列成纵行的肤棱,其间散有小疣粒。指、趾末端钝尖;趾间全蹼。背面黄绿色或灰棕色,散有不规则的深色斑纹;四肢横纹明显。

雄性第一指上灰色发达;有1对咽侧外声囊。

生态习性:一般栖息于丘陵地带的稻田、鱼塘、水坑和沟渠内。白天隐匿于水域岸边的洞穴内;夜间外出活动,跳跃能力很强。雄蛙鸣声如犬吠。繁殖期3月下旬至8月中旬。捕食各种昆虫,也吃小鱼。

第五节　鱼　类

据初步调查,高乐山自然保护区共有鱼类4目、10科、28种。鲤形目鱼类种数最多,共16种,占保护区鱼类种数的57.1%;鲇形目次之,共有7种,占保护区鱼类种数的25%。在10科中,鲤科种类最多,共13种,占保护区鱼类种数的46.4%;其次是鲿科,共有5种,占保护区鱼类种数的17.8%;鳅科3种,占保护区鱼类种数的10.6%;其他7科各有1科,分别占保护区鱼类种数的3.6%。保护区鱼类组成见表4-1。

表4-1　高乐山自然保护区鱼类组成

目	鲤形目	鲇形目	合鳃鱼目	鲈形目
科、种数	2科、16种	3科、7种	1科、1种	4科、4种

保护区的28种鱼类中,按其生态习性分为静水型和流水型。其中,喜生活在湖泊、水塘等静水水域的鱼类有鲇、黄颡鱼、短须鱊等15种,占保护区鱼类种数的53.6%;喜生活在河流、山溪等流水水域的鱼类有马口鱼、中华细鲫、泥鳅等13种,占保护区鱼类种数的46.4%。从食性上来说,植食性鱼类有赤眼鳟、麦穗鱼、兴凯鱊等6种;肉食性鱼类有中华花鳅、马口鱼、中华鳑鲏等7种。

第六节　昆虫资源

一、昆虫区系组成

高乐山自然保护区已查明的昆虫共有12目、136科、1 036种。保护区昆虫各目种数相比,以鳞翅目的种类最多,共31科、311种,占保护区已知昆虫种数的30.02%;其次是鞘翅目和半翅目,分别为287种和138种,占保护区已知昆虫种数的27.70%和13.32%。上述3目昆虫种数合计达736种,占该保护区已知昆虫种数的71.04%。保护区昆虫各目种数见表4-2。

表4-2　高乐山自然保护区昆虫各目种数

目	科	种	占保护区昆虫种数比例(%)
直翅目	4	45	4.34
半翅目	16	138	13.32
鞘翅目	21	287	27.70
双翅目	7	35	3.39

续表 4-2

目	科	种	占保护区昆虫种数比例(%)
鳞翅目	31	311	30.02
膜翅目	22	74	7.14
同翅目	18	81	7.82
脉翅目	4	11	1.06
蜻蜓目	8	30	2.90
螳螂目	1	5	0.48
缨翅目	2	5	0.48
等翅目	2	14	1.35
合计	136	1 036	100

二、资源昆虫

(一)食用昆虫

许多昆虫具有食用价值,含有丰富的蛋白质,有些蛋白质含量甚至高于牛、鸡、猪等。同时,昆虫体内还含有多种氨基酸、矿物质和维生素。昆虫被制成食品,在国内外屡见不鲜。昆虫食品具有高蛋白、低脂肪、低胆固醇、肉质纤维少、易吸收等特点,深受消费者欢迎。

在保护区的昆虫资源中,许多可食用昆虫,如桑天牛、大袋蛾、豆天蛾、各种蝗虫等,具有开发价值,利用这些资源发展昆虫食品产业,是值得研究探索的一个新课题。

(二)药用昆虫

在我国,昆虫入药可追溯到几千年前,药用昆虫已是中药材的重要组成部分,名贵中药材冬虫夏草就是其中的代表。保护区有许多药用昆虫,如铜绿丽金龟、小青花金龟、白星花金龟、沟叩头虫、细胸叩头虫等。

(三)观赏昆虫

在物质生活不断提高的今天,森林生态旅游日渐受到世人的青睐。当人们往返于青山碧水之间,置身于奇峰异谷之际,眼前翩翩起舞、千姿百态的蝴蝶定会使人游兴大增。保护区蝶类资源丰富,已查明共有 7 科、62 种,黄凤蝶、黄粉蝶、黑脉粉蝶、大红蛱蝶等都是有观赏价值的蝶类。除蝶类外,保护区内的一些大型甲虫也有极高的观赏价值和收藏价值,可制成旅游纪念品,如大栗鳃金龟等。

三、害虫及其防治

(一)保护区的害虫

保护区已查明的昆虫大多是森林害虫,如同翅目的蝽科(Pentatomidae)、鞘翅目的金龟科(Scarabaeidae)、天牛科(Cerambycidae)、叶甲科(Chrysonelidae)、瓢虫科(Coccinellidae)、象虫科(Curculionidae),鳞翅目的尺蛾科(Geometridac)、枯叶蛾科(Lasiocampidae)、天蛾科(Sphingidae)、舟蛾科(Notodontidae)、灯蛾科(Arctiidae)、夜蛾科(Noctuddae)、毒蛾科(Lymantriidae)、蛱蝶科(Nympalidae)中都有许多种类的害虫在保护区分布。这些害虫啃食树木的树干和枝叶,给林木的生长造成不同程度的危害。

1. 地下害虫

保护区的地下害虫主要有小地老虎 *Agrotis ypsilon* (rottemberg)、大地老虎 *Agrotis tokionis* Butler、八字地老虎 *Amathes c_nigrum* (Linnaers)、东方蝼蛄 *G. orientalis Palisot de* Beauvois、华北蝼蛄 *Gryllotalpa unispina* Saussure 等。

2. 食叶害虫

食叶害虫的种类很多,在保护区的森林害虫中占多数。其中以鳞翅目(Lepidoptera)的尺蛾科(Geometridae)、舟蛾科(Notodontidae)、枯叶蛾科(Lasiocampidae)、毒蛾科(Lymantriidae)、天蛾科(Sphingidae)等,鞘翅目(Coleoptera)的金龟科(Scarabaeidae)、叶甲科(Chrysomelidae)等种类多,危害大。

(二)虫害的防治

虫害的防治应遵循"预防为主、综合治理"的方针。在具体方法的选择上,以防虫作用持续时间长、经济有效并对天敌及环境损害最小的方法为优选方案,应结合保护区及周边地区虫害发生规律、生态环境状况和未来发展趋势,采取以下策略:以科学合理的营林技术措施(以育为主、综合培育)保护和优化森林植物种群及森林生态环境,以利用本地天敌资源为主,以生防、化防控制局部灾区虫口等人工治理措施为辅,依据具体的虫害,分类施策。

1. 地下害虫

地下害虫食性很杂,能危害多种植物,特别是农作物、果树和林木幼苗,在苗圃地危害较重,而苗圃地生态条件较差,除了开新圃和轮作倒茬等自然调控外,应注重加强土壤处理、种子处理及苗期防治。

2. 食叶害虫

食叶害虫的种类繁多,繁殖力强,大面积发生呈明显阶段性和间歇性。因此,要突出自然调控措施,防止次要害虫上升为主要害虫,并对已成灾的种类在虫源区采用生物、化学等方法及时控制虫口。

3. 蛀干害虫

保护区的蛀干害虫主要有鞘翅目(Coleoptera)的天牛科(Gerambycidae)、小蠹科(Scolytoidae)等,鳞翅目(Lepidoptera)的灯蛾科(Arctiidae)、木蠹蛾科(Cossidae)等,尤以小蠹虫危害突出。

4. 枝梢害虫

保护区的枝梢害虫主要有鳞翅目(Lepidoptera)的卷蛾科(Tortricdae)和螟蛾科(Pyralidae)等。这些害虫连年危害后林分郁闭度变小、林木受损严重、易受损害的林分为郁闭度小,透光好、林层单一,为虫口繁殖提供了有利条件。

第五章　旅游资源

高乐山自然保护区地处我国南北气候过渡带,适宜很多动植物生长,景区植被丰茂,覆盖度高。据调查,区内有国家各类明文规定的重点保护植物 68 种,国家Ⅰ级保护动物 4 种。桐柏山是千里淮河的发源地。“淮源”是桐柏旅游的品牌,内含深厚的淮源山水历史文化、盘古文化、矿产文化和红色苏区文化。自然保护区成立以来,区内员工根据国家相关法律法规对区内生态资源和人文景观严格保护管理,植被资源良好,人文资源基本没有破坏。因此,在保护区内开展生态旅游具有得天独厚的资源和环境优势。

一、自然景观资源

(一)森林景观资源

保护区森林质量高,森林覆盖率高,有大面积的天然落叶阔叶林和灌木林及人工针叶林。林下植被丰富多样,有维管束植物 182 科、796 属、1 971 种。林中动物有:昆虫 1 000 余种,鸟类 170 种,哺乳动物 45 种,两栖爬行动物 43 种。各种植物群落四季景色丰富多彩。春天空谷幽兰,迎春绽放,杜鹃烂漫;夏天古木参天,浓荫蔽日,山林内外两重天;秋天金风送爽,枫叶流丹,层林尽染,秋色无边;冬日满天飞絮,银装素裹,玉树琼花。真可谓万山俊秀,四季皆景。

(二)地貌景观资源

受地质构造影响,高乐山、祖师顶怪石突起、雄奇险峻、气势壮观。山上大石,有的似柜、有的似床、有的似垒卵。大石下支撑的是小石头,看似要从山上滚下,却不知它已存在不止千百万年,让人赞叹天地之造化,堪称鬼斧神工。

(三)水体景观资源

高乐山自然保护区内丰润的雨水、深蕴的径流造就出山清水秀的高乐山、祖师顶,形成形态各异的水文景观。保护区内的瀑布,高山流水,蜿蜒而下,飞瀑流泉,迸珠溅玉。其间形成许多潭水碧绿,清澈见底。泉水甘甜,清香可口。游人至此,踏水而上,顺水追源,心旷神怡,流连忘返。

二、人文景观资源

保护区内蕴含深厚的淮河源头历史文化、矿产文化和红色苏区文化。

中原抗日根据地——榨楼。榨楼位于回龙乡的东南部,四面青山环抱,环境清幽。在抗日战争时期,榨楼建立了中共榨楼支部、榨楼工委(后为信桐县委),并在随后的武装斗争中,积极宣传毛泽东的“十大救国纲领”,发动组织群众建立“农民抗日救国会”等群众组织;动员 100 多人参加新四军;在做好后勤工作的同时又完成了大量一线战斗任务。作为曾经的抗战圣地,榨楼现已成为和平年代重要的爱国教育基地,同时也是桐柏红色旅游景点之一。

三、旅游资源开发现状及其对环境的影响

目前,保护区及周边的旅游资源基本上还保留着原始状态,平时进入保护区内旅游的游客比较少,基本属于自发行为。保护区的旅游事业刚刚起步,旅游基础设施还未配备,尚未进行旅游项目的开发和旅游宣传。

由于游客很少,而且频率极低,同时旅游区基本上均分布在实验区内,部分地段已处于保护区以外,因此几乎未对环境特别是对保护区生态环境造成影响。生态旅游区的生态平衡,主要取决于游客对环境的影响方式和强度,以及大自然对这种影响的消除能力。如严格按照生态旅游区环境容纳量控制游客量,是能够达到人与自然的和谐相处和持续获得最佳经济效益的“双赢”局面的。

四、生态旅游发展条件分析

生态旅游是以自然生态系统为游览观光的主要对象,融环境保护、休憩娱乐及科学考察、科普教育为一体的旅游活动。随着人们物质生活水平的提高,对文化生活要求也越来越高,生态旅游已成为当今旅游业的主流之一。生态旅游的宗旨是唤起人们的生态觉醒,重视人与自然的和谐共存,体味天人合一的境界,使旅游者在潜移默化中受到环境教育。

初步分析,高乐山自然保护区开展生态旅游存在一定的优势,如地处淮河源头,有着优越的地理优势;旅游资源丰富;区内不仅有良好的森林、奇石、古树等自然风光资源,还有高姥山道观等人文资源;同时,保存着良好的生态环境;当地居民民风淳朴、热情好客;省政府和地方各级政府对旅游业非常支持。

但是,保护区周边社区经济落后、文化水平较低是生态旅游开发的瓶颈。首先,由于受到地区经济落后的限制,致使旅游业开发投入资金少,旅游业基本处于纯自然状态;其次,旅游服务设施陈旧老化,服务接待能力差,同时,没有一套完整的服务接待管理体系,不符合国内一流景区指标;最后,保护区周边居民资源保护意识还有待提高。

第六章 社会经济状况

高乐山自然保护区地处河南省南部,涉及回龙、黄岗、毛集三个乡镇10个行政村。保护区距桐柏县城35 km,与信阳市平桥区,驻马店确山县、泌阳县相邻。现将其经济状况介绍如下。

一、保护区基本概况

高乐山自然保护区周边涉及回龙、黄岗、毛集三个乡镇的2 519人,其中,回龙乡下辖7村、414户、1 342人,黄岗镇下辖1个村、157户、630人,毛集镇下辖2村、149户、547人。

保护区内人口共48人,均居住在保护区内的实验区,其中,回龙乡16人、黄岗镇14人、毛集镇18人。保护区总面积9 060 hm^2,其中,林业用地面积9 040 hm^2,占保护区总面积的93.7%;活立木蓄积量45.5万 m^3。

二、产业结构状况

保护区和周边社区主要经济来源为种植业、养殖业、采矿以及外出务工。种植业主要为粮食作物,如水稻、小麦、玉米等;其他经济类作物有油菜、花生、食用菌等;养殖业主要为牛、羊等;主要林副产品有银杏、茶叶、板栗等。年人均纯收入约为1 680元。

三、人口构成状况

保护区周边总人口数2 519人,其中,农业人口1 414人、非农业人口1 105人。在保护区内居住的人口为48人。保护区及周边所有居民均为汉族。

四、社区发展状况

(一)交通状况

保护区道路四通八达,沪陕高速、桐明路均从保护区所在地的毛集镇通过。但整体路况较差,除了与县城和外界相通的道路为水泥路面外,其余均为山村道路,交通条件较差,保护区共有村级道路102 km。

(二)文教卫生状况

保护区相邻乡镇都有初级中学,每个行政村均有一所小学,实行了九年制义务教育,小学入学率为100%,初中入学率为95%。但山区群众文化程度普遍偏低,50岁以上40%是文盲,40岁以上90%为小学毕业,30岁以下青年以初中毕业居多,高中以上文化程度较少。社区农村文化生活单一,以收看电视为主。

保护区毗邻的乡镇都有中心医院,各村都有卫生所或诊所,卫生设施一般,医生的医疗水平基本上能满足群众的日常生活。目前,保护区周边社区不断加强对疾病的预防,努力普及基本医疗常识,加强群众的卫生观念,已基本实现国家初级卫生保健标准,人人享有卫生保健条件。

（三）通信状况

保护区及周边社区的通信设施较为完备，基本通电话，但移动电话网络尚未完全覆盖保护区。

（四）社区对保护区发展的影响

保护区周边地区交通欠发达，社区居民较少，大部分年轻人外出打工，对保护区的影响不大。对于在保护区内的居民，只要加强社区建设，积极引导，不会对保护区内的资源造成破坏。

保护区内及周边的大部分居民靠烧柴做饭和取暖，同时，也有部分居民上山采集药材等，对保护区内的森林资源造成一定影响，但自保护区批准以来，居民上山活动明显减少。

第七章　自然保护区管理

第一节　保护区管理的历史与现状

一、历史沿革

高乐山省级自然保护区的前身是桐柏毛集林场，2004 年 3 月，河南省人民政府由豫政文[2004]33 号文批准建立“河南桐柏高乐山省级自然保护区”，总面积 9 060 hm^2。同年 9 月，桐柏县机构编制委员会以桐编[2004]8 号文批准成立“高乐山省级自然保护区管理局”，编制 100 人。

保护区地处桐柏—大别山区，属于淮河源头，保护对象为亚热带常绿阔叶混交林生态系统，为了节省人力和财政资源，提高保护效率，克服生态系统人为分隔现象，在众多专家的建议下，为充分发挥其水源涵养林的作用，对高乐山自然保护区进行了考察，实行统一规划、分头管理的模式。

二、基础设施建设

自然保护区成立后，上级资金尚未到位，基础设施建设相对滞后，管理局及下设科室均设在毛集林场场部，办公条件及基础设施也较为简陋，已无法满足保护区日常工作所需。

保护区干线公路共计 25 km，支线公路 55 km，巡护路 120 km，通信线路 40 km。

三、机构设置

目前，保护区已成立保护区管理局，为正科级事业单位，行政上隶属于桐柏县人民政府，业务上由河南省林业厅主管，具有独立的事业法人资格，下设有综合办、人事股、业务股、保护股、经营股，形成了局、站、点三级管理体系。

四、保护区管理状况

高乐山自然保护区成立后，根据《国家自然保护区管理条例》，结合具体实际情况，切实加强了自然保护区的保护和管理。明确自然保护区管理局的职责是：贯彻执行国家有关自然保护区的法律、法规；制定保护区的各项管理制度，统一管理自然保护区；调查和保护自然保护区的资源并建立档案；组织和协助有关部门开展自然保护区的科学研究工作；进行自然保护的宣传教育；在不影响保护区的自然环境和自然资源的前提下组织开展参观、生态旅游等活动。近几年来，该区一直以培育森林资源、增加淮河上游区域森林植被为重点，生态环境得到改善和恢复。

保护区成立以来，不断完善有关自然保护管理的各项管理制度，落实保护责任制。管护人员进行巡山检查，走村串户，宣传政策，同时，作好巡护日志与防火日志，防火期严禁一切野外用火，加大对低智人和精神病人的监护管理，坚持24小时值班制度和报告制度，使火情信息和指挥联络迅速传递，规定了值班人员，特别是加强“清明”、“五一”及春节前后等重要时期的值班制度，值班领导亲自带队值班，发现火情、火警，能够迅速上传下达，不贻误扑火战机。

根据保护区内野生动植物资源较为丰富的特点，保护区管理局积极开展各项活动，大力宣传《自然保护区管理条例》、《野生动物保护法》、《野生植物保护条例》等，通过宣传教育，提高了保护区内各村民保护野生动植物的意识。

五、科学研究

自然保护区成立以来，在工作条件非常艰苦、各项经费非常困难的情况下，坚持保护与科研工作并举，先后与有关大专院校联合，开展了森林植被、兽类、鸟类、两栖爬行类、鱼类、昆虫资源调查，基本摸清了区内森林群落的结构、类型，动物种类及部分物种的分布数量。与河南农业大学植物研究室进行合作，对本区的植物区系及地理成分、生物多样性进行研究，取得了大量研究成果。

六、存在的问题

(一)基础设施滞后，各项经费紧张

自然保护区成立后，上级资金未到位，经费来源主要是国家重点生态公益林补偿资金，职工待遇较低。保护区基础设施建设滞后，管理局暂时设在林场场部，新设立的保护站、点基础设施建设还没有开展。同时，原有的保护站、点基础设施较落后，房屋破旧，需要翻修。林区防火道路等级低，路况较差，护林防火设备、巡护车辆需要更新。基础设施的缺少和落后，影响了保护工作的进一步开展。

(二)巡护人员素质较低

现有保护区的巡护人员中，学历普遍偏低，没有进行系统的管护培训，缺少保护区日常巡护技能和经验。

(三)科研力量相对薄弱

保护区受地理位置、经济状况、基础设施和管理水平限制，不能吸引高等科技人才，缺乏现代管理技术和手段，造成基础研究十分薄弱，特别是对保护区内动植物资源、昆虫资源、鱼类资源等缺少详细的、系统的调查，森林生态系统的结构、功能、演替、价值和作用等方面缺乏系统、深入的研究，制约了保护与管理工作的进一步发展。

(四)需要进一步加强保护区宣传

保护区建立以来，一直坚持野生动植物保护方面的宣传，但对外宣传较少，保护区在以后的工作中应加强对区内特有的自然资源、自然景观等的宣传力度，提高知名度，呼吁有关专家学者进行调查研究。

(五)资源保护与区内群众生产经营活动存在一定的矛盾

保护区与群营林犬牙交错，保护区管理机构在按照自然保护区管理条例规定对自然资源和自然环境实行统一管理时，与群众利益易发生冲突。有必要制订可行的赔偿方案，当双方利益发生冲突时，适当对社区居民进行赔偿，使社区居民在保护自然资源和环境的同时自己也能受益，增强参与保护生态环境的积极性。

第二节 经营管理规划建议

一、保护区类型

根据保护对象,依据《自然保护区类型与级别划分原则》(GB/T 4529—93),该保护区属“生态系统类别”中的“森林生态系统类型”自然保护区。

二、保护对象

自然保护区是以保护亚热带常绿阔叶混交林森林生态系统为宗旨,集资源保护、科学研究和生态旅游于一体的自然保护区,属于生态公益性事业。其具体保护的对象如下。

(一)过渡带综合生态系统及其生物多样性

高乐山自然保护区属北亚热带常绿、落叶阔叶混交林带,植物区系的地理成分复杂,植物区系以温带成分为主,兼有一定的热带分布类群,显示出暖温带与北亚热带过渡交替的特征。保护区植被共划分为5级、12个植被型、49个群系。保护区共分布有高等维管植物182科、796属、1 971种,其中蕨类植物26科、59属、136种;种子植物156科、737属、1 835种。种子植物中又包括:裸子植物6科、9属、15种;被子植物150科、728属、1 820种。植被共有5个植被型组,13个植被型,48个群系以及大量的群丛。脊椎动物32目、79科、286种,昆虫12目、136科、1 036种;鱼类4目、10科、28种;两栖类2目、6科、15种;爬行类3目、7科、28种;鸟类17目、39科、170种;哺乳动物6目、17科、45种。生物多样性非常丰富,是研究过渡带动植物自然综合体的理想场所。

(二)淮河源头水源涵养林

保护区是淮河的源头,淮河一、二级支流的发源地,无污染,终年有水,水流量很大,也是薄山、尖山、连庄、李庄等众多中小型水库的水源地。因此,充分发挥高乐山自然保护区保持水土、涵养水源的作用,对保证淮河中下游地区的数千万人口的生活用水和工农业用水具有重大战略意义。该区人口密度大,生态环境脆弱,森林生态系统一旦破坏,植被将很难恢复,该区的保护效果好坏将直接影响周围地区人民的生活及工农业生产和生态环境的可持续发展。

(三)保护区内人文景观和自然景观资源

保护区具有独特的地理人文景观。回龙乡榨楼村在革命战争时期,曾是中原局、信桐确工委、信桐确泌县委的所在地。保护区内自然景观和人文景观资源丰富,必须加以严格保护。

三、保护区功能区划

(一)区划原则

(1)生态系统完整性原则:分区要有利于保持保护对象的完整性和保护物种最适宜生境范围,以便为其繁衍生息提供良好的生存条件;同时有利于突出过渡区的自然环境与资源价值及特点,将自然保护区最有价值和最具代表性的资源划入核心区。

(2)生物保护优先原则:自然保护区要有利于对原生性生态系统、珍稀与濒危野生动植物种、典型自然景观进行重点保护，有利于保护对象的可持续生存。

(3)综合性原则：功能区划要有利于发挥保护区的多功能效益，有利于维护其长期稳定性。

(4)连续性原则：保护区的三种功能区呈现环式布局，以维护保护区的连续性。功能区之间应有明确的界限，并尽可能以自然地形地势（山谷、河流、道路等）分界。

(二)功能区界定

按照功能区区划原则和依据，在实地调查与充分论证的基础上，根据本保护区自然生态条件、科学价值、重点保护对象的数量、空间分布特点、生物群落特征，结合环境条件及区内居民生活方式等情况，采取自然区划为主的区划法，将该保护区内部按照功能性差异划分为核心区、缓冲区、实验区三个功能区。

1. 核心区

核心区的主要任务是保护和恢复，以保护珍稀物种及其生境尽量不受人为干扰，能够自然生长和发展下去，以保持生物多样性。对该区的基本措施是严禁任何破坏性的人为活动，在不破坏生态系统的前提下，可进行观察和监测，不能采用任何实验处理的方法，避免对自然生态系统产生破坏。

核心区面积为 3 378 hm^2，北界沿山脊线与确山县毗邻，西与驻马店市泌阳县接壤，南沿齐亩顶、高乐山沿等高线向东至花棚山至桐柏确山两县交界山脊。交界处山高林密，并且是确山县的国家重点公益林区。核心区包括最高峰祖师顶（海拔 812.5 m）及高乐山（海拔 730 m）、猪屎大顶（海拔 439 m）、齐亩顶（海拔 757 m）、花棚山（海拔 401 m）等主峰，区内沟谷纵横，山势峻峭，全部属于马大庄林区、郭庄林区，辖区内多为天然次生林，具有完整的森林生态系统，保护对象有适宜生长、栖息的环境和条件，区内无不良因素的影响和干扰，淮河的两条一级支流毛集河、五里河的源头也在该区。

2. 缓冲区

缓冲区位于核心区周围，该区由一部分原生性生态系统、次生生态系统和少部分人工生态系统组成。缓冲区的功能是，一是防止和减少人类、灾害因子等外界干扰因素对核心区造成破坏；二是在防止生态系统逆行演替的前提下，可进行实验性或生产性的科学研究工作；三是通过植被恢复，使野生动植物的生境不断改善，从而逐步恢复成核心区。高乐山自然保护区缓冲区面积为 3 260 hm^2，沿高乐山核心区外围，距离 300 ~ 1 000 m 不等划出，西沿马道岭—凉水泉—千杆岭寨，避开小槐树庄，至对腰沟沿杨竹园至西大岭。区内密灌丛生，植被较丰富。

3. 实验区

高乐山实验区面积为 2 422 hm^2，实验区外围沿泌阳县界向南从郭竹园—栗林—条山—吴山—大银山—顾老庄—凉水泉—千杆岭寨—牛头崖—南岗—岭头—黄楝岗—桑树湾—焦庄—松岭沟—齐古庄—杨竹园—何大庄—汪大庄—杨集沟—蒸馍山—万龙沟—孙庄—池塘—梁楼—榨楼。

四、规划的重点内容

根据有效保护、合理持续利用的原则，结合保护区自然资源情况、基础设施条件和管理水平，建议总体规划的重点内容包括基础设施建设规划、科研监测规划、社区及宣教工作规划。

基础设施应包括的主要内容是:局站点址及检查站规划、道路桥梁建设规划、供电与通信、交通工具规划、野生动植物保护设施建设规划,在保护区内开展马尾松原生次生林保护工程,加强原生地的保护和管理,采取抢救性保护措施,促进生境的恢复。在田木湾建立珍稀植物苗圃,开展繁育技术研究,并将繁殖成功的苗木用于植被恢复和扩大种群。加强水源地保护,采取封山育林与人工辅助自然恢复措施促进水源涵养林区植被恢复等。

科研检测规划应包括的主要内容是:本地资源调查规划(含生物环境本底调查、常规和专项调查等)、常规资源及环境监测(森林生态系统监测、旅游对生态系统环境影响监测、社区监测等)、科研项目规划。

社区及宣教工作规划包括的主要内容是:社区共管规划(含社区人口控制、社区建设、社区发展项目等)和宣传工作规划(含对外宣传、对社区居民的宣传、对旅游者的宣传、对职工的宣传教育等)。

第八章　自然保护区评价

第一节　保护区生态价值评价

一、植物物种与区系组成评价

高乐山自然保护区地处桐柏—大别山区，属北亚热带向暖温带过渡地带，是中国生物多样性分布的关键地带，生物多样性极为丰富，特有种及国家重点保护物种繁多，是中州地区最有战略意义的生物资源基因库之一。保护区内共有高等维管束植物182科、796属、1 971种，其中中国特有植物24属、28种。保护区内有国家Ⅰ级保护植物3种，Ⅱ级保护植物11种，待公布的Ⅱ级保护植物43种；被《中国植物红皮书（第一册）》收录17种；被《濒危野生动植物种国际贸易公约》附录Ⅱ收录43种。

保护区有种子植物156科、737属、1 835种，为河南省植物区系最丰富的地区之一，中国种子植物属的15个分布区类型本区都有它们的代表，分布类型非常齐全，可见本区植物区系地理成分的复杂性。保护区植物区系偏重于温带性质，具亚热带向暖温带过渡的特点，是北亚热带和暖温带地区植物区系重要的交会地区。

二、陆栖野生脊椎动物资源评价

（一）动物区系复杂多样，兼有南北混杂特点

由于秦岭—淮河是我国南方和北方重要的自然地理界线，因此在动物地理区划上，高乐山自然保护区属于古北界和东洋界的分界线，南北东西物种交流渗透，呈现出多样性。保护区内共有陆生脊椎动物258种，属于东洋界的种类有99种，古北界的种类有85种，广布种有74种，所占比例分别为38.37%、32.95%、28.68%。

（二）国家保护动物种类较多，具有较高保护价值

据初步调查，保护区内陆生脊椎动物中国家重点保护动物有31种，其中，国家Ⅰ级保护动物4种，国家Ⅱ级保护动物27种；国家保护的有益的或者有重要经济、科学研究价值的陆生野生动物共有175种。由于人口和经济发展的压力，天然林遭到巨大破坏，野生动物栖息地严重丧失和破碎化，滥捕乱猎野生动物等，保护区内的野生动物保护任务非常艰巨。

（三）有较大经济价值和可利用的动物资源种类丰富，亟待保护

保护区内已发现的哺乳动物有45种，但是大型兽类缺乏，中小型兽类颇为丰富，重要毛皮动物资源的中小型食肉类和有蹄类动物较多，如资源量大、分布广、经济价值较高的兽类主要有黄鼬、赤狐、豹猫等，但是，由于掠夺式的猎捕，导致野生动物资源遭受严重破坏，20世纪90年代以后日渐枯竭。天然林保护工程、退耕还林工程、野生动植物和自然保护区建设工程实施后,对保护区内野生动植物资源保护工作有较好的推动作用。

三、生态系统评价

(一)保护区植被是淮河源头的生态屏障

淮河,因其流域面积广,两岸居住人口密集,流域内风调雨顺或旱涝灾害对中华民族的政治经济生活影响很大,因而被华夏儿女尊为“风水河”。高乐山自然保护区是淮河的一级支流五里河、毛集河的发源地,保护区也是淮河源头重要的储水库,是薄山、尖山、李庄、连庄等众多中小型水库的汇水区。南阳、信阳、驻马店南部及淮河中下游地区数千万人口的饮用水和工农业用水均来自该区。由于区内降水丰富且集中在6、7、8月,容易形成大洪水,如果保护区森林生态系统遭到破坏,大量的洪水裹着泥沙奔涌而下,流入淮河及水库,将增加淮河治理的难度。因此,高乐山自然保护区大面积的森林植被对于淮河流域的生态安全、水土保持以及经济建设等都具有非常重要的意义,是淮河源头的生态屏障。

(二)植被类型的多样性、过渡性和复杂性

在中国植被区划上,高乐山自然保护区属于亚热带常绿落叶阔叶林区域的桐柏、大别山丘陵松栎林植被片,具有暖温带向北亚热带过渡的性质。保护区植被共有5个植被型组、12个植被型、49个群系以及大量的群丛。海拔相对高差达700 m,植被具有明显的垂直梯度格局,植被类型的多样性丰富。植物区系以温带成分为主,华北、华中与华东成分各占1/3。总之,无论是植被还是物种,在这里与大的地理环境和具体的生态环境相协调、相适应,反映出明显的过渡性和复杂性。

(三)生态系统的敏感性和脆弱性

保护区内地形的复杂性、气候植被的过渡性造就了其生态系统的敏感性和脆弱性。保护区处于我国内陆山区,周边人口多,环境压力大,经济比较落后,社区经济发展对森林依赖性强,保护区的生态环境受人为活动威胁大。同时,由于保护区降水丰富,径流量大,土层较薄,保护区植被一旦破坏,极易造成不可逆转的水土流失和生态系统的逆行演替,带来毁灭性的灾难。

(四)极高的科研价值

保护区是研究北亚热带到暖温带生态交错带上,可作为亚热带森林生态系统发生、发展及演替的活教材,汇集了多种区系地理成分,加上生态系统的多样性,丰富的珍稀濒危动植物资源,使得高乐山自然保护区成为良好的科研、教学基地,这里的研究工作具有很高的科研和学术价值。

第二节　保护区经济价值评估

自然保护区是一个包含很多可更新资源的地区,如动植物种群、户外游憩地和永久性淡水供应等均如此,讨论自然保护区的经济概念,并对其经济价值进行评估,对于抵制人为建立保护区不如直接利用资源效益更大的观点有着重要意义。

根据高乐山自然保护区的具体情况进行直接经济价值和间接经济价值的评估如下。

一、直接经济价值评估

(一)直接经济资源的特点

1. 丰富的物种资源

保护区地处淮河上游,属桐柏—大别山脉,是我国北亚热带向暖温带的过渡地带,生物多样性极为丰富,特有种及国家重点保护物种较多,是中州地区最有战略意义的生物资源基因库之一。保护区共分布有高等维管束植物182科、796属、1 971种,其中蕨类植物26科、59属、136种;种子植物156科、737属、1 835种。种子植物中又包括:裸子植物6科、9属、15种;被子植物150科、728属、1 820种。保护区共有中国特有植物24属、28种。

保护区内,根据国家林业局1999年颁布的《国家重点保护野生植物名录》(第一批),分布于保护区的有14种,其中Ⅰ级保护植物3种,Ⅱ级保护植物10种;被《中国植物红皮书(第一册)》收录17种。上述各物种不重复统计,共计22种。另外,在《国家重点保护野生植物名录》(第二批)(待公布)中,保护区有43种Ⅱ级保护植物被收录;被《濒危野生动植物种国际贸易公约》附录Ⅱ收录43种。保护区内动物种类繁多,已知的有昆虫1 036种、鱼类28种、两栖类15种、爬行类28种、鸟类170种、哺乳类45种。上述物种中属国家重点保护的物种有31种,其中Ⅰ级保护野生动物4种,Ⅱ级保护野生动物27种,另外,属国家保护的有益的或者有重要经济、科学研究价值的陆生野生动物175种。

2. 多样、独特的植被类型

保护区的自然植被可划分为5级、13个植被型、48个群系。海拔相对高差达700 m,植被具有一定的垂直分布规律,植被类型的多样性丰富。

3. 多姿的自然和人文景观

高乐山自然保护区地处我国南北气候带的分界线上,丰富而寓意深远的地貌景观、优美的森林景观、神秘的地质奇观和深厚的文化底蕴,野生动植物物种和国家重点保护的野生动植物多,森林旅游资源较为丰富,是开展森林生态旅游的理想场所。

保护区因是淮河水和长江流域溧水分流处(西流为溧,东流为淮),因其独特的地理位置和在中华文明史上占据的重要地位而衍生出丰厚的淮源文化。对淮河源头探寻,自古至今从未停止。淮源的奥秘,引起了许多名人雅士的兴趣,来此觅踪探源、浏览胜景者自古以来难以计数。

(二)直接经济价值的评估

高乐山保护区的资源特点,决定了保护区具有多种直接经济价值,如直接实物、科研、文化和旅游价值,现粗略评估如下。

1. 直接实物产品价值

(1)用材植物价值。保护区的活立木总蓄积量约45.5万m^3,但保护区内不能进行采伐,故材用植物不计算价值。

(2)药用植物价值。保护区有800余种药用植物,每年药材销售总价值约5万元。

(3)林副产品价值。保护区出产的林副产品主要包括野生蔬菜、食用菌、果品、野生纤维、蜂蜜、香料以及观赏植物等,每年产值约10万元。

由上述各项价值累计得保护区每年产生的直接实物产品价值为15万元。

2. 直接服务价值评估

(1)科研和文化价值。高乐山自然保护区作为一个重要的教学实习和研究基地,每年有百余名学生到保护区进行毕业实习和课程实习,根据国家有关培养标准计算,保护区对学生实习及论文的贡献价值为50万元。

(2)旅游价值。国内旅游费用支出,包括交通、食宿和门票等,由科研文化价值和旅游价值得出高乐山保护区每年的直接服务价值约为415万元。

3. 总直接经济价值计算

综上所述,根据高乐山自然保护区每年的直接实物价值和直接服务价值,得出直接经济价值总计为480万元。

二、间接经济价值评估

间接经济价值主要指保护区内的森林生态效益,即区内森林生态系统及其影响范围内所产生的对人类有益的全部效益。根据保护区内有林地面积约9 040 hm^2,森林覆盖率为93.7%,采用间接方法计算如下:根据《中国森林生物多样性价值核算研究》一文对我国森林生物多样性运用直接市场评价法进行了价值核算,保护区地处南方区,其每公顷森林生物多样性的价值是59.346元,故保护区的森林价值为5 000万元。

三、经济价值

理论上,保护区总经济价值等于各类经济价值之和,即直接价值与间接价值及非使用价值之和,但由于某些数据不足,不能准确计量,只能粗略概算出每年的直接价值和间接价值分别为430万元和5 000万元,可以看出保护区的综合价值是相当高的,而且以生态效益为主的间接经济价值远远高于直接经济价值。

总之,保护区的建设和发展对于淮河源头的生态安全,保存和发展保护区内珍稀动植物种群及森林生态系统,充分发挥其保持水土、涵养水源的作用,对保证淮河中、下游数亿人口的生活用水和工农业用水具有重大战略意义,其水质、水量更关系到我国南水北调东线工程的水质安全。

参考文献

[1] 傅立国. 中国珍稀濒危植物[M]. 上海:上海教育出版社,1989.
[2] 傅立国. 中国植物红皮书——稀有濒危植物[M]. 第一册 . 北京:科学出版社,1991.
[3] 侯宽昭. 中国种子植物科属词典[M]. 修订版 . 北京:科学出版社,1984.
[4] 王荷生. 植物区系地理[M]. 北京:科学出版社,1992.
[5] 吴征镒. 中国种子植物属的分布区类型[J]. 云南植物研究,1991(增刊).
[6] 吴征镒. 中国植被[M]. 北京:科学出版社,1980.
[7] 郑万钧. 中国树木志[M]. 北京:中国林业出版社,1997.
[8] 中国科学院中国植物志编辑委员会. 中国植物志第七卷[M]. 北京:科学出版社,1978.
[9] 张荣祖. 中国动物地理[M]. 北京:科学出版社,1999.
[10] 王应祥. 中国哺乳动物种和亚种分类名录与分布大全[M]. 北京:中国林业出版社,2003.
[11] 盛和林. 中国野生哺乳动物[M]. 北京:中国林业出版社,1999.
[12] 马世来,马晓峰,石文英. 中国鸟类图鉴[M]. 郑州:河南科学技术出版社,1995.
[13] 中华人民共和国濒危物种进出口管理办公室. 常见龟鳖类识别手册[M]. 北京:中国林业出版社,2002.
[14] 郑作新. 中国鸟类系统检索[M]. 3 版 . 北京:科学出版社,2002.
[15] 中国野生动物保护协会. 中国爬行动物图鉴[M]. 郑州:河南科学技术出版社,2002.
[16] 中国野生动物保护协会. 中国两栖动物图鉴[M]. 郑州:河南科学技术出版社,1999.
[17] 张执中. 森林昆虫学[M]. 北京:中国林业出版社,1991.
[18] 宋朝枢. 宝天曼自然保护区科学考察集[M]. 北京:中国林业出版社,1994.
[19] 宋朝枢. 鸡公山自然保护区科学考察集[M]. 北京:中国林业出版社,1994.
[20] 河南森林编辑委员会. 河南森林[M]. 北京:中国林业出版社,2000.
[21] 河南植被协作组. 河南植被[R]. 1984.

附　录

附录 1　高乐山自然保护区维管束植物名录

蕨类植物 Pteridophyta

1　石松科　Lycopodiaceae

石松属　*Lycopodium* L.
石松　*L. japonicum* Thunb.
地刷子石松　*L. complanatum*
蛇足石松　*L. serratun* Thunb

2　卷柏科　Selagjinellaceae

卷柏属　*Lycopodioides* Spring
卷柏　*Lycopodioides. tamariscina* (Beauv.) Spring
中华卷柏地柏　*L. sinensis* (Desv.) Spring
兖州卷柏　*L. involvenss* (SW.) Kuntze
细叶卷柏　*L. labordei* (Hieron.) H. S. Kung
江南卷柏　*L. moellendorffii* (Hieron.) H. S. Kung
伏地卷柏　*L. nipponica* (Franch. et Sav.) Kuntze
蔓出卷柏　*L. davidii* (Franch.) Kuntze
垫状卷柏　*L. pulvinata* (Hook. et. Grev.) H. S. Kung

3　木贼科　Equisetaceae

木贼属　*Equisetum* L.
问荆　*E. arvense* L.
犬问荆　*E. palustre* L.
草问荆　*E. pratense* Ehrh.
节节草　*E. ramosissimum* Desf.

4　阴地蕨科　Botrychiaceae

阴地蕨属　*Botrychium* SW.
阴地蕨　*B. ternatum* (Thumb.) Sw
蕨箕　*B. virginianus* (L.) Sw

5　瓶尔小草科　Ophioglossaceae

瓶尔小草属　*Ophioglossum* L.
瓶尔小草　*Ophioglossum vulgatum* L.
狭叶瓶尔小草　*O. thermale* Kom.

6　紫萁科　Osmundaceae

紫萁属　*Osmundaceae* L.
紫萁　*O. japonica* Thunb.

7　里白科　Gleicheniaceae

芒萁属　*Dicranopteris* Bernh
芒萁　*D. dichotoma* (Thunb.) Bernh

8　海金沙科　Lygodiaceae

海金沙属　*Lygodium* Sw.
海金沙　*L. japonicum* (Thunb.) Sw.

9　膜蕨科　Hymenophyllaceae

膜蕨属　*Hymenophyllum* Sm.
华东膜蕨　*H. barbatum.* (V. D. B.) Baker

10　碗蕨科　Dennstaedtiaceae

碗蕨属　*Dennstaedtia* Bernh.
细毛碗蕨　*D. hirsuta* (Sw.) Mett. et Miq.
溪洞碗蕨　*D. wilfordii* (Moore.) Christ

11　凤尾蕨科　Pteridaceae

蕨属　*Pteridium* Scop
蕨　*P. aquilineum* (L.) Kuhn var. latiusculum (Desv.) Underw

凤尾蕨属	*Pteris* L.
大叶井口边草	*P. nervosa* Thunb.
狭叶凤尾蕨	*P. henryi* Christ
凤尾草	*P. multifida* Poir
蜈蚣草	*P. vittata* L.
猪毛草	*P. actiniopteroides* Christ

12　中国蕨科　Sinopteridaceae

粉背蕨属	*Aleuritopteris* Fee
银粉背蕨	*A. argentea*(Gmel.)Fee
无银粉背蕨	*A. argentea*(Gmel.)Fee. var. *obscura* (Christ)Ching
碎米蕨属	*Cheilosoria* Sw.
毛轴碎米蕨	*C. chusana*(Hook.)Ching et Shing
金粉蕨属	*Onychium* Kaulf.
日本金粉蕨	*O. japonicum*(Thunb.)Kunze
旱蕨属	*Pellaea* Link
旱蕨	*P. nitidula*(Hook.)Baker

13　铁线蕨科　Adiantaceae

铁线蕨属	*Adiantum* L.
铁线蕨	*A. capillus_veneris* L.
团羽铁线蕨	*A. capillus_ junonis* Rupr.
掌叶铁线蕨	*A. pedatum* L.
普通铁线蕨	*A. edgeworthii* Hook.
白背铁线蕨	*A. davidii* Franch.
灰背铁线蕨	*A. myriosorum* Baker

14　裸子蕨科　Hemionitidaceae

金毛裸蕨属	*Gymnopteris* Bernh.
耳叶金毛裸蕨	*G. bipinnata* var. *auriculata* (Franch.)Ching
凤丫蕨属	*Coniogramme* Fee
凤丫蕨	*Coniogramme japonica*(Thumb.)Diels
普通凤丫蕨	*C. intermedia* Hieron.
疏网凤丫蕨	*C. wilsonii* Hieron.
乳头凤丫蕨	*C. rosthornii* Hieron.

15　蹄盖蕨科　Athyriaceae

羽节蕨属	*Gymnocarpium* Newman
东亚羽节蕨	*Gymnocarpium oyamense*(Bak.)Ching
冷蕨属	*Cystopteris* Bernh.
冷蕨	*C. fragilis*(L.)Bernh
安蕨属	*Aniscocampium* Koidz.
华东安蕨	*A. sheareri*(Baker)Ching
蛾眉蕨属	*Lunathyrium* Koidz.
华中蛾眉蕨	*L. centro_chinense* Ching
假冷蕨属	*Pseudocystopteris* Ching
大叶假冷蕨	*P. atkisonii*(Bedd.)Ching
蹄盖蕨属	*Athyrium* Roth
禾秆蹄盖蕨	*A. yokoscense*(Franch. et Sav.)Christ
华东蹄盖蕨	*A. nipponicum*(Mett.)Hance
华北蹄盖蕨	*A. pacyphlebium* C. Chr.
圆齿蹄盖蕨	*A. crenatum*(Sommerf.)Rupr.
尖齿蹄盖蕨	*A. spinulosum* Milde
角蕨属	*Cornopteris* Nakai
角蕨	*C. decurrenti_alata*(Hook.)Nakai
假蹄盖蕨属	*Athyriopsis* Ching
假蹄盖蕨	*A. japonica*(Thunb.)Ching
毛轴假蹄盖蕨	*A. petersensis*(Kunge)Ching
短肠蕨属	*Allantodia* R. Br.
鳞柄短肠蕨	*A. squamigera*(Smett.)Ching

16　金星蕨科　Thelypteridaceae

沼泽蕨属	*Thelypteris* Schmidel
沼泽蕨	*T. palustris*(Salisb.)Schott
金星蕨属	*Parathelypteris* (H. Ito)Ching
中日金星蕨	*P. nipponica*(Franch. et. Sav.)Ching
金星蕨	*P. glanduligera*(Kze.)Ching
针毛蕨属	*Macrothelypteris* (H. Ito)Ching
稀毛针毛蕨	*M. oligophlebia*(Bak.)Ching. var. *elegans*(Koidz.)
普通针毛蕨	*M. toressiane*(Gaud.)Ching
卵果蕨属	*Phegopteris* Fee
延羽卵果蕨	*P. decursive_ pinnata* Fee
卵果蕨	*P. polypodioides* Fee
紫柄蕨属	*Pseudophegopteris* Ching
紫柄蕨	*P. pyrrhorachis*(Kze.)Ching
光叶紫柄蕨	*P. pyrrhorachis* var. *glabrata* (Clarke) Ching
假毛蕨属	*Pseudocyclosorus* Ching
普通假毛蕨	*P. subochod*(Ching.)Ching

毛蕨属　*Cyclosorus* Link
渐尖毛蕨　*C. acuminatus*(Houtt.) Nakai
新月蕨属　*Pronephrium* Fee
披针新月蕨　*P. penangianum*(Hook.) Holttum
肿足蕨属　*Hypodematium* Kunze
肿足蕨　*H. crenatum*(Forsk.) Kuhn
光轴肿足蕨　*H. eriocarpum*(Wall.) Ching

17　铁角蕨科　Aspleniaceae

过山蕨属　*Camptosorus* Rupr.
过山蕨(马蹬草)　*C. sibiricus* Rupr.
铁角蕨属　*Asplenium* L.
长叶铁角蕨　*A. prolongatum* Hook.
三翅铁角蕨　*A. tripteropus* Nakai
铁角蕨　*A. trichomanes* L.
虎尾铁角蕨　*A. incisum* Thunb.
北京铁角蕨　*A. pekinense* Hance
华中铁角蕨　*A. sarelii* Hook.

18　球子蕨科　Onocleaceae

荚果蕨属　*Matteuccia* Tadaro
东方荚果蕨　*Matteuccia orientalis*(Hook.) Trev.
荚果蕨　*M. orientalis*(Hook.) Trev.

19　岩蕨科　Woodsiaceae

岩蕨属　*Woodsia* R. Br.
耳羽岩蕨　*W. Polystichoides* Eaton
膀胱岩蕨　*W. Manchuriensis* Hook

20　乌毛蕨科　Blechaceae

狗脊蕨属　*Woodwardia* Sm.
狗脊蕨　*W. japonica*(L. f.) Sm.
单芽狗脊蕨　*W. unigemmata*(Makino) Nakai

21　鳞毛蕨科　Dryopteridaceae

耳蕨属　*Polystichum* Roth.
芽孢耳蕨　*Polystichum. stenophyllum* Christ
三叉耳蕨　*P. tripteron*(Kze.) Presl
对马耳蕨　*P. tsus_simense*(Hook) J. Sm.
黑鳞耳蕨　*P. makinoi* Tagawa
鞭叶耳蕨　*P. craspedosorum*(Maxim.) Diels
新裂耳蕨　*P. neolobatum* Nakai
贯众属　*Cyrtomium* Presl
贯众　*C. fortunei* J. Sm.
阔叶贯众　*C. yamamotoi* Tagawa
粗齿贯众　*C. yamamotoi* var. *intermebium*(Diels) Ching et Shing
多羽贯众　*C. fortunei f. polyterum*(Diels) Ching
鳞毛蕨属　*Dryopteris* Adans
暗鳞鳞毛蕨　*D. atrata*(Wall.) Ching
半岛鳞毛蕨　*D. peninsulae* Kitagawa
阔鳞鳞毛蕨　*D. championii*(Benth.) C. Chr. ex Ching
假变异鳞毛蕨　*D. immixta* Ching
稀羽鳞毛蕨　*D. bissetiana*(Don) O. Ktze
两色鳞毛蕨　*D. bissetiana*(Baker) C. Chr.
远轴鳞毛蕨　*D. dickensii*(Franch. Et Sow)
黑色鳞毛蕨　*D. fuscipes* C. Chr.
浅裂鳞毛蕨　*D. Sublaeta* Ching. et Hsu
中华鳞毛蕨　*D. chinensis*(Bak.) Koidz
粗茎鳞毛蕨　*D. crasserhizoma* Nakai
复叶耳蕨属　*Arachniodes* Bl.
长尾复叶耳蕨　*Arachniodes simplicior*(Makino) Ohwi
中华复叶耳蕨　*A. chinensis*(Rosenst.) Ching
刺头复叶耳蕨　*A. exilis*(Hance) Ching

22　水龙骨科　Polypodiaceae

骨牌蕨属　*Lepidogrammitis* Ching
抱石莲　*L. drymoglossoides*(Baker) Ching
瓦韦属　*Lepisorus* Ching
二色瓦韦　*Lepisorus bicolor*(Takeda) Ching
大瓦韦　*L. macrosphaerus* Ching
瓦韦　*L. Thunb. ergianus*(Kaulf.) Ching
鳞瓦韦　*L. oligolepidus* Ching
盾蕨属　*Neolepisorus* Ching
盾蕨　*N. ovatus*(Bed.) Ching
伏石蕨属　*Lemmaphyllum* Presl
伏石蕨　*L. microphyllum* Presl
星蕨属　*Microsorium* Link
江南星蕨　*M. fortrnei*(Moore) J. Sm.
假茀蕨属　*Phymatopsis* J. Sm.
金鸡脚蕨　*P. hastata*(Thunb.) Ching
单叶金鸡脚蕨　*P. hastata*(Thunb.) Ching f. *simplex* (Christ) Ching

石韦属　*Pyrrosia* Mirel
石韦　*P. lingua*(Thunb.)Farwell
庐山石韦　*P. sheareri*(Baker)Ching
有柄石韦　*P. petiolosa*(Christ)Ching
北京石韦　*P. davidii*(Bak.)Ching
水龙骨属　*Polypodiodes* L.
水龙骨　*P. nipponica*(Mett.)Ching
中华水龙骨　*P. chinensis*(Christ)S. G. Lu
石蕨属　*Saxiglossum* Ching
石蕨　*S. angustissimum*(Gies.)Ching

23　剑蕨科　Loxogrammaceae

剑蕨属　*Loxogramme* Presl
匙叶剑蕨　*L. grammitoides*(Baker)C. Chr.
柳叶剑蕨　*L. salicifolia*(Makino)Makino

24　苹科　Marsileaceae

苹属　*Marsilea* L.
苹　*M. quadrifolia* L.

25　槐叶苹科　Salviniaceae

槐叶苹属　*Salvinia natans* Adens
槐叶苹　*Salvinia natans*(L.)ALL.

26　满江红科　Azollaceae

满江红属　*Azolla* Lam.
满江红　*Azolla imbricata*(Roxb.)Nakai
多果满江红　*A. imbricata* var. *prolixfera* Y. X. Lin

裸子植物门　Gymnospermae

27　银杏科　Ginkgoaceae

银杏属　*Ginkgo* L.
银杏　*G. biloba* L.

28　松科　Pinaceae

松属　*Pinus* L.
华山松　*Pinus armandi* Franch.
马尾松　*P. massoniana* Lamb.
油松　*P. tabulaeformis* Carr.
黄山松　*P. taiwanensis* Hatata

29　杉科　Taxodiaceae

柳杉属　*Cryptomeria* D. Don
柳杉　*C. fortunei Hooibrenk* ex Otto Dietr.
杉木属　*Cunninghamia* R. Br.
杉木　*C. lanceolata*(Lamb.)Hook.
灰叶杉木　*C. lanceolata*(Lamb.)Hook. cv. “Glauca”
水杉属　*Metasequoia* Miki
水杉　*M. glyptostroboides* Hu et Ching

30　柏科　Cupressaceae

侧柏属　*Platycladus* Spach
侧柏　*P. orientalis*(L.)Franco
圆柏属　*Sabina* Mill.
圆柏　*S. chinensis*(L.)Ant.

31　三尖杉科　Cephalotaxaceae

粗榧属　*Cephalotaxus Sieb* et Zucc
三尖杉　*C. fortunei* Hook. f.
粗榧　*C. sinensis*(Rehd. et Wils.)Li

32　红豆杉科　Taxaceae

红豆杉属　*Taxus* L.
红豆杉　*T. chinensis*(Pilgr)Rehd.
南方红豆杉　*T. chinensis* var. *wairei*(Lemee et Levl.) Cheng et L. K. Fu

被子植物门　Angiospermae
双子叶植物纲　Dicotyledoneae
离瓣花亚纲　Archichlamydeae

33　三白草科　Saururaceae

三白草属　*Saururus* L.
三白草　*Saururus chinensis*(Lour.)Baill
蕺菜属　*Houttuynia* Thunb.
蕺菜(鱼腥草)　*H. cordata* Thunb.

34　金粟兰科　Chrcidiphyllaceae

金粟兰属　*Chloranthus* Swartz
宽叶金粟兰　*C. henryi* Hemsl.

银线草　*C. japonicus* Sieb.
多穗金粟兰　*C. multistachys* Pei
及己　*C. serratus*(Thunb.) Roem. et Schult

35　杨柳科　Salicaceae

杨属　*Populus* L.
响叶杨　*P. adenopoda* Maxim.
山杨　*P. davidiana* Dode
小叶杨　*P. simonii* Carr.
钻天杨(笔杨)　*P. nigra* var. *italica*(Munchh.) Koahne
毛白杨　*P. tomentosa* Carr.
加杨　*P. Canadensis* Moehoh.
柳属　*Salix* L.
垂柳　*Salix babylonica* L.
黄花柳　*S. caprea* L.
川鄂柳　*S. fargesii* Burk.
筐柳　*S. cheilophila* Schneid
腺柳　*S. glandulosa* Seem.
河南柳　*S. honanensis Wang* et Yang
杞柳　*S. intergra* Thunb.
簸箕柳　*S. purpurea* var. stipularis Fr.
沟边柳　*S. rhoophila* Schneid.
紫枝柳　*S. heterochroma* Seem.
翻白柳　*S. hypoleuca* Seem.
旱柳　*S. matsudana* Koidz.
皂柳　*S. ichiana* Wall. Anderss.

36　胡桃科　Juglandaceae

胡桃属　*Juglans* L.
野胡桃　*Juglans cathayensis* Dode
胡桃　*J. regia* L.
化香树属　*Platycarya* Sieb. et Zucc.
化香树　*P. strobilacea* Sieb. et Zucc.
枫杨属　*Pterocarya* Kunth
湖北枫杨　*P. hupehensis* Skan
枫杨　*P. stenoptera* DC.
短翅枫杨　*P. stenoptera* DC. var. brevialata Pamb.
青钱柳属　*Cyclocarya*
青钱柳　*Cyclocarya* paliurus

37　桦木科　Betulaceae

赤杨属　*Alnus* L.
江南恺木　*A. cremastogyne* Burk.
赤杨　*A. japonica* Sieb. et Zucc.
鹅耳枥属　*Carpinus* L.
千金榆　*C. cordata* Bl.
千筋树　*C. fargesiana* H. Winkler
鹅耳枥　*C. turczaninowii* Hance
镰苞鹅耳枥　*C. falcatebracteata* Hu
川鄂鹅耳枥　*C. hupeana* var. *henyana*(H. Winkler) P. C. Li
多脉鹅耳枥　*C. polyneura* Franch.
榛属　*Corylus* L.
华榛　*Corylus chinensis* Franch.
榛　*C. heterophylla* Fisch. ex Bess
川榛　*C. heterophylla* var. *sutchuenensis* Franch

38　壳斗科　Fagaceae

栗属　*Castanea* Mill.
板栗　*C. mollissima* Bl.
茅栗　*C. seguinii* Dode
水青冈属　*Fagus* L.
米心水青冈　*F. engleriana* Seem.
栎属　*Quercus* L.
麻栎　*Q. acutissima* Carr.
槲栎　*Q. aliena* Bl.
锐齿槲栎　*Q. aliena* var. *acuteserrata* Maxim. ex Wenz.
小叶栎　*Q. chenii* Nakai
白栎　*Q. fabri* Hance
枹栎(青冈栎)　*Q. glandulifera* Bl.
短柄枹栎　*Q. glandulifera* var. *brevipetiolata* Nakai
青冈栎　*Q. glauca* Thunb.
小叶青冈栎　*Q. glauca* Thunb. f. *gracilis* Rehd. et Wils
栓皮栎　*Q. variabilis* Bl.
南方槲栎　*Q. Liounana* Cheng et. T. Hong
青栲　*Q. myrsinaefolia* Bl.
西南栎　*Q. yuii* Liou

39　榆科　Ulmaceae

朴属　*Celtis* L.
紫弹树　*C. biondii* Pamp.

小叶朴　*C. bungeana* Bl.
珊瑚朴　*C. julianae* Schneid.
大叶朴　*C. koraiensis* Nakai
朴树　*C. sinensis* Pers.
翼朴属　*Pteroceltis* Maxim
青檀　*P. tatarinowii* Maxim
榆属　*Ulmus* L.
兴山榆　*U. bergmanniana* Schneid.
春榆　*U. japonica* Sarg.
榔榆　*U. parvifolia* Jacq.
榆树　*U. pumila* L.
榉属　*Zelkova* Spach.
榉树　*Z. schneideriana* Hand. _Mazz.
刺榆属　*Hemiptetea* Planch.
刺榆　*H. davidii*(Hance)Planch.

40　桑科　Moraceae

构属　*Broussonetia* L Herit. ex Vant
藤构　*B. kaempferi* var. *australis* Suzuki
小构树　*B. kazinoki* Sieb. et Zucc.
构树　*B. papyrifera*(L.)Vent.
大麻属　*Cannabis* L.
大麻(火麻仁)　*C. sativa* L.
柘树属　*Cudrania* Trec.
柘树(刺桑)　*C. tricuspidata*(Carr.)Bur. ex Lavall.
无花果属　*Ficus* L.
无花果　*F. carica* L.
异叶榕　*F. heteromorpha* Hemsl.
薜荔(冰粉果)　*F. pumila* L.
珍珠莲(冰粉树)　*F. sarmentosa* var. *henryi*(King)Corner
纽榕　*F. sarmentosa* var. *impresssa* (Champ. ex Benth)Corn.
爬藤榕　*F. martini* var. levl. et Vant.
律草属　*Humulus* L.
葎草　*H. scandens*(Lour.)Merr.
桑属　*Morus* L.
桑　*M. alba* L.
鸡桑　*M. australi* Poir.
裂叶鸡桑　*M. australis* var. *trilobata* S. S. Chang
华桑　*M. cathayana* Hemsl.
蒙桑　*M. mongolica* Schneid.

41　荨麻科　Urticaceae

苎麻属　*Boehmeria* Jacq.
细野麻　*B. gracilis* C. H. Wright
大叶苎麻(野苎麻)　*B. grandifolia* Wedd.
日本苎麻　*B. japonica* Miq.
苎麻　*B. nivea*(L.)Gaud.
悬铃木叶苎麻　*B. platanifolia* Franch. et Sav.
赤麻　*B. tricuspis*(Hance)Makino
花点草属　*Nanocnide* Bl.
花点草　*N. japonica* Bl.
毛花点草　*N. pilosa* Migo
蝎子草属　*Girardinia* Gaud.
蝎子草　*G. cuspidatea* Wedd.
冷水花属　*Pilea* Lindl.
日本冷水花　*P. japonica*(Maxim.)Hand. _Mazz.
三角叶冷水花　*P. swinglei* Merr.
冷水花　*P. notata* C. H. Wright
透茎冷水花　*P. pumila*(L.)Gray.
波缘冷水花　*P. cavaleriei* Levl.
粗齿冷水花　*P. sinofasciata* C. J. Chen
艾麻属　*Laportea* Gaud.
中华艾麻　*Laportea bulbifera*(Sieb. et Zucc.) Wedd. var. *sinensis* Chien
墙草属　*Parietaria* L.
墙草　*Parietaria micrantha* Ledeb.
荨麻属　*Urtica* L.
狭叶荨麻　*Urtica angustifolia* Fisch. ex Hornen.
宽叶荨麻　*U. laetevirens* Maxim.
糯米团属　*Memorialis* Buch. _Ham
糯米团　*M. hirta*(Bl.)Wedd.
楼梯草属　*Elatostema* Forst.
大楼梯草　*E. lineolatum* Wight var. *major* Thwr

42　铁青树科　Olacaceae

青皮木属　*Schoepfia* Schteb.
青皮木　*S. jasminodora* Sieb. et Zucc.

43　檀香科　Santalaceae

米面翁属　*Buckleya* Torr.
米面翁　*B. lanceolata*(Sieb. et Zucc.)Miq.

百蕊草属 *Thesium* L.
百蕊草 *Thesium chinense* Turcz.

44 桑寄生科 Loranthaceae

粟寄生属 *Korthalsella* Van Tiegh.
粟寄生 *Korthalsella japonica*(Thunb.)Engl.
桑寄生属 *Loranthus* Van Tiegh.
北桑寄生 *L. europaeus* Jacq.
毛桑寄生 *L. yadoriki*(Sieb. ex Maxim.)Dans.
槲寄生属 *Viscum* L.
槲寄生 *V. coloratum*(Kom.)Nakai

45 马兜铃科 Aristolochiaceae

马兜铃属 *Aristolochia* L.
马兜铃 *A. debilis* Sieb. et Zucc.
绵毛马兜铃 *A. mollissima* Hance
北马兜铃 *A. contorta* Bunge
木通马兜铃 *A. manshuriensis* Kom.
细辛属 *Asarum* L.
细辛 *A. sieboldii* Miq.
杜衡 *A. forbesii* Maxim.
马蹄香属 *Saruma* Oliv.
马蹄香 *S. henryi* Oliv.

46 蛇菰科 Balanophoraceae

蛇菰属 *Balanophora* Forst.
宜吕蛇菰 *B. henryi* Hemsl.
筒鞘蛇菰 *B. involucrata* Hook. f.
蛇菰 *B. japonica* Makino

47 蓼科 Polygonaceae

金线草属 *Antenoron* Rafin.
金线草 *Antenoron filiforme*(Thunb.)Rorberty et Vautier
短毛金线草 *A. neofiliforme*(Nakai)Hara
蓼属 *Polygonum* L.
头状蓼 *P. altatum* Buch. _Ham.
两栖蓼 *P. amphibium* L.
萹蓄 *P. aviculare* L.
多茎萹蓄 *P. aviculare* L. var. *vegetum* Ledeb.
拳参(活血连) *P. bistorta* L.
丛枝蓼 *P. caespitosum* Bl.
长鬃蓼 *P. longisetum* De Bruyn
虎杖 *P. cuspidatum* Sieb. et Zucc.
稀花蓼 *P. dissitiflorum* Hemsl.
水蓼 *P. hydropiper* L.
狭叶水蓼 *P. hydropiper* L. var. *angustifolium* A. Braun
蚕茧廖 *P. japonicum* Meisn.
愉悦蓼 *P. jucundum* Meisn.
酸模叶蓼 *P. lapathifolium* L.
长戟叶蓼 *P. maackianum* Regel
长花蓼 *P. macranthum* Meisn.
何首乌 *P. multiflorum* Thunb.
荭草 *P. orientale* L.
扛板归 *P. perfoliatum* L.
桃叶蓼 *P. persicaria* L.
习见蓼 *P. plebeium* R. Br.
雀翅 *P. sieboldii* Meisn.
支柱蓼 *P. suffultum* Maxim.
戟叶蓼 *P. ergii* Thunb. Sieb. er Zucc.
赤胫散 *P. runcinatum* Buch. – Ham.
箭叶蓼 *P. sagittifolium* Levl. et Vant.
刺廖 *P. senticosum*(Meisn.)Franch. et Sav.
细穗支柱蓼 *P. suffultum* var. *pergracile*(Hemsl.)Sam.
珠芽蓼 *P. viviparumk* L.
齿翅蓼 *P. dentato_alatum* F. Schm. ex Maxim
大黄属 *Rheum* L.
大黄 *R. officinale* Baill.
酸模属 *Rumex*
酸模 *R. acetosa* L.
皱叶酸模 *R. crispus* L.
羊蹄 *R. japonicus* Houtt.
尼泊尔酸模 *R. nepalensis* Spreng
齿果酸模 *R. dentates* L.
长刺酸模 *R. maritimeus* L.

48 藜科 Chenopodiaceae

千针苋属 *Acroglochin* Schrad.
千针苋 *A. persicarioides*(Poir.)Moq. DC.
甜菜属 *Beta* L.
甜菜 *B. vulgaris* L.

莙荙菜　*B. vulgaris* var. *cicla* L.
藜属　*Chenopodium* L.
藜　*C. album* L.
土荆芥　*C. ambrosioides* L.
灰绿藜　*C. glaucum* L.
细穗藜　*C. gracilispicum* Kung
小藜　*C. serotinum* L.
地肤属　*Kochia* Roth.
地肤　*K. scoparia*(L.)Schrad.
猪毛菜属　*Salsola* L.
猪毛菜　*S. collina* Pall.
菠菜属　*Spinacla* L.
菠菜　*S. oleracea* L.

49　苋科　Amaranthaceae

牛膝属　*Achyranthes* L.
牛膝　*A. bidentata* Bl.
柳叶牛膝　*A. longifolia*(Makino)Makino
莲子草属　*Alternanthera* Forsk.
空心莲子草　*A. philoxeroides*(Mart.)Griseb
莲子草　*A. sessilis*(L.)DC.
苋属　*Amaranthus* L.
凹头苋　*A. lividus* L.
反枝苋　*A. retroflexus* L.
刺苋　*A. spinosus* L.
苋　*A. tricolor* L.
皱果苋　*A. viridis* L.
青葙属　*Celosia* L.
青葙　*Celosia argentea* L.

50　紫茉莉科　Nyctaginaceae

紫茉莉属　*Mirabilis* L.
紫茉莉　*M. jalapa* L.

51　商陆科　Phytoacaceae

商陆属　*Phytolacca* L.
商陆　*P. acinosa* Roxb.
垂序商陆　*P. americana* L.

52　粟米草科　Molluginaceae（番杏科 Aizoaceae）

粟米草属　*Mollugo* L.
粟米草　*M. pentaphylla* L.

53　马齿苋科　Portulacaceae

马齿苋属　*Portulaca* L.
马齿苋　*P. oleracea* L.
土人参属　*Talinum* Adans
土人参　*T. paniculatum*(Jacq.)Gaertn.

54　落葵科　Basellaceae

落葵属　*Basella* L.
落葵　*Basella rubra* L.

55　石竹科　Caryophyllaceae

蚤缀属　*Arenaria* L.
蚤缀　*A. serpyllifolia* L.
灯心草蚤缀　*A. juncea* Bieb.
卷耳属　*Cerastium* L.
簇生卷耳　*C. caespitosum* Gilib.
婆婆指甲草　*C. viscosum* L.
狗筋蔓属　*Cucubalus* L.
狗筋蔓　*C. baccifer* L.
石竹属　*Dianthus* L.
石竹　*D. chinensis* L.
瞿麦　*D. superbus* L.
霞草属　*Gypsophila* L.
霞草(银柴胡)　*G. oldhamiana* Miq.
剪秋萝属　*Lychnis* L.
剪秋萝　*L. senno* Sieb. et Zucc.
牛繁缕属　*Malachium* Fries
牛繁缕　*Malachium aquaticum*(L.)Fries
女娄菜属　*Melandrium* Roehl.
女娄菜　*M. apirioum*(Turoz.)Rohrb.
无毛女娄菜　*M. firmum*(Sieb. et Zucc.)Rohrb.
假繁缕属　*Pseudostellaria* Pax
孩儿参　*P. heterophylla*(Miq.)Pax ex Pax et Hoffm.
拟漆姑草属　*S. Salina* J. et Presl
拟漆姑草　*S. Salina* J. et Presl
漆姑草属　*Sagina* L.
漆姑草　*S. japonica*(Sw.)Ohwi

蝇子草属　*Silene* L.
麦瓶草(香炉草)　*S. conoidea* L.
蝇子草　*S. fortunei* Vis.
繁缕属　*Stellaris* L.
中国繁缕　*S. chinensis* Regel
繁缕　*S. media*(L.)cyr.
石生繁缕　*S. saxatilis* Buch. _Ham.
雀石草　*S. alsine* Grimm
王不留行属　*Vaccaria* Medic
王不留行　*V. segetalis*(Neck.)Garcke

56　睡莲科　Nymphaceae

芡属　*Euryale* Salish
芡(芡实)　*E. forox* Salisb
莲属　*Nelumbo* Adens.
莲　*N. nucifera* Gaertn.
睡莲属　*Nymphaea* L.
睡莲　*N. tetragona* Georgi
萍蓬草属　*Nuphar* Smith
萍蓬草　*N. pumilum* Smith

57　金鱼藻科　Ceratophyllaceae

金鱼藻属　*Ceratophyllum* L.
金鱼藻　*Ceratophyllum demirsum* L.

58　领春木科　Eupteleaceae

领春木属　*Euptelea* sieb et Zucc.
领春木(云叶树)*Euptele pleiospermum* Hook. f. et Thoms.

59　连香树科　Cercidiphyllaceae

连香树属　*Cercidiphyllum* sieb et Zucc.
连香树　*Cercidiphyllum japonicum* Sieb. et Zucc.

60　毛茛科　Ranunculaceae

乌头属　*Aconitum* L.
乌头　*A. carmichaeli* Debx.
爪叶乌头　*A. hemsleyanum* Pritz.
草乌　*A. Chinese Paxt.* var. *angustius* W. T. Wang et Hsiao
毛果吉林乌头　*A. kirinense var. australs* W. T. Wang
花葶乌头　*A. scaposum* Franch.
类叶升麻属　*Actaea* L.
类叶升麻　*Actaea asiatica* Hara
银莲花属　*Anemone* L.
打破碗碗花　*A. hupehensis* Lem.
林荫银莲花　*A. flaccida* Fr. Schmidt.
阿尔泰银莲花　*A. Altaica Fisch.* ex C. A. Mey.
野棉花　*A. tomentosa*(Maxim.)Pei
水毛茛属　*Batrachium* T. F. Gray
毛柄水毛茛　*B. trichophyllum*(Chaix)F. Schultz.
单叶升麻属　*Beesia* Balf. Fet W. W. Sm
单叶升麻　*B. calthifolia*(Maxim.)Ulbr.
驴蹄草属　*Caltha* L.
驴蹄草　*Caltha palustris* L.
升麻属　*Cimicifuga* L.
金龟草　*C. acerina*(Sieb. et Zucc.)Tanaka
升麻　*C. foetida* L.
铁线莲属　*Clematis* L.
粗齿铁线莲　*C. argentilucida*(Levl. et Vant.)W. T. Wang
川木通　*C. armandii* Franch.
威灵仙　*C. chinensis* Osbeck
短尾铁线莲　*C. brevicaudata* DC.
山木通　*C. finetiana* Levl. et Vant.
铁线莲　*C. florida* Thunb
大叶铁线莲　*C. heracleifolia* DC.
吉氏铁线莲　*C. kirilowii* Maxim.
丝瓜花　*C. lasiandra* Maxim.
大花铁线莲　*C. montana* Buch. – Ham. ex DC.
山铁线莲　*C. montana* Buch. – Ham
钝萼铁线莲　*C. peterae* Hand. – Mazz.
钝齿铁线莲　*C. obtusedentata*(Rehd. et ils.)H. Echler
柱果铁线莲　*C. uncinata* Champ.
黄药子　*C. terniflora* DC.
翠雀属　*Delphinium* L.
还亮草　*D. anthriscifolium Hance*
全裂翠雀　*D. trisectum* W. T. Wang
芍药属　*Paeonia* L.
芍药　*P. lactiflora* Pall.

草芍药　*P. obovata* Maxim.
毛叶草芍药　*P. obovata* var. *willmottiae*(Stapf) Stern.
牡丹　*P. suffruticosa* Andr.
白头翁属　*Pulsatilla* L.
白头翁　*P. chinensis*(Bunge)Regel
毛茛属　*Ranunculus* L.
禺毛茛　*R. cantoniensis* DC.
茴茴蒜　*R. chinensis* Bunge
小毛茛　*R. exterris* Hance
毛茛　*R. japonicus* Thunb.
内根毛茛　*R. polii* Franch.
石龙芮　*R. sceleratus* L.
扬子毛茛　*R. sieboldii* Miq.
天葵属　*Semiaquilegia* Makino
天葵　*S. adoxoides*(DC.)Makino
唐松草属　*Thalictrum* L.
河南唐松草　*T. honanense* W. T. Wang et S. H. Wang
贝加尔唐松草　*T. baicalense* Turcz.
大叶唐松草　*T. faberi* Ulbr.
西南唐松草　*T. fargesii Franch.* ex Finet et Gagnep.
盾叶唐松草　*T. ichangense* Lecoy. et Oliv.
华东唐松草　*T. fortunei* S. Moore
长喙唐松草　*T. macrorhynchum* Franch.

61　木通科　Sargentodoxaceae

木通属　*Akebia* Decne.
木通　*A. quinata*(Thunb.)Decne.
多叶木通　*A. quinata*(Thunb.)Decne. Var. poly
三叶木通　*A. trifoliata*(Thunb.)Koidz.
白木通　*A. trifoliata* var. *australis*(Diels)Rehd.
鹰爪枫属　*Holboellia* Wall.
鹰爪枫　*H. coriacea* Diels.
大血藤属　*Sargentodoxa* Rehd. et Wils.
大血藤　*S. cuneata*(Oliv.)Rehd. et Wils.
串果藤属　*Sinofranchetia* Hemsl.
串果藤　*S. chinensis*(Franch.)Hemsl.

62　小檗科　Berberidaceae

山荷叶属　*Diphylleia* Michx.
山荷叶　*D. sinensis* H. L. Li
八角莲属　*Dysosma* Woodsn
八角莲　*D. verspellis*(Hance)M. Cheng ex Ying
六角莲　*D. pleiantha*(Hance)Woodsn.
淫羊藿属　*Epimedium* L.
柔毛淫羊藿　*E. pubescens* Maxim.
淫羊藿　*E. sagittatum*(Sieb. et Zucc.)Maxim.
牡丹草属　*Leontice* L.
类似牡丹　*L. robustum*(Maxim.)Diels
十大功劳属　*Mahonia* Nutt.
十大功劳　*M. fortunei*(Lindl.)Fedde.
南天竹属　*Nandina* Thunb.
南天竹　*Nandian domestica* Thunb.

63　防己科　Menispermaceae

木防己属　*Cocculus* DC.
木防己　*Cocculus orbiculatus*(L.)DC.
蝙蝠葛属　*Menispermum* L.
蝙蝠葛　*M. dauricum* DC.
防己属　*Sinomenium* Diels.
防己　*S. acutum*(Thunb.)Rehd. et Wils.
毛防己　*S. acutum*(Thunb.)Rehd. et Wils. rar. *Cinereum*(Diels). et. wils
千金藤属　*Stephania* Lour.
白药子　*S. cepharantha* Hayata
千金藤　*S. japonica*(Thunb.)Miers
华千金藤　*S. sinica* Diels.

64　木兰科　Magnoliaceae

八角属　*Illicium* L.
野八角　*I. lanceolatum* A. D. Smith
红茴香　*I. henryi* Diels.
南五味子属　*Kadsura Kaempf.* ex Juss
南五味子　*K. longepeduoculata* Finet et Gagnep.
木兰属　*Magnolia* L.
望春玉兰　*M. biondii* Pamp.

厚朴 *M. officinalis* Rehd. et Wils.
北五味子属 *Schisandra* Michx.
五味子 *S. chinensis*(Trucz.)Baill.
华中五味子 *S. sphenanthera* Rehd. et Wils.
水青树属 *Tetracentron* Oliv.
水青树 *T. sinense* Oliv.

65 腊梅科 Calycanthaceae

腊梅属 *Chimonanthus* Lindl.
腊梅 *C. praecox*(L.)Link.

66 樟科 Lauraceae

黄肉楠属 *Actinodaphne* Nees
红果黄肉楠 *A. cupularis*(Hemsl.)Gamble
樟属 *Cinnamomum*
樟树 *C. camphora*(L.)Presl
山胡椒属 *Lindera* Thunb.
狭叶山胡椒 *L. angustifolia* Cheng
香叶树 *L. communis* Hemsl.
红果钓樟 *L. erythrocarpa* Makino
江浙钓樟 *L. chienii* Cheng
绿叶甘橿 *L. fruticosa* Hemsl.
牛筋条 *L. glauca*(Sieb. et Zucc.)Bl.
黑壳楠 *L. megaphylla* Hemsl.
长叶乌药 *L. hemsleyana*(Diels)Allen
三桠乌药 *L. obtusiloba* Bl.
山橿 *L. reflexz* Hemsl.
红脉钓樟 *L. rubronervia* Gamble
乌药 *L. strychnifolia*(Sieb. et Zucc.)Villar
木姜子属 *Litsea* Lam
豹皮樟 *L. coreana* var. *lanuginosa*(Miq.) Yang et P. H. Huang
木姜子 *L. pungens* Hemsl.
绢毛木姜子 *L. sericea* Hook. f.
桢楠属 *Machilus* Nees
大叶楠 *M. ichangensis* Rehd. et Wils.
润楠 *M. microcarpa* Hemsl.
新木姜子 *Neolitsea* Merr.
簇叶新木姜子 *N. confertfolia*(Hemsl.)Merr.
楠木属 *Phoebe* Nees
山楠 *Phoebe chinensis* Chun
竹叶楠 *P. faberi*(Hemsl.)Chun
白楠 *P. neurantha*(Hemsl.)Gamble

67 罂粟科 Papaveraceae

白屈菜属 *Chelidonium* L.
白屈菜 *Chelidonium majus* L.
紫堇属 *Corydalis* Vent.
土元胡 *C. humosa* Migo
紫堇 *C. edulis* Maxim.
地丁草 *C. bungeana* Turcz.
刻叶紫堇 *C. incisa*(Thunb.)Pers.
蛇果紫堇 *C. ophiocarpa* Hook. f. et Thoms.
黄堇 *C. Pallida*(Thunb.)Pers.
小花果堇（断肠草） *C. racemosa*(Thunb.)Pers.
博落回属 *Macleaya* R. Br.
博落回 *Macleaya cordeta*(Willd.)R. Br.
小果博落回 *M. microcarpa*(Maxim.)Fedde.
秃苍花属 *Dicranostigma* Hook. f. et Fede.
秃苍花 *D. leptodum*(Maxim.)Fedde

68 白菜花科 Capparidaceae

白菜花属 *Cleome* L.
白菜花 *C. gynandra* L.
醉蝶花 *C. spinosa* L.

69 十字花科 Cruciferae

拟南芥属 *Arabidopsis* Haynh.
拟南芥 *A. thaliana*(L.)Haynh.
南芥属 *Arabis* L.
硬毛南芥 *A. hirsuta*(L.)Scop.
垂果南芥 *A. pendula* L.
星毛芥属 *Berteroelle* O. E. Schulz.
星毛芥 *B. Maximowiczii*(palib.)O. E. Schulb.
芥菜属 *Brassica* L.
芥菜 *B. juncea*(L.)Czern. et Coss.
油菜 *B. campestris* L. var. *oleifera* DC.
荠属 *Capsella* Medic.
荠菜 *C. bursa_pastoris*(L.)Medic.
碎米荠属 *Cardamine* L.
光头碎米荠 *C. engleriana* O. E. Schulz.

弯曲紫堇　*C. flexudosa* With.
水田碎米荠　*C. lyrata* Bunge
弹裂碎米荠　*C. impatiens* L.
白花碎米荠　*C. leucantha*(Tausch)O. E. Schulz
紫花碎米荠　*C. tangutorum* O. F. Schulz
碎米荠　*C. hirsuta* L.
臭荠属　*Coronopus* Gaerth.
臭荠　*Coronopus didymus*(L.)J. E. Smith
播娘蒿属　*Descurainia* (L.) Webb. et Berth.
播娘蒿　*D. sophia*(L.)Schur
花旗杆属　*Dontostemon* Andrz.
花旗杆　*D. dentates*(Bge.)Ledeb
糖芥属　*Erysimum* L.
糖芥　*E. aurantiacum*(Bge.)Maxim.
小花糖芥　*E. cheiranthoides* L.
山嵛菜属　*Eutrema* R. Br.
云南山嵛菜　*E. yunanense* Franch.
独行菜属　*Lepidium* L.
独行菜　*L. apetalum* Willd
北美独行菜　*L. virginicum* C. Y. Wu
诸葛菜属　*Orychophragmus* Bunge
诸葛菜　*O. violaceus*(L.)O. E. Schulz
湖北诸葛菜　*O. violaceus* var. *hupehensis*(Pamp.) O. E. Schulz
蔊菜属　*Rorippa* Scop.
短柄风花菜　*R. cantoniensis*(Lour.)Ohwi
印度蔊菜　*R. indica*(L.)Hiern
蔊菜　*R. Montana*(Wall.)Small.
风花菜　*R. palustris*(Leyss.)Bess
遏兰菜属　*Thlaspi* L.
遏兰菜　*T. arvense* L.
豆瓣菜属　*Nosturtium* R. Br.
豆瓣菜　*N. officeinale* R. Br.
球果芥属　*Neslia* Desv.
球果芥　*N. paniculata*(L.)Desv.
离蕊芥属　*Malcolmia* R. Br.
离蕊芥　*M. Africana*(L.)R. Br.
萝卜属　*Raphanus* L.
萝卜　*R. sativa* L.
离子草属　*Chorispora* DC.
离子草　*C. tenella* DC.

70　景天科　Crassulaceae

瓦松属　*Orostachya* Fisch.
瓦松　*O. fimbriatus*(Turcz.)Berger
日本瓦松　*O. malachophyllum* var. *japonicum* (Maxim.)Ford.
红景天属　*Rhodiola* L.
小丛红景天　*R. dumulosa*(Frandh.)Fu
豌豆七　*R. henryi*(Diels)S. H. Fu
景天属　*Sedum* L.
费菜(景天三七)*S. aizoon* L.
凹叶景天　*S. emarginatum* Migo
小山飘风　*S. filipes* Hemsl.
垂盆草　*S. sarmentosum* Bunge
繁缕叶景天(火焰草)　*S. stellariifolium* Franch
轮叶景天　*S. verticillatum* L.
大苞景天　*S. amplibracteatum* K. T. Fu
细叶景天　*S. eloctinoides* Franch.
佛甲菜　*S. lineare* Thunb.
石莲属　*Sinocrassula* Berger
石莲花　*S. indica*(Decne.)Berger

71　虎耳草科　Saxifragaceae

落新妇属　*Astibe* Bunch. - Ham.
落新妇(红升麻)*A. chinensis*(Maxim.)Franch. et. Sav.
多花落新妇　*A. myriantha* Diels
金腰属　*Chrysosplenium* L.
锈毛金腰　*C. davidianum* Decne. ex Maxim.
绵毛金腰　*C. lanuginosum* Hook. f.
大叶金腰　*C. macrophyllum* Oliv.
中华金腰　*C. sinicum* Maxim.
赤壁草属　*Decumaria* L.
赤壁草　*D. sinensis* Oliv.
溲疏属　*Deutzia* Thunb.
大花溲疏　*D. grandiflora* Bge.
小花溲疏　*D. parviflora* Bge.
异色溲疏　*D. discolor* Hemsl.
溲疏　*D. scabra* Thunb.
多花溲疏　*D. setchuenensis* var. *corymbiflora* (Lemoine ex Andre)Rehd.

绣球属　*Hyrangea* L.
藤绣球　*H. anomala* D. Don
中国绣球　*H. chinensis* Maxim.
长柄绣球　*H. longipes* Franch.
大枝绣球　*H. rosthornii* Diels
腊莲绣球　*H. strigosa* Rehd.
梅花草属　*Parnassia* L.
突隔梅花草　*P. delavayi* Franch.
细叉梅花草　*P. oreophila* Hance
鸡眼梅花草　*P. wightiana* Wall.
梅花草　*P. palustris* L.
山梅花属　*Philadelphus* L.
山梅花　*P. incanus* Koehne
太平花
(光萼山梅花)　*P. pekinensis* Rupr.
绢毛山梅花　*P. sercanthus* Koehne
毛柱山梅花　*P. subcanus* Koehne
茶藨子属　*Ribes* L.
糖茶藨　*R. emodens* Rehd.
蔓茶藨子　*R. fasciculatum* Sieb. et Zucc.
冰川茶藨子　*R. glaciale* Wall.
宝兴茶藨子　*R. moupinense* Franch.
鬼灯擎属　*Rodgersia* A. gray.
鬼灯擎
(慕荷叶)　*Rodgersia aesculifolia* Batal.
虎耳草属　*Saxifraga* L.
华中虎耳草　*S. fortunei* Hook. f.
虎耳草　*S. stolonifera* Meerb.
钻地风属　*Schizophragma* Sieb. et Zucc.
粉丝钻地风　*S. glaucescens*(Rehd.)Chun
黄水枝属　*Tiarella* L.
黄水枝　*Tiarella polyphylla* D. Don

72　海桐花科　Pittosporaceae

海桐花属　*Pittosporum* Banks ex Sloand
狭叶海桐　*P. glabratum* var. *neriifolium* Rehd. et Wils.
崖花海桐　*P. illicioides* Makino
海桐　*P. tobira*(Thunb.)Ait.
崖花子　*P. truncatum* Pritz

73　金缕梅科　Hamamelidaceae

蜡瓣花属　*Corylopsis* Sieb. et Zucc.
蜡瓣花　*C. sinensis* Hemsl.
金缕梅属　*Hamamelis* L.
金缕梅　*H. mollis* Oliv.
牛鼻栓属　*Fortunearia* Rehd. et Wils.
牛鼻栓　*F.* sinensis Rehd. et Wils.
枫香属　*Liquidambar* L.
枫香　*L. formosana* Hance
檵木属　*Loropetalum* Br.
檵木　*L. chinense*(R. Br.)Oliv.
水丝梨属　*Sycopsis* Oliv.
水丝梨　*S. sinensis* Oliv.

74　杜仲科　Eucommiaceae

杜仲属　*Eucommia* Oliv.
杜仲　*E. ulmoides* Oliv.

75　悬铃木科　Platanaceae

悬铃木属　*Platanus* L.
英国梧桐　*P. acerifolia*(Ait.)Willd.

76　蔷薇科　Rosaceae

龙牙草属　*Agrimonia* L.
托叶龙牙草　*A. coreana* Nakai
龙牙草　*A. pilosa* Ledeb.
绒毛龙牙草　*A. pilosa* var. *nepalensis* D. Don
唐棣属　*Amelanchier* Medic.
唐棣　*Amelanchier sinica*(Schneid.)Chun
假升麻属　*Aruncus* Adans.
假升麻　*Aruncus sylvester* Kostel.
栒子属　*Cotoneaster* B. Ehrhart
灰栒子　*C. acutifolius* Turcz.
毛灰栒子　*C. acutifolirs* var. *villosulus* Rehd. et Wils.
匍匐栒子　*C. adpressus* Bois.
散生栒子　*C. divaricatus* Rehd. et Wils
细枝栒子　*C. gracilis* Rehd. et Wils
平枝栒子　*C. horizontalis* DC.

宝兴栒子　*C. moupinensis* Franch.
湖北栒子　*C. hupehensis* Rehd. et Wils.
西北栒子　*C. salicifolius* var. *henryanus* (Schneid.) Yu
山楂属　*Crataegus* L.
野山楂　*C. cuneata* Sieb. et Zucc.
湖北山楂　*C. hupehensis* Sang.
华中山楂　*C. wilsonii* Sarg.
山楂　*C. pinnatifida* Bge.
山里红　*C. pinnatifida* Bge. var. *major* N. E. Br.
蛇莓属　*Duchesnea* Smith.
蛇莓　*D. indica*(Andr.)Focke
白鹃梅属　*Exochorda* Lindl.
红柄白鹃梅　*E. giraldii* Hesse
白鹃梅　*E. racemesa*(Lindl.)Rehd
草莓属　*Fragaria* L.
中华草莓　*F. chinensis* L.
棣棠花属　*Kerria* DC.
重瓣棣棠花　*K. japonica* var. *planiflora* Witt
假稠李属　*Maddenia* Hook. f. et Thoms
假稠李　*M. hypoleuca* Koehne
苹果属　*Malus* Mill.
山荆子　*M. baccata*(L.)Borkh.
湖北海棠　*M. hupehensis*(Pamp.)Rehd.
毛山荆子　*M. manshurica*(Maxim.)Kem.
苹果　*M. pumila* L.
绣线梅属　*Neillia* D. Don
毛叶中华绣线梅　*N. ribesioides* Rehd.
中华绣线梅　*N. sinensis* Oliv.
石楠属　*Photinia* Lindl.
中华石楠　*P. bearverdiana* Schneid.
小叶石楠　*P. parvifolia*(Pritz.)Schneid.
委陵菜属　*Potentilla* L.
蛇莓委陵菜　*P. centigrana* Maxim.
委陵菜　*P. chinensis* Ser.
翻白草　*P. discolor* Bunge
莓叶委陵菜　*P. fragarioides* L.
三叶委陵菜　*P. freyniana* Bornm.
钩叶委陵菜　*P. ancistrifolia* Bge.
蛇含　*P. kleiniana* Wight et Arn.
匐枝委陵菜　*P. flagellaris* Willd.
绢毛细蔓委陵菜　*P. reptans* var. *sericophylla* Franch.
朝天委陵菜　*P. supina* L.
李属　*Prunus* L.
山桃(毛桃)　*P. davidiana*(Carr.)Franch.
杏　*P. armeniaca* L.
山杏　*P. armeniaca* L. var. *ansu* Maxim.
麦李　*P. glandulosa* Thunb.
欧李　*P. humilis* Bge.
郁李　*P. japonica* Thunb.
乌梅(梅)　*P. mume* Sieb. et Zucc.
桃(白花桃)　*P. persica*(L.)Batsch
李　*P. salicina* Lindl.
樱桃　*P. pseudocerasus* Lindl.
毛樱桃　*P. tomentosa* Thunb.
火棘属　*Pyracantha* Roem.
火棘　*P. fortuneana*(Maxim.)Li
梨属　*Pyrus* L.
杜梨　*P. betulaefolia* Bunge
豆梨　*P. calleryana* Dence
毛豆梨　*P. calleryana* Dence var. *tomentella* Rhed.
鸡麻属　*Rhodotypos* Sieb. et Zucc.
鸡麻　*Rhodotypos scandens*(Thunb.)Mak.
蔷薇属　*Rosa* L.
木香花　*R. banksiae* f. *normalis* Reg.
小果蔷薇　*R. cymosa* Tratt.
红花蔷薇　*R. moyesii* Hemsl. et Wils.
茶子糜　*R. rubus* levl. et Vant.
钝叶蔷薇　*R. sertata* Rolfe
野蔷薇　*R. multiflora* var. *cathayensis* Rehd.
金樱子　*R. laevigata* Michx.
湖北蔷薇　*P. henryi* Bouleng
穆氏蔷薇　*P. moyesis* Hemsl. et Wils.
黄蔷薇　*R. xanthina* Lindl.
缫丝花　*R. roxburghii* Tratt.
悬钩子属　*Rubus* L.
山莓　*R. corchorifolius* L.
高丽悬钩子　*R. coreanus* Miq.
白花悬钩子　*R. hirsutus* Thunb.

白叶莓 *R. innominatus* S. Moore
高粱泡 *R. lambertianus* Ser.
喜阴悬钩子 *R. mesogaeus* Focke
茅莓 *R. parvifolius* L.
腺花茅莓 *R. parvifolius* L. var. *adenoch lamys* (Fooke) Migo
多腺悬钩子 *R. phoneicolasius* Maxim.
葵叶莓 *R. tephrodes* Hance
腺毛莓 *Rubus adenophorus* Rolfe
地榆属 *Sanguisorba* L.
地榆 *S. officinalis* L.
长叶地榆 *S. officinalis* var. *longifolia* (Bert.) Yu et C. L. Li.
珍珠梅属 *Sorbaria* A. Br.
珍珠梅 *S. arborea* Schneid.
光叶高丛珍珠梅 *S. arborea* var. *glabrata* Rehd.
花楸属 *Sorbus* L.
水榆花楸 *S. alnifolia* (Sieb. et Zucc.) K. Koch
美脉花楸 *S. caloneura* (Stapf) Rehd.
石灰花楸 *S. folgneri* (Schneid.) Rehd.
湖北花楸 *S. hupehensis* Schneid.
黄脉花楸 *S. xanthoneura* Rehd.
绣线菊属 *Spiraea* L.
绣球绣线菊 *S. blumei* G. Don
麻叶绣线菊 *S. cantoniensis* Lour.
中华绣线菊 *S. chinensis* Maxim.
翠蓝绣线菊 *S. henryi* Hemsl.
疏毛绣线菊 *S. hirsuta* (Hemsl.) Schneid.
日本绣线菊 *S. japonica* L. f.
渐尖绣线菊 *S. japonica* var. *acuminata* Franch.
光叶绣线菊 *S. japonica* var. *fortunei* (Planch.) Rehd.
长芽绣线菊 *S. longigemmis* Maxim.
菱叶绣线菊 *S. vanhouttei* (Briot.) Zabel.
三裂绣线菊 *S. trilobata* L.
华北绣线菊 *S. fritschiana* Schneid
毛华绣线菊 *S. daxyantha* Bge.
野珠兰属 *Stephanandra* Sieb. et Zucc.
野珠兰 *S. chinensis* Hance

77 豆科 Leguminosae

合盟属 *Aeschynomene* L.
田皂角 *Aeschynomene indica* L.
合欢属 *Albizzia* Durazz.
合欢 *A. julibrissin* Durazz.
山合欢(山槐) *A. kalkora* (Roxb.) Prain
紫穗槐属 *Amorpha* L.
紫穗槐 *A. fruticosa* L.
云实属 *Caesalpinia* L.
云实 *C. decapetala* (Roxb.) Alston
杭子梢属 *Campylotropis* Bunge
杭子梢 *C. macrocarpa* (Bunge) Rehd.
白花杭子梢 *C. macrocarpa* var. *alba* S. Y. Wang
决明属 *Cassia* L.
山扁豆 *C. mimosoides* L.
豆茶决明 *C. nomame* (Sieb.) Kitagawa
锦鸡儿属 *Caragana* Fabr.
锦鸡儿 *C. sinica* (Buchoz) Rehd.
金雀儿 *C. rosea* Turcz.
紫荆属 *Cercis* L.
紫荆 *C. chinensis* Bunge
毛紫荆 *C. pubescens* S. Y. Wang
香槐属 *Cladrastis* Raf.
香槐 *C. Wilsonii* Takeda.
野百合属 *Crotalaria* L.
野百合 *C. sessiliflora* L.
假地蓝 *C. ferruginea* Grah.
响铃豆 *C. albida* Heyne
黄檀属 *Dalbergia* L. f.
黄檀 *D. hupeana* Hance
山蚂蝗属 *Desmodium* Desv.
小槐花 *Desmodium caudatum* (Thunb.) DC.
宽卵叶山蚂蝗 *D. fallax* Schindl.
小叶三点金草 *D. microphyllum* (Thunb.) DC.
羽叶山蚂蝗 *D. oldhamii* Oliv.
圆菱叶山蚂蝗 *D. podocarpum* DC.
山蚂蝗 *D. racemosum* (Thunb.) DC.
波叶山蚂蝗 *D. sinuatum* Bl.
四川山蚂蝗 *D. szechuenense* (Craib.) Schindl.
山黑豆属 *Dumasia* DC.
山黑豆 *D. truncata* Sieb. et Zucc.

柔毛山黑豆 *D. villosa* DC.

皂荚属 *Gleditsia* L.

肥皂荚 *G sinensis* Lam.

日本皂荚 *G. japonica* Miq.

山皂荚 *G. melanacantha* Tang et Wang

大豆属 *Glycine* L.

野大豆 *Glycine soja* Sieb. et Zucc.

大豆 *G. max*(L.)Merr.

米口袋属 *Gueldenstaedtia* Flsch.

长柄米口袋 *G. harmsii* Ulbr.

米口袋 *G. multiflora* Bge.

狭叶米口袋 *G. stenophylla* Bge.

木蓝属 *Indigofera* L.

多花木蓝 *I. amblyantha* Craib.

苏木蓝 *I. carlesii* Craib.

本氏木蓝 *I. bungeana* Steud.

华东木蓝 *I. fortunei* Craib.

宜吕木蓝 *I. ichangensis* Craib.

吉氏木蓝 *I. kirilowii* Maxim. ex Palib.

长穗木蓝 *I. longisipica* Gagnep.

马棘 *I. pseudotinctoria* Mats.

鸡眼草属 *Kummerowia* Schindl.

鸡眼草 *K. striata*(Thunb.)Schindl.

香豌豆属 *Lathyrus* L.

江芒山黧豆 *L. davidii* Hance

山黧豆 *L. quiquenervius*(Miq.)Litv. ex Kom.

胡枝子属 *Lespedeza* Michx.

胡枝子 *L. bicolor* Turcz.

截叶铁扫帚 *L. cuneata*(Dun._Cours.)G. Don

布氏胡枝子 *L. buergeri* Miq.

多花胡枝子 *L. floribunda* Bunge

美丽胡枝子 *L. formosa*(Vog.)Koehne

达呼里胡枝子 *L. floribunda* Bge.

白指甲花 *L. inschanica*(Maxim.)Schindl.

铁马鞭 *L. pilosa*(Thunb.)Sieb. et Zucc.

毛叶胡枝子 *L. tomentosa*(Thunb.)Sieb.

细梗胡枝子 *L. virgata*(Thunb.)DC.

百脉根属 *Lotus* L.

百脉根 *L. corniculatus* L.

马鞍树属 *Maackia* Rupr. et Maxim.

马鞍树 *M. hupehensis* Takeda

光叶马鞍树 *M. tenuifolia.*(Hemsl.)Hand._Mazz.

苜蓿属 *Medicago* L.

紫苜蓿 *M. Sativa* L.

天蓝苜蓿 *M. lupulina* L.

小苜蓿 *M. minima*(L.)L.

草木犀属 *Melilotus* Adans.

白花草木犀 *M. albus* Desr.

黄花草木犀 *M. officinalis*(L.)Desr.

草木犀(僻汉草)*M. suaveolens* Ledeb.

葛属 *Pueraria* DC.

野葛 *P. lobata*(Willd.)Ohwi.

鹿藿属 *Rhynchosia* Lour.

菱叶鹿藿 *R. dielsii* Harms.

刺槐属 *Robinia* L.

刺槐 *R. pseudoacacia* L.

槐属 *Sophora* L.

苦参 *S. flavescens* Ait.

槐树 *S. japonica* L.

野豌豆属 *Vicia* L.

窄叶野豌豆 *V. angustifolia* L.

救荒野豌豆 *V. sativa* L.

四籽野豌豆 *V. tetrasperma*(L.)Moench

歪头菜 *V. unijuga* A. Brown.

长柔毛野豌豆 *V. villosa* Roth

广布野豌豆 *V. cracca* L.

大野豌豆 *V. gigantea* Bge.

三齿萼野豌豆 *V. bungei* Olwi

小巢菜 *V. hirsutea*(L.)S. F. Gray

确山野豌豆 *V. koishanica* Bailey

紫藤属 *Wisteria* Nutt.

紫藤 *W. sinensis* Sweet.

78 酢浆草科 Oxalidaceae

酢浆草属 *Oxalis* L.

酢浆草 *O. corniculata* L.

山酢浆草 *O. griffithii* Edgew. et Hook. f.

79 牻牛儿苗科 Geraniaceae

牻牛儿苗属　*Erodium* L'H'er
牻牛儿苗　*E. stephanianum* Willd.
老鹳草属　*Geranium* L.
野老鹳草　*G. carolinianum* L.
毛蕊老鹳草　*G. eriostemon* Fisch.
血见愁老鹳草　*G. henryi* R. Knuth
尼泊尔老鹳草　*G. nepalense* Sweet.
鼠掌老鹳草　*G. sibiricum* L.
老鹳草　*G. wilfordii* Maxim
灰背老鹳草　*G. wlassowianum* Fisch. ex Link

80　亚麻科　Linaceae

亚麻属　*L. stleroides* Franch.
亚麻　*L. steleroides* Franch.
石海椒属　*Reinwardtia* Domort
石海椒　*R. trigyna*(Roxb.)Planch.

81　蒺藜科　Zygophyllaceae

蒺藜属　*Tribulus* L.
蒺藜　*T. terrestris* L.

82　芸香科　Rutaceae

白鲜属　*Dictamnus* L.
白鲜　*D. dasycarpus* Turcz.
枳属　*Poncirus* Rof.
枳　*P. trifoliatea*(L.)Raf.
吴茱萸属　*Evodia* J. R. et G. Forst.
臭辣吴萸　*E. fargesii* Dode
湖北吴萸　*E. henryi* Dode
吴茱萸　*E. rutaecarpa*(Juss.)Behth.
臭椿　*E. Daniellii*(Juss.)Benth.
臭常山属　*Orixa* Thunb.
日本常山　*O. japonica* Thunb.
花椒属　*Zanthoxylum* L.
野花椒　*Z. simulans* Hance
竹叶椒　*Z. planispinum* Sieb. et Zucc.
柄果花椒　*Z. simulans* Hance var. *podocarpum* (Hemsl.)Huang
花椒　*Z. bungeanum* Maxim.
异叶叶花椒　*Z. dimorphophyllum* Hemsl.
刺异叶花椒　*Z. dimorphophyllum* var. *spinifolium* Rehd. et Wils.
刺壳花椒　*Z. echinocarpum* Hemsl.
崖椒　*Z. schinifolium* Sieb. et Zucc.
狭叶花椒　*Z. stenophyllum* Hemsl.

83　苦木科　Simaroubaceae

臭椿属　*Ailanthus* Desf.
臭椿　*A. altissima*(Mill.)Swing.
大果臭椿　*A. altissima* var. *sutchuenensis* Rehd. et Wils.
毛臭椿　*A. giraldii* Dode
刺臭椿　*A. vilmoriniana* Dode
苦木属　*Picrasma* Bl.
苦木　*P. quassioides*(D. Don)Benn.

84　楝科　Meliaceae

楝属　*Melia* L.
苦楝　*M. azedarach* L.
香椿属　*Toona*(Endl.)Roem.
香椿　*T. sinensis*(A. Juss.)Roem.

85　远志科　Polygalaceae

远志属　*Polygala* L.
荷苞山桂花　*P. arillata* Buch. _Ham. ex D. Don
瓜子金　*P. japonica* Houtt.
西伯利亚远志　*P. sibirica* L.
小扁豆　*P. tatarinowii* Reget
远志　*P. tenuifolia* Willd.

86　大戟科　Euphorbiaceae

铁苋菜属　*Acalypha* L.
铁苋菜　*A. australis* L.
短序铁苋菜　*A. brachystachya* Hornem.
山麻杆属　*Alchornea* Sw.
山麻杆　*Alchornea davidii* Franch.
大戟属　*Euphorbia* L.
乳浆大戟　*E. esula* L.
泽漆　*E. helioscopia* L.
地锦草　*E. hunifusa* Willd.

续随子 *E. lathyris* L.
猫眼草 *E. lunulata* Bunge.
京大戟 *E. pekinensis* Rupr.
钩腺大戟 *E. ebiacteolata* Hayata.
甘遂 *E. kansui* Liou.
算盘子属 *Glochidion* Forst.
馒头果 *G. fortunei* Hance
算盘子 *G. puberum*(L.)Hutch.
湖北算盘子 *G. wilsonii* Hutch.
雀儿舌头属 *Leptopus* L.
雀儿舌头 *Leptopus chinensis*(Bunge)Pojark.
野桐属 *Mallotus* Lour
白背叶 *M. apelta*(Lour.)Muell. – Arg.
野桐 *M. japonicus* var. *floccosus*(Muell. – Arg.)S. M. Hwang
石灰枫 *M. repandus*(Willd.)Muell. _Arg.
叶下珠属 *Phyllanthus* L.
蜜柑草 *P. matsumurae* Hayata
青灰叶下珠 *P. glaocus* Wall. ex Muell. – Arg.
叶下珠 *P. urinaria* L.
蓖麻属 *Ricinus* L.
蓖麻 *Ricinus communis* L.
乌桕属 *Sapium* L.
白乳木 *S. japonicum*(Sieb. et Zucc.)Pax. et Hoffm.
乌柏 *S. sebiferum.*
叶底珠属 *Securinega* Comm. ex. Juss.
叶底珠 *S. suffruticosa*(Pall.)Rehd.
地构叶属 *Speranskia*(Bunge)Ball.
地构叶 *S. tuberculata*(Bunge)Baill.
油桐属 *Vernicia* Lour.
油桐 *V. fordii*(Hemsl.)Airy – Shaw

87 水马齿科 Callitrichaceae

水马齿属 *Callitriche* L.
水马齿 *C. stagnalis* Scop.

88 黄杨科 Buxaceae

黄杨属 *Buxus* L.
黄杨 *B. sinica*(Rehd. et Wils.)M. Cheng

89 马桑科 Coriariaceae

马桑属 *Coriaria* L.
马桑 *C. nepalensis* Wall.

90 漆树科 Anacardiaceae

黄栌属 *Cotinus* Scop.
黄栌 *C. coggygria* Stop.
毛黄栌 *C. coggygtia* var. *pubescens* Engl.
黄连木属 *Pistacia* L.
黄连木 *P. chinensis* Bunge
盐肤木属 *Rhus*(Tourn.)L.
盐肤木 *R. Chinensis* Mill.
漆属 *Toxicodendron* (Tourn.)Mill.
野漆树 *T. succedaneum*(L.)Kuntze
木蜡树 *T. sylvestre*(Sieb. et Zucc.)Kuntze
漆树 *T. vernicifluum*(Stokes)F. A. Barkl.

91 冬青科 Aquifoliaceae

冬青属 *Ilex* L.
枸骨 *I. cornuta* Lindl. et Paxt.
冬青 *I. chinensis* Sim.

92 卫矛科 Celastraceae

南蛇藤属 *Celastrus* L.
苦皮藤 *C. angulatus* Maxim.
哥兰叶 *C. gemmatus* Loes.
粉背南蛇藤 *C. hypoleucus*(Oliv.)Warb.
南蛇藤 *C. orbiculatus* Thunb.
短梗南蛇藤 *C. rosthornianus* Loes.
劳氏南蛇藤 *C. loeseneri* Rehd. et Wils.
卫矛属 *Euonymus* L.
刺果卫矛 *E. acanthocarpus* Franch.
卫矛 *E. alatus*(Thunb.)Sieb.
丝绵木 *E. bungeanus* Maxim.
肉花卫矛 *E. carnosus* Hemsl.
冬青卫矛 *E. japonicus* Thunb.
疣点卫矛 *E. verrucosoides* Loes.
毛脉卫矛 *E. alatus* var. *pubescens* Maxim.
爬行卫矛 *E. radicans* Sieb.

扶芳藤　*E. fortunei*(Turcz.) Hand. _Mazz.
狭翅纤齿卫矛　*E. giraldii* Loes. var. *angustialatus* Loes.

93　省沽油科　Staphyleaceae

野鸭椿属　*Euscaphis* Sieb. et Zuzz.
野鸭椿　*E. japonica*(Thunb.) Dippel.
省沽油属　*Staphylea* L.
省沽油　*S. bumalda*(Thunb.) DC.
膀胱果　*S. holocarpa* Hemsl.
银鹊树属　*Tapiscia* Oliv.
银鹊树　*T. sinensis* Oliv.

94　槭树科　Aceraceae

槭属　*Acer* L.
青榨槭　*A. davidii* Franch.
房县槭　*A. franchetii* Pax.
血皮槭　*A. griseum*(Franch.) Pax.
建始槭　*A. henryi* Pax.
长柄槭　*A. longipes* Franch. et Rax.
鸡爪槭　*A. palmatum* Thunb.
飞蛾槭　*A. longipes* Franch. et Rehd.
三角枫　*A. buergerianum* Miq.
茶条槭　*A. ginala* Maxim.
葛萝槭　*A. grosseri* Pax.
长裂葛萝槭　*A. grosseri* Pax var. *hersii*(Rehd.) Rehd.
马氏槭　*A. Maximowezii* Pax.
五角枫　*A. mono* Maxim.
飞蛾槭　*A. oblongum* Wall.
中华槭　*A. sinense* Pax.
元基槭　*A. trunoatum* Bge.
五裂槭　*A. oliverianum* Pax.

95　七叶树科　Hippocastanceae

七叶树属　*Aesculus* L.
七叶树　*A. chinensls* Bge.

96　无患子科　Sapindaceae

栾树属　*Koelreuteria* Laxm.
黄山栾　*K. integrifolia* Merr.
栾树　*K. paniculata* Laxm.
无患子属　*Sapindus* L.
无患子　*S. mukorossi* Gaetn.

97　清风藤科　Sabiaceae

泡花树属　*Meliosma* Bl.
珂楠树　*M. beaniana* Rehd. et Wils.
红枝柴　*M. Oldhamii* Miq.
小花泡花树　*M. parviflora* Lecomte
垂枝泡花树　*M. flexuosa* Pamp.
多花泡花树　*M. myriantha* Sieb. et Zucc.
清风藤属　*Sabia* Colebr.
清风藤　*S. japonica* Maxim.
阔叶清风藤　*S. latifolia* Rehd. et Wils.

98　凤仙花科　Balsaminaceae

凤仙花属　*Impatiens* L.
水金花　*I. noli_tangere* L.
翼萼凤仙花　*I. Pterosepala* Pritz. ex Diels
窄萼凤仙花　*I. stenospeala* Pritz. ex Diels
异萼凤仙花　*I. heterosepala* S. Y. Wang
凤仙花　*I. balsamina* L.

99　鼠李科　Rhamnaceae

勾儿茶属　*Berchemia* Neck.
多花勾儿茶　*B. floribunda*(Wall.) Brongn.
勾儿茶　*B. sinica* Schneid.
枳椇属　*Hovenia* Thunb.
枳椇　*H. dulcis* Thunb.
铜钱树属　*Paliurus* Miu
铜钱树　*P. hemsleyanus* Rehd.
马甲子　*P. ramosessimus*(Lour.) Poir.
猫乳属　*Rhamnella* Miq.
猫乳　*R. franguloides*(Maxim.) Weberb.
鼠李属　*Rhamnus* L.
长叶鼠李　*R. crenata* Sieb. et Zucc.
刺鼠李　*R. dumetorum* Schneid.
鼠李　*R. davurica* Pau
圆叶鼠李　*R. globosa* Bunge
薄叶鼠李　*R. leptophylla* Schneid.

皱叶鼠李　*R. rugulosa* Hemsl.
小叶鼠李　*R. parvifolia* Bunge
长叶绿柴　*R. franguloides* Web.
雀梅藤属　*Sageretia* Brongn.
对节刺　*S. pycnophylla* Schneid.
尾叶雀梅藤　*S. subcaudata* Schneid.
雀梅藤　*S. thea*(Osbeck) Johnst.
枣属　*Ziziphus* Miu
枣　*Z. jujuba* Mill.
酸枣　*Z. jujuba* var. *spinosa*(Bunge) Hu. ex H. F. Chou

100　葡萄科　Vitaceae

蛇葡萄属　*Ampelopsis* Michx
乌头叶蛇葡萄　*A. aconitifolia* Bunge
掌裂蛇葡萄　*A. aconitifolia* var. *glabra* Diels et Gilg
蓝果蛇葡萄　*A. bodinieri*(Levl. et Vant.) Rehd.
三裂蛇葡萄　*A. delavayana*(Franch.) Planch.
异叶蛇葡萄　*A. heteropylla*(Thunb.) Sieb. et Zucc.
白蔹　*A. japonica*(Thunb.) Sieb. et Zucc.
蛇葡萄　*A. sinica*(Miq.) W. T. Wang
灰毛蛇葡萄　*A. bodinieri* var. *cinerea*(Gagnep.) Rehd.
葎叶蛇葡萄　*A. humulifolia* Bge.
乌蔹梅属　*Cayratia* Juss.
乌蔹梅　*C. japonica*(Thunb.) Gagnep.
爬山虎属　*Parthenocissus* Planch.
红叶爬山虎　*P. henryana*(Hemsl.) Diels et Gilg
异叶爬山虎　*P. heterophylla*(Bl.) Merr.
粉叶爬山虎　*P. thomsonii*(Laws.) Planch.
三叶爬山虎　*P. Himalayana* Pl.
爬山虎　*P. tricuspidata*(Sieb. et Zucc.) Planch.
崖爬藤属　*Tetrastigma* Planch.
崖爬藤　*T. obtectum*(Wall.) Planch.
毛叶崖爬藤　*T. obtectum* var. *pilosum* Gagnep.
葡萄属　*Vitis* L.
山葡萄　*V. amurensis* Rupr.
美丽葡萄　*V. bellula*(Rehd.) W. T. Wang
桦叶葡萄　*V. betulifolia* Diels et Gilg
刺葡萄　*V. davidii*(Roman. du Caill) Foex.
葛藟　*V. flexuosa* Thunb.
小叶葛藟　*V. flexuosa* var. *parvifolia*(Roxb.) Gagnep.
复叶葡萄　*V. piasezkii* Maxim.
少毛复叶葡萄　*V. piasezkii* var. *pagnuccii* Rehd.
华东葡萄　*V. pseudoreticubq* W. T. Wang
葡萄　*V. vinifera* L.
毛葡萄　*V. quinquangularis* Rehd.
秋葡萄　*V. romanetii* Roman.
网络葡萄　*V. wilsonae* Veitch

101　椴树科　Tiliaceae

田麻属　*Corchoropsis* Sieb. et Zucc.
光果田麻　*C. psilocarpa* Harms et Loes.
毛果田麻　*C. tomentosa*(Thunb.) Makino
黄麻属　*Corchorus* L.
假黄麻　*C. acutangulus* Lam.
黄麻　*C. capsularis* L.
扁担杆属　*Grewia* L.
扁担杆　*G. biloba* G. Don
小花扁担杆　*G. biloba* var. *parviflora*(Bunge) Hand. _Mazz.
椴树属　*Tilia* L.
华椴　*T. chinensis* Maxim.
秃华椴　*T. chinensis* f. *investita*(V. Engl.) Rehd.
粉椴　*T. oliverii* Szyszyl.
显脉椴　*T. dictioneura* Engl.
糯米椴　*T. henryana* Szyszyl.
光叶糯米椴　*T. henryana* var. *subglabra* V. Engl.
弥格椴　*T. miqueliana* Maxim.
少脉椴　*T. paucicostata* Maxim.

102　锦葵科　Malvaceae

苘麻属　*Abutilon* Mill.
苘麻　*A. theophrasti* Medicus
蜀葵属　*Althaea* L.
蜀葵　*A. rosea*(L.) Cavan

木槿属 *Hibiscus* L.
木芙蓉 *H. mutabilis* L.
木槿 *H. syriacus* L.
野西瓜苗 *H. trionum* L.
锦葵属 *Malva* L.
圆叶锦葵 *M. rotundifolia* L.
锦葵 *M. sinensis* Cavan.
冬葵 *M. verticillata* L.
草棉属 *Gossypium* L.
棉花 *G. hirsuteum* L.

103 梧桐科 Sterculiaceae

梧桐属 *Firmiana* Marsigli
梧桐 *F. platanifolia*(L. f.) Marsili
马松子属 *Melochia* L.
马松子 *M. corchorifolia* L.

104 猕猴桃科 *Actinidiaceae*

猕猴桃属 *Acinidia* Lindl.
软枣猕猴桃 *A. arguta*(Sieb. et Zucc) Pianch. ex Miq.
京梨 *A. callosa* Lindl.
中华猕猴桃 *A. chinensis* Planch.
硬毛猕猴桃 *A. chinensis* var. *hispida* C. F. Liang
黑蕊猕猴桃 *A. melanandra* Franch.
对萼猕猴桃 *A. valvata* Dunn.
藤山柳属 *Clematoclethra* Maxim.
杨叶藤山柳 *C. actinidioides* var. *populifolia* C. F. Liang et. Y. C. Chen
藤山柳 *C. lasioclada* Maxim.

105 山茶科 Theaceae

山茶属 *Camellia* L.
油茶 *C. oleifera* Abel.
茶属 *Thea* L.
茶 *T. sinensis*(L.) O. Ktze.
柃木属 *Eurya* Thunb.
翅柃 *E. alata* Kobuski
短翅柃 *E. brevistyla* Kobuski
紫茎属 *Stewartia* L.
紫茎 *S. sinensis* Rihd. et Wils.

106 藤黄科 Guttiferae

金丝桃属 *Hypericum* L.
黄海棠 *H. ascyron.* L.
赶山鞭 *H. attenuatum* Choisy
小连翘 *H. erectum* Thunb. ex Murray
地耳草 *H. japonicum* Thunb.
长柱金丝桃 *H. longistylum* Oliv.
金丝桃 *H. monogynum* L. (H. chinense L.)
贯叶连翘 *H. perforatum* L.
元宝草 *H. sampsonii* Hance

107 柽柳科 Tamaricaceae

柽柳属 *Tamarix* L.
柽柳 *T. chinensis* Lour.

108 堇菜科 Violaceae

堇菜属 *Viola* L.
鸡腿堇菜 *V. acuminata* Ledeb.
戟叶堇菜 *V. betonicifolia* J. E. Smith
尼泊尔堇菜 *V. betonicifolia* ssp. *nepalensis* W. Becker
南山堇菜 *V. chaerophylloides*(Regel) W. Becker
毛果堇菜 *V. collina* Bess.
蔓茎堇菜 *V. diffusa* Ging.
紫花堇菜 *V. grypoceras* A. Gray.
长萼堇菜 *V. inconspicua* Bl.
犁头堇菜 *V. magnifica* C. J. Wang et X. D. Wang
堇菜 *V. verecunda* A. Gray.
斑叶堇菜 *V. variegata* Fisch. ex Linck
白花堇菜 *V. partingii* DC.
柔毛堇菜 *V. principis* H. de Boss.
三色堇 *V. tricolor* L.
堇 *V. vaginata* Maxim.
庐山堇菜 *V. stewardiana* W. Beck.
紫堇菜 *V. yedoensis* Makino

109 大风子科 Flacourtiaceae

山桐子属 *Idesia* Maxim.
山桐子 *I. polycarpa* Maxim.
毛叶山桐子 *I. polycarpa* var. *vestita* Diels
山拐枣属 *Poliothysis* Oliv.
山拐枣 *P. sinensis* Oliv.

110　旌节花科　Stachyuraceae

旌节花属 *Stachyurus* Sieb. et Zucc.
旌节花 *S. chinensis* Franch.
宽叶旌节花 *S. chinensis* var. *latus* Li.

111　秋海棠科　Begoniaceae

秋海棠属 *Begonia* L.
秋海棠 *B. evansiana* Andr.
野秋海棠 *B. sinensis* DC.

112　仙人掌科　Cactaceae

仙人掌属 *Opuntia* Mill.
仙人掌 *O. dillenii* Haw.

113　瑞香科　Thymelaeaceae

瑞香属 *Daphne* L.
芫花 *D. genkwa* Sieb. et Zucc.
瑞香 *D. odora* Thunb.
结香 *Edgeworhia chrysantha* Lindl.
荛花属 *Wikstroemia* Endicher
狭叶荛花 *W. angustifolia* Hemsl.

114　胡颓子科　Elaeagnaceae

胡颓子属 *Elaeagnus* L.
蔓胡颓子 *E. glabra* Thunb.
木半夏 *E. multiflora* Thunb.
牛奶子 *E. umbellata* Thunb.
胡颓子 *E. pungens* Thunb.

115　千屈菜科　Lythraceae

水苋菜属 *Ammannia* L.
水苋菜 *A. baccifera* L.
紫薇属 *Lagerstroemia* L.
紫薇 *L. indica* L.
千屈菜属 *Lythrum* L.
千屈菜 *L. salicaria* L.
节节菜属 *Rotala* L.
节节菜 *R. indica*(Willd.) Koehne
水松叶 *R. Mexicana* Cham. et Schltdl.
圆叶节节菜 *R. rotundifolia*(Buch. – Ham. ex. Roxb.) Koehne

116　安石榴科　Punicaceae

安石榴属 *Punica* L.
石榴 *P. granatum* L.

117　八角枫科　Alangiaceae

八角枫属 *Alangium* Lam.
八角枫 *A. chinense*(Lour.) Harms
毛八角枫 *A. handleii* Scharf.
瓜木 *A. platanifolium*(Sieb. et Zucc.) Harms
毛华瓜木 *A. kurzii* Craib

118　菱科　Trapaceae

菱属 *Trapa* L.
野菱 *T. incisa* Sieb. et Zucc. var. *gradricaudata* Glauk
菱 *T. bispinosa* Roxb.

119　柳叶菜科　Onagraceae

露珠草属 *Circaea* L.
牛龙草 *C. cordata* Royle
南方露珠草 *C. mollis* Sieb. et Zucc.
露珠草 *C. lutetiana* ssp. *quadrisulcata*(Maxim.) Asch. et Magnus
柳叶菜属 *Epilobium* L.
光柳叶菜 *E. amurense* ssp. *cephalostigma* (Hausskn.) C. J. Chem ex Hoch et Roven
广布柳叶菜 *E. brevifolium* ssp. *trichoneurum* Raven
柳叶菜 *E. hirsutum* L.
丁香蓼属 *Ludwiaia* L.
丁香蓼 *L. prostrata* Roxb.

月见草属 *Oenothera* L.
月见草 *O. odovata* Jacq.

120 小二仙草科 Haloragaidceae

狐尾藻属 *Myriophyllum* L.
轮叶狐尾藻 *M. verticillattum* L.

121 杉叶藻科 Hippuridaceae

杉叶藻属 *Hippuris* L.
杉叶藻 *H. vulgaris* L.

122 五加科 Araliaceae

楤木属 *Aralia* L.
楤木 *A. elata*(Miq.)Seem.(A. chinensis L.)
五加属 *Acanthopanaz* Miq.
吴茱萸五加 *A. evodiaefolius* Franch.
细梗五加 *A. evodiaefolius* var. *gracilis* W. W. Smith
红毛五加 *A. giraldii* Harms.
糙叶五加 *A. henryi*(Oliv.)Harms.
常春藤属 *Hedera* L.
中华常春藤 *H. nepalensis* var. *sinensis*(Tobl.)Rehd.
刺楸属 *Kalopanax* Miq.
刺楸 *K. septemlobus*(Thunb.)Koidz.
人参属 *Panax* L.
大叶三七 *P. pseudo_ginseng* var. *japonicus*(C. A. Mey.)Hoo et Tseng
通脱木属 *Tetrapanax* Koch.
通脱木 *T. papyriferus*(Hook.)K. Koch.

123 伞形科 Umbelliferae

白芷属 *Angelica* L.
白芷(安国白芷)*A. dahurica*(Fisch.)Benth. et Hook.
毛当归 *A. pubescens* Maxim.
当归 *A. sinensis*(Oliv.)Diels
峨参属 *Anthriscus* Hoffm.
峨参 *A. sylvestris*(L.)Hoffm.
柴胡属 *Bupleurum* L.
北柴胡 *B. chinensis* DC.
大叶柴胡 *B. longiradiatum* Turcz.
紫花大叶柴胡 *B. longiradiatum* var. *porphyranthum* Shan et Y. Li
红柴胡 *B. scoronerifolium* Willd.
蛇床属 *Cnidium* Cuss
蛇床 *C. monnieri*(L.)Cusson
芫荽属 *Coriandrum* L.
芫荽 *C. sativum* L.
鸭儿芹属 *Cryptotaenia* DC.
鸭儿芹 *C. japonica* Hassk.
深裂鸭儿芹 *C. japonica* f. *dissecta*(Yabe)Hara
毒芹属 *Cicuta* L.
毒芹 *C. virosa* L.
胡萝卜属 *Daucus* L.
野胡萝卜 *D. carota* L.
胡萝卜 *D. sativus* Hoffm.
小茴香属 *Foeniculum* Mill.
小茴香 *F. vulgare* Mill.
独活属 *Heracleum* L.
独活 *H. hemsleyanum* Diels
短毛独活 *H. moellendorffii* Hance
天胡荽属 *Hydrocotyle* L.
红马蹄草 *H. nepalensis* Hook.
天胡荽 *H. sibthorpioides* Lam.
白苞芹属 *Nothosmyrnium* Miq.
白苞芹 *N. japonicum* Miq.
水芹属 *Oenanthe* L.
水芹 *O. javanica*(Bl.)DC.
中华水芹 *O. linearia* ssp. *sinensis*(Dunn)C. Y. Wu
香根芹属 *Osmorhiza* Raf.
香根芹 *O. smorhiza aristata*(Thunb.)Makino et Yabe
前胡属 *Peucedanum* L.
前胡 *P. decursivum* Maxim.
白花前胡 *P. praeruptorum* Dunn
茴芹属 *Pimpinella* L.
羊红膻 *P. thellungiana* Wolff.

异叶茴芹　*P. diversifolia* DC.
水独活
(菱叶茴芹)　*P. rhomboidea* Diels
变豆菜属　*Sanicula* L.
变豆菜　*S. chinensis* Bunge
真刺变豆菜　*S. orthacantha* S. Moore.
窃衣属　*Torilis* Adans
破子草　*T. anthriscus*(L.)Grmel.
窃衣　*T. japonica*(Houtt.)DC.
防风属　*Ledebouriella* Wolff.
防风　*L. seseloides*(Hoffm)Wolff.

124　山茱萸科　Cornaceae

梾木属　*Cornus* L.
灯台树　*C. controversa* Hemsl. ex Prain
梾木　*C. macrophylla* Wall.
小梾木　*C. paucinervis* Hance
毛梾木　*C. walteri* Wanger.
光皮梾木　*C. wilsoniana* Wanger.
红椋子　*C. hemsleyi* Schneid. et Wanger
四照花属　*Dendrobenthamia* Hutch.
尖叶四照花　*D. angustata*(Chun)Fang
四照花　*D. japonica* var. *chinensis*(Osborn) Fang
青荚叶属　*Helwingia* Willd.
中华青荚叶　*H. chinensis* Batal.
青荚叶　*H. japonica*(Thunb.)Dietr.
山茱萸属　*Macrocarpium* Nakai
山茱萸　*M. officinale*(Sieb. et Zucc.)Nakai
合瓣花亚纲　Sympetalae

125　鹿蹄草科　Pyrolaceae

鹿蹄草属　*Pyrola* L.
鹿蹄草　*P. rotundifolia* L.
普通鹿蹄草　*P. decorata* H. Andres

126　杜鹃花科　Eriaceae

杜鹃属　*Rhododendron* L.
照山白　*R. micranthum* Turcz.
杜鹃　*R. simsii* Planch.
秀雅杜鹃　*R. concinnum* Hemsl.
满山红　*R. mariesii* Hemsl. et Wils.
乌饭树属　*Vaccinium* L.
乌饭树　*V. bracteatum* Thunb.
无梗越橘　*V. henryi* Hemsl.

127　紫金牛科　Myrsinaceae

紫金牛属　*Ardisia* L.
紫金牛　*A. japonica*(Thunb.)Bl.
铁仔属　*Myrsine* L.
铁仔　*M. africana* L.

128　报春花科　Primulaceae

点地梅属　*Androsace* L.
点地梅　*A. umbellata*(Lour.)Merr.
珍珠菜属　*Lysimachia* L.
狼尾花　*L. barystachys* Bunge
泽珍珠菜　*L. cndida* Lindl.
过路黄　*L. christinae* Hance
矮桃　*L. clethroides* Duby
聚花过路黄　*L. congestiflora* Hemsl.
点腺过路黄　*L. hemsleyana* Maxim.
腺药珍珠菜　*L. Stenosepala* Hemsl.
北延叶珍珠菜　*L. silvestrii*(Pamp.)Hand. _Mazz.
金瓜儿　*L. gramica* Hance
小叶排草　*L. parvifolia* Franch.
细叶珍珠菜　*L. pentapetata* Bge.
报春花属　*Primula* L.
鄂报春　*P. obconica* Hance

129　兰雪科(白牡丹科)Plumbaginaceae

补血草属　*Limonium* Miu.
二色补血草　*L. bicolor*(Bge.)O. Kuntze

130　柿树科　Ebenaceae

柿属　*Diospyros* L.
柿　*D. kaki* L. f.
油柿　*D. kaki* var. *sylvestris* Makino
君迁子　*D.* lotus L.

131 灰木科(山矾科) Symplocaceae

灰木属 *Symplocos* Jacq.
山矾 *S. caudata* Wall. ex A. DC.
华北矾(狗屎木) *S. chinensis*(Lour.) Druce.
白檀 *S. paniculata* Miq.

132 安息香科(野茉莉科) Styraceae

野茉莉属 *Styrax* L.
野茉莉 *S. japonica* Sieb. et Zucc.
灰叶野茉莉 *S. calvescens* Perk.
垂珠花 *S. dasyantha* Perk.

133 木犀科 Oleaceae

流苏树属 *Chionanthus* L.
流苏树 *C. retusus* Lindl. et Paxt.
连翘属 *Forsythia* Vahl.
连翘 *F. suspensa*(Thunb.) Vahl.
金钟花 *F. viridissima* Lindl.
白蜡树属 *Fraxinus* L.
白蜡树 *F. chinensis* Roxb.
尖叶白蜡 *F. chinensis* var. *acuminata* Lingel.
大叶白蜡 *F. chinensis* var. *rhynchopyta* Hemsl.
迎春属 *Jasminum* L.
探春花 *J. floridum* Bunge.
迎春花 *J. nudiflorum* Lindl.
女贞属 *Ligustrum* L.
蜡子树 *L. acutissimum* Koehne
女贞(大叶女贞) *L. lucidum* Ait.
水蜡树 *L. obtusifolium* Sieb. et Zucc.
小蜡 *L. sinense* Lour.
小叶女贞 *L. quihani* Carr.
木犀属 *Osmanthus* Lour.
桂花 *O. fragrans* Lour.
丁香属 *Syinga* L.
小叶丁香 *S. microphylla* Diels.
紫丁香 *S. oblata* Lindl.
雪柳属 *Fontanesia* Labill.
雪柳 *F. fortunei* Carr.

134 马钱科 Loganiaceae

醉鱼草属 *Buddleja* L.
大叶醉鱼草 *B. davidii* Franch.
醉鱼草 *B. lindleyana* Fort.
密蒙花 *B. officinlalis* Maxim.
蓬莱葛属 *Gardneria* Wall. et Roxb.
蓬莱葛 *G. multiflora* Makino

135 龙胆科 Gentianaceae

荇菜属 *Nymphoides* Seguier
荇菜 *N. peltatum*(Gmel.) O. K. untze.
龙胆属 *Gentiana* L.
苞叶龙胆 *G. incompta* H. Smith
红花龙胆 *G. rhodantha* Franch. ex Hemsl.
龙胆 *G. scabra* Bunge.
鳞叶龙胆(小龙胆) *G. squarrosa* Ledeb.
翼萼蔓属 *Pterygocalyx* Maxim.
翼萼蔓 *P. volubilis* Maxim.
獐牙菜属 *Swertia* L.
獐牙菜 *S. bimaculata*(Sieb. et Zucc.) Hook. f. et. Thoms.
双蝴蝶属 *Tripterospermum* Bl.
双蝴蝶 *T. chinense*(Migo) H. Smith

136 夹竹桃科 Apocynaceae

夹竹桃属 *Nerium* L.
夹竹桃 *N. indicum* Mill.
络石属 *Trachelospermum* Lem.
细梗络石 *T. gracilipes* Hook. f.
络石 *T. jasminoides* (Lindl.) Lem
石血 *T. jasminoides* var. *heterophyllum* T. Siang

137 萝藦科 Asclepiadaceae

白前属 *Cyanchum* L.
白薇 *C. atratum* Bunge

紫花合掌消　*C. amplexicaule*(Sieb. et Zucc.) Hemsl.
牛皮消　*C. auriculatum* Royle ex Wight
白前　*C. glaucescens*(Decne.) Hand. -Mazz.
光白薇　*C. inamoenum*(Maxim.) Loes
朱砂藤　*C. officinale*(Hemsl.) Tsiang et Zhang
柳叶白前　*C. stauntonii*(Decne.) Schltr. ex Levl.
隔山消　*C. wilfordii*(Maxim.) Hemsl.
地梢瓜　*C. thesioides*(Freyn) K. Schum
雀瓢　*C. thesioides* var. *australe*(Maxim) Tsiang et P. T. Li
徐长卿属　*Pycnostelma* Bunge.
徐长卿　*P. paniculatum*(Bunge.) K. Schum.
娃儿藤属　*Tylophora* R. Br.
娃儿藤　*T. floribunda* Miquel.
南山藤属　*Dregea* E. Mey.
苦绳　*D. sinensis* Hemsl.
萝藦属　*Metaplexis* R. Br.
萝藦(奶浆藤)　*M. japonica*(Thunb.) Makino.
杠柳属　*Periploca* L.
青蛇藤　*P. calophylla*(Wight) Falc.
杠柳(香加皮)　*P. sepium* Bunge

138　旋花科　Convolvulaceae

打碗花属　*Calystegia* R. Br.
打碗花　*C. hederacea* Wall. ex Roxb.
篱打碗花　*C. sepium*(L.) R. Br.
日本打碗花　*C. japonica* Choisy
脱毛天剑　*C. pellita* Medeb.
旋花属　*Convolvulus* L.
田旋花　*C. arvensis* L.
箭叶旋花　*C. sagittifolium* Lion et Ling.
菟丝子属　*Cuscuta* L.
南方菟丝子　*C. australis* R. Br.
菟丝子　*C. chinensis* Lam.
日本菟丝子　*C. japonica* Choisy
鱼黄草属　*Merremia* Dennst.
北鱼黄草　*M. sibirica*(L.) Hall. f.
牵牛属　*Pharbitis* Choisy
牵牛　*P. hederacea*(L.) Choisy
裂叶牵牛　*P. nii*(L.) Choisy
圆叶牵牛　*P. purpurea*(L.) Voigt
飞蛾藤属　*Porana* Burm. f.
飞蛾藤　*P. racemosa* Roxb.
甘薯属　*Ipomoea* L.
甘薯　*I. batatas*(L.) var. *edulis* Makino.

139　花荵科　Polemoniaceae

花荵属　*Polemonium* L.
中华花荵　*P. coeruleum* var. *chinense* Brand.

140　紫草科　Boraginaceae

斑种草属　*Bothriospermum* Bunge.
斑种草　*B. chinense* Bge.
多苞斑种草　*B. secundum* Maxim.
柔弱斑种草　*B. tenellum*(Hornem.) Fisch. et Mey.
琉璃草属　*Cynoglossum* L.
倒提壶　*C. amabile* Stapf et Drumm.
小花琉璃草　*C. lanceolatum* Forsk.
琉璃草　*C. zeylanicum*(Vahl) Thunb.
厚壳树属　*Ehretia* L.
粗糠树　*E. dicksonii* Hance
光叶粗糠树　*E. dicksonii* var. *glabrescena* Nakai
厚壳树　*E. thyrsiflora*(Sieb. et Zucc.) Nakai
勿忘草属　*Myosotis* L.
勿忘草　*M. sylvatica*(Ehrth.) Hoffm.
紫草属　*Lithospermum* L.
紫草　*L. erythrorhizon* Sieb. et Zucc.
麦加草　*L. ravense* L.
梓木草　*L. zollingeri* DC.
车前紫草属　*Sinojohnstonia* Hu.
车前紫草　*S. plantaginea* Hu.
盾形草属　*Thyrocarpus* Hance
盾形草　*T. sampsonii* Hance
弯齿盾形草　*T. glochidiatus* Maxim.
附地菜属　*Trigonotis* Stev.
钝萼附地菜　*T. amblyosepala* Nakai et Kitaga

wa

附地菜 *T. peduncularis* (Trev.) Benth. ex Baker et Moore

141 马鞭草科 Verbenaceae

紫珠草属 *Callicarpa* L.
华紫珠 *C. cathayana* H. T. Chang
老鸦糊 *C. giraldii* Hesse ex Rehd.
紫珠 *C. japonica* Thunb.
窄叶紫珠 *C. japonica* var. *angustata* Rehd.
莸属 *Caryopteris* Bunge
三花莸 *C. terniflora* Maxim.
兰香草 *C. incana*(Thunb.) Miq.
桐属 *Clerodendrum* L.
臭牡丹 *C. bungei* Stend.
臭老汉 *C. foetidum* Bge.
海州常山 *C. trichotomum* Thunb.
豆腐柴属 *Premna* L.
豆腐柴 *P. microphylla* Turcz.
马鞭草属 *Verbena* L.
马鞭草 *V. offilinalis* L.
黄荆属 *Vitex* L.
黄荆 *V. negundo* L.
牡荆 *V. negundo* var. *cannabifolia* (Sieb. et Zucc.) Hand. – Mazz.
荆条 *V. negundo* var. *heterophylla* (Franch.) Rehd.

142 唇形科 Labiatae

藿香属 *Agastache* Clayt.
藿香 *A. rugosa*(Fisch. et Mey.) Ktze.
筋骨草属 *Ajuae* L.
筋骨草 *A. ciliata* Bunge.
金疮小草 *A. decumbens* Thunb.
紫背金盘 *A. nipponensis* Makino
矮生紫背金盘 *A. nipponensis* var. *pallescens* (Maxim.) C. Y. Wu et C. Chen
水棘针属 *Amenthystea* L.
水棘针 *A. caerulea* L.
风轮菜属 *Clinopodium* L.
风轮菜 *C. chinense*(Benth.) O. Ktze.
灯笼草 *C. polycephalum*(Vant.) C. Y. Wu et Hsuan ex Hsu
匍匐风轮菜 *C. repens*(D. Don) Wall. ex Benth.
瘦风轮菜 *C. gracile*(Benth.) Matsum.
风车草 *C. urticifolium* (Hance) C. Y. Wu et Hsuan ex H. W. Li
香薷属 *Elsholtzia* Willd.
紫花香薷 *E. argyi* Levl.
香薷 *E. ciliata*(Thunb.) Hyland.
野香草 *E. cypriani* (Pavol.) S. Chow ex P. S. Hsu
穗状香藿 *E. stachyodes*(Link.) C. Y. Wu
活血丹属 *Glechona* L.
活血丹(连线草) *G. longituba*(Nakai) Kupr.
动蕊花属 *Kinostemon* Kudo
动蕊花 *K. ornatum*(Hemsl.) Kudo
夏至草属 *Lagopsia* Bge. ex Benth.
夏至草 *L. supina* (Steph.) Ik. _Gal. ex Knorr.
野芝麻属 *Galeobdolon* L.
宝盖草 *L. amplexicaule* L.
野芝麻 *L. barbatum* Sieb. et Zucc.
益母草属 *Leonurus* L.
益母草 *L. japonicus* Houtt.
錾菜 *L. pseudo _macranthus* Kitag.
地笋属 *Lycoppus* L.
地笋 *L. lucidus* Turcz.
硬毛地笋 *L. lucidus* var. *hirtus* Begel.
薄荷属 *Mentha* L.
野薄荷 *M. haplocalyx* Briq.
石芥宁属 *Mosla* Buch. _Ham. ex Maxim.
石香糯 *M. chinensis* Maxim.
小鱼仙草 *M. dianthera*(Buch. _Ham.) Maxim.
石荠宁 *M. scabra* (Thunb.) C. Y. Wu et H. W. Li
荆芥属 *Nepeta* L.
荆芥 *N. cataria* L.
心叶荆芥 *N. fordii* Hemsl.
罗勒属 *Ocimum* L.
疏柔毛罗勒 *O. basilicum* var. *pilosum*

	(Willd.) Benth.
牛至属	*Origanum* L.
牛至	*O. vulgare* L.
紫苏属	*Perilla* L.
紫苏	*P. frutescens* (L.) Britt.
野生紫苏	*P. frutescens* var. *purpurascens* (Hayata) H. W. Li
糙苏属	*Phlomis* L.
蒙古糙苏	*P. Mongolica* Turcz.
糙苏	*P. umbrosa* Turcz.
南方糙苏	*P. umbrosa* var. *australis* Hemsl.
夏枯草属	*Prunella* L.
夏枯草	*P. vulagaris* L.
香茶菜属	*Rabdosia* Hassk.
香茶菜	*R. amethystoides* Hara
毛叶香茶菜	*R. japonica* Hara
显脉香茶菜	*R. nervosa* C. Y. Wu et H. W. Li
碎米桠	*R. rubescens* Hara
溪黄草	*R. serra* Hara
鼠尾草属	*Salvia* L.
华鼠尾草(紫参)	*S. chinensis* Benth.
丹参	*S. miltiorrhiza* Bge.
雪见草	*S. plebeia* R. Br.
河南鼠尾草	*S. honania* Bailey
一串红	*S. spleendens* Ker. _Gawl.
裂叶荆芥属	*Schizonipeta* Briq.
裂叶荆芥	*S. tenuifolia* (Benth.) Briq.
黄芩属	*Scutellaria* L.
半枝莲	*S. barbeta* D. Don
疣状黄芩	*S. caryopteroides* Hand. _Mazz.
韩信草	*S. indica* L.
长毛韩信草	*S. indica* var. *elliptica* Sun ex C. H. Hu
京黄芩	*S. pekinensis* Maxim.
黄芩	*S. baicalensis* Georgi
水苏属	*Stachys* L.
毛水苏	*S. baicalensis* Fisch.
水苏	*S. japonica* Miq.
针筒菜	*S. oblongifolia* Benth.
甘露子	*S. sieboldi* Miq.
蜗儿菜	*S. arrecta* L. H. Bailey
香科属	*Teucrium* L.
穗花香科	*T. japonicum* Willd.
微毛血见愁	*T. viscidum* var. *nepetoides* (Levl.) C. Y. Wu et S. Chow

143 茄科 Solanaceae

曼陀罗属	*Datura* L.
曼陀罗	*D. stramonium* L.
泽金花	*D. metel* L.
紫花曼陀罗	*D. tatula* L.
白花曼陀罗	*D. alba* L.
烟草属	*Nicotiana* L.
烟草	*N. tabacum* L.
刺酸浆属	*Physaliastrum* Makino
江南散血丹	*P. heterophyllum* (Hemsl.) Migo
日本散血丹	*P. japonicum* (Franch et Sav) Honda
枸杞属	*Lycium* L.
枸杞	*L. chinense* Mill.
番茄属	*Lycopersicon* Mill.
番茄	*L. esculentum* Mill.
酸浆属	*Physalis* L.
酸浆	*P. alkekengi* L.
苦职	*P. angulata* L.
泡囊草属	*Physochlaina* G. Don
华山参	*P. infundibularis* Kuang
茄属	*Solanum* L.
马铃薯	*S. tuberosum* L.
青杞	*S. septemlobum* Bge.
野海茄	*S. japonense* Nakai
千年不烂心	*S. cathayanum* C. Y. Wu et S. C. Huang
白英	*S. lyratum* Thunb.
龙葵	*S. nigrum* L.
辣椒属	*Capsicum* L.
灯笼椒	*C. frutescens* L. var. *grossum* (L.) Bailey

144 玄参科 Scrophulariaceae

通泉草属	*Mazus* Lour.
纤细通泉草	*M. gracillis* Hemsl. ex Foxb. et

Hemsl.

通泉草 *M. pumilus*(Burm. f.) van Steenis

毛果通泉草 *M. spicatus* Vant.

弹弓子菜 *M. stachydifolius*(Turcz.) Maxino

山萝花属 *Melampyrum* L.

山萝花 *M. roseum* Maxim.

虻眼属 *Dopatrium* Bunch. _Ham. ex Benth.

虻眼 *D. junceum* Bunch. _Ham.

沟酸浆属 *Mimulus* L.

沟酸浆 *M. tenellus* Bunge.

尼泊尔沟酸浆菜 *M. tenellus* var. *nepalensis* (Benth.) Tsoong

四川沟酸浆 *M. szechuanensis* Pai

泡桐属 *Paulownia Sieb.* et Zucc.

兰考泡桐 *P. elongata* S. Y. Hu

楸叶泡桐 *P. catalpifolia* Gong Tong

白花泡桐 *P. fortunei*(Seem.) Hemsl.

毛泡桐 *P. tomentosa*(Thunb.) Steud.

马先蒿属 *Pedicularis* L.

短茎马先蒿 *P. artselaeri* Maxim.

江南马先蒿 *P. henryi* Maxim.

全萼马先蒿 *P. holocalyx* Hand. _Mazz.

藓生马先蒿 *P. musciola* Maxim.

返顾马先蒿 *P. resupinata* L.

穗花马先蒿 *P. spicata* Pall.

轮叶马先蒿 *P. verticillata* L.

松蒿属 *Phtheirospermum* Bge

松蒿 *P. japonicum*(Thunb.) Kanitz.

地黄属 *Rehmannia* Libosch.

野地黄 *R. glutinosa*(Gaertn.) Libosch.

玄参属 *Scrophularia* L.

北玄参 *S. buergriana* Miq.

玄参 *S. ningpoensis* Hemsl.

阴性草属 *Siphonostegia* Benth.

阴性草 *S. chinensis* Benth.

母草属 *Lindernia* All.

母草 *L. pyxidaria* L.

陌上菜 *L. verbenaefolia*(Golsm.) Pennel.

狭叶母草 *L. angustrifolia*(Benth.) Wettst.

婆婆纳属 *Veronica* L.

水苦荬 *V. undulata* Wall.

北水苦荬 *V. anagallis _aquatica* L.

直立婆婆纳 *V. arvensis* L.

婆婆纳 *V. didyma* Tenore

波斯婆婆纳 *V. persica* poiro

蚊母草 *V. peregrina* L.

腹水草属 *Veronicastrum* Heist.

腹水草 *V. stenostachyum*(Hemsl.) Yamazaki

145 紫葳科 Bignoniaceae

紫葳属 *Campsis* Lour.

凌霄花 *C. grandiflora*(Thunb.) Loisel. et K. Schum.

紫葳 *C. chinensis* Voss.

梓树属 *Catalpa* L.

灰楸 *C. fargesii* Bur.

楸树 *C. bungei* C. A. Mey.

梓树 *C. ovata* G. Don

角蒿属 *Incarvillea* Juss.

角蒿 *I. sinensis* L.

146 胡麻科 Padaliaceae

胡麻属 *Sesamum* L.

芝麻 *S. indicum* L.

茶菱属 *Trapella* Oliv.

茶菱 *T. sinensis* Oliv.

147 列当科 Orobanchaceae

野菰属 *Aeginetia* L.

野菰 *A. indica* L.

列当属 *Orobanche* L.

列当 *O. coerulescens* Steph.

148 苦苣苔科 Gesneriaceae

牛耳草属 *Boea* Comm.

牛耳草 *B. hygrometrica*(Bge.) R. Br.

珊瑚苣苔属 *Corallodiscus* Batalin

珊瑚苣苔 *C. cordatulus*(Craib) Burtt

半蒴苣苔属	*Hemiboea* C. B. Clarke
半蒴苣苔	*H. henryi* Clarke
降龙草	*H. subcapitata* Clarke
吊石苣苔属	*Lysionotus* D. Don
吊石苣苔	*L. pauciflorus* Maxim.

149　狸藻科　Lentibulariaecae

狸藻属	*Utricularia* L.
狸藻	*U. vulgaris* L.
挖耳草	*U. bifida* L.

150　爵床科　Acanthaceae

白接骨属	*Asystasiella* Lindau
白接骨	*A. chinensis*(S. Moore) E. Hossain
水蓑衣属	*Hygrophila* R. Br.
水蓑衣(南天仙子)	*H. salicifolia*(Vahl.) Ness
九头狮子草属	*Peristrophe* Nees
九头狮子草	*P. japonica*(Thunb.) Bremek.
爵床属	*Rostellularia* Reichb.
爵床	*R. procumbens*(L.) Ness
马蓝属	*Strobilanthes* Bl.
马蓝	*S. cusia* O. kunz.

151　透骨草科　Phrymataceae

透骨草属	*Phryma* L.
透骨草	*P. leptostachya* ssp. asiatica (Hara) Kitam.

152　车前草科　Plantaginaceae

车前草属	*Plantago* L.
车前	*P. asiatica* L.
平车前	*P. depressa* Willd.
大车前	*P. major* L.

153　茜草科　Rubiaceae

水杨梅属	*Adina* Salisb.
水冬瓜	*A. racemosa* Miq.
水杨梅	*A. rubella* Hance
香果树属	*Emmenopterys* Oliv.
香果树	*E. henryi* Oliv.
猪殃殃属	*Galium* L.
猪殃殃	*G. aparine* var. *tenerum*(Gren. et Godr.) Rcbb.
六叶葎	*G. asperuloides* var. *hoffmeisteri* (Klotzsch) Hand. _Mazz.
四叶葎	*G. bungei* Steud.
篷子菜	*G. verum* L.
长叶篷子菜	*G. verum* L. var. *asintium* Nakai
麦仁珠	*G. tricorne* Stokes
耳草属	*Hedyotis* L.
耳草	*H. aruicularia* L.
牛皮冻属	*Paederia* L.
鸡矢藤	*P. scandena*(Lour.) Merr.
毛鸡矢藤	*P. scandens* var. *tomentosa*(Bl.) Hand. _Mazz.
茜草属	*Rubia* L.
茜草(小血藤)	*Rubia cordifolia* L.
黑果茜草	*R. cordifolia* var. *prostensis* Maxim.
六月雪属	*Serissa* Comm. ex Juss.
六月雪	*S. japonica*(Thunb.) Thunb.
白马骨	*S. serissoides*(DC.) Druce.

154　忍冬科　Caprifoliaceae

六道木属	*Abelia* R. Br.
六道木	*A. biflora* Turcz.
南方六道木	*A. dielsii*(Graebn.) Rehd.
二翅六道木	*A. macrotera*(Graebn. et Buchw.) Rehd.
糯米条	*Abelia* chinensis
忍冬属	*Lonicera* L.
忍冬	*L. japonica* Thunb.
金银忍冬	*L. maackii*(Rupr.) Maxim.
巴东忍冬	*L. acuminata* Wall.
苦糖果	*L. standishii* Jacq.
山白蜡	*L. saccata* Rehd.
盘叶忍冬	*L. tragophylla* Hem Sl.
金花忍冬	*L. chrysantha* Turcz.
须蕊忍冬	*L. chrysartha* ssp. *koehneana*(Rehd.) Hsu et H. J. Wang
粘毛忍冬	*L. fargesii* Franch.
红脉忍冬	*L. nervosa* Maxim.

冠果忍冬　*L. stephanocarpa* Franch.
接骨木属　*Sambucus* L.
接骨草　*S. chinensis* Lindl.
接骨木　*S. williamsii* Hance
席氏接骨木　*S. sieboldiana* Bl.
接骨丹　*S. racemesa* L.
莛子藨属　*Triosteum* L.
莛子藨　*T. pinnatifidum* Maxim.
荚蒾属　*Viburnum* L.
啮蚀荚蒾　*V. erosum* Thunb.
宜昌荚蒾　*V. ichangense* Rehd.
阔叶荚蒾　*V. lobophyllum* Graebn.
桦叶荚蒾　*V. betulifolium* Batal.
鸡树条荚蒾　*V. sergeantii* Koehne.
蝴蝶荚蒾　*V. plicatum* var. *tomentosum* (Thunb.) Miq.
荚蒾　*V. dilatatum* Thunb.
合轴荚蒾　*V. sympodiate* Graebn.
黑汉条　*V. utile* Hemsl.

155　败酱科　Valerianaceae

败酱属　*Patrinia* Juss.
异叶败酱　*P. heterophylla* Bunge.
黄花败酱　*P. scabiosaefolia* Bunge.
白花败酱　*P. villosa* (Thunb.) Juss.
窄叶败酱　*P. angustifolia* Hemsl.
糙叶败酱　*P. scabra* Gge.
缬草属　*Valeriana* L.
蜘蛛香　*V. jatamansi* Jones
缬草　*V. officinalia* L.

156　川续断科　Dipsacaceae

川续断属　*Dipsacus* L.
续断　*D. japonicus* Miq.

157　葫芦科　Cucurbitaceae

绞股蓝属　*Gynostemma* Blume
绞股蓝　*G. pentaphyllum* (Thunb.) Makino
苦瓜属　*Momordica* L.
木鳖子(藤桐)　*Momordica cochinchinensis* (Lour.) Spreng
裂瓜属　*Schizopepon* Maxim.
湖北裂瓜　*S. dioicus* Cogn. ex Loiv.
赤瓟属　*Thladiantha* Bge.
南赤瓟　*T. nudifolra* Hemsl. ex Forb. et Hemsl.
赤瓟　*T. dubia* Roem.
栝楼属　*Trichosanthesl.*
王瓜　*T. cucumeroides* (Ser.) Maxim.
栝楼　*T. kirilowii* Maxim.
中华栝楼　*T. rosthornii* Harms
马绞儿属　*Zehneria* L.
马绞儿　*A. indica* (Lour.) Keraudren

158　桔梗科　Campanulaceae

沙参属　*Adenophora* Fisch.
沙参　*A. stricta* Miq.
宽叶沙参　*A. hunanensis* Nannf.
杏叶沙参　*A. stricta* Miq.
三叶沙参　*A. verticillata* (Pall.) Fisch.
轮叶沙参　*A. teraphylla* (Thunb.) Fisch.
腋花沙参　*A. axilliflora* Borb.
风铃草属　*Campanula* L.
紫斑风铃草　*C. punctata* Lam.
党参属　*Codonopsis* Wall.
党参　*C. pilosula* (Franch.) Nannf.
牛乳　*C. lanceolata* Benth. et Hook. f.
半边莲属　*Lobelia* L.
半边莲　*L. chinensis* Lour.
江南山梗菜　*L. davidii* Franch.
西南山梗菜　*L. sequinii* Levl. et Vant.
桔梗属　*Platycodon* A. DC.
桔梗　*P. grandiflorus* (Jacq.) A. DC.
蓝花参属　*Wahlenbergia* Schrad.
蓝花参　*W. marginata* (Thunb.) A. DC.

159　菊科　Compositae

腺梗菜属　*Adenocaulon* Hook.
腺梗菜　*A. himalaicum* Edgew.
兔儿风属　*Ainsliaea* DC.
三花兔儿风　*A. Ttriflora* (Buch. _Ham.) Druce.

香青属	*Anaphalis* DC.
黄腺香青	*A. aureopunctata* Ling et Borza
茸毛黄腺香青	*A. aureopunctata* var. *tomentosa* Hand. _Mazz.
香青	*A. sinica* Hance
绵毛香青	*A. sinica* var. *lanata* Ling
牛蒡属	*Arctium* L.
牛蒡子	*A. lappa* L.
兔儿伞属	*Synelesis* Maxim.
兔儿伞	*S. aconitifolia*(Bge.)Maxim.
蓝刺头属	*Echinops* L.
蓝刺头	*E. latifolius* Tusch.
蒿属	*Artemisia* L.
苦蒿	*A. absinthium* L.
黄花蒿	*A. annua* L.
青蒿	*A. apiacea* Hance(A. caruifolia Buch.)
艾蒿	*A. argyi* Levl. et Vant.
魁蒿	*A. princeps* Pamp.
白苞蒿	*A. lactiflora* Wall. ex DC.
牡蒿	*A. japonica* Thunb.
野艾蒿	*A. lavandulaefolia* DC.
茵陈蒿	*A. capillaris* Thunb.
南牡蒿	*A. eriopoda* Bunge.
矮蒿	*A. feddei* Levl.
猪毛蒿	*A. scoparia* Waldst.
蒙古蒿	*A. Mongolica* Fisch.
红足蒿	*A. rubripes* Nakai
紫菀属	*Aster* L.
三脉紫菀	*A. ageratoides* Turcz.
宽伞三脉紫菀	*A. agerdtoides* var. *laticorymbus* (Vant.)Hand. _Mazz.
微糙三脉紫菀	*A. ageratoides* var. *scaberulus* (Miq.)Ling
小舌紫菀	*A. albescens*(DC.)Hand. _Mazz.
紫菀(广紫菀)	*A. tataricus* L. f.
苍术属	*Atractylodes* DC.
苍术	*A. lancea*(Thunb.)DC.
北苍术	*A. lancea*(Thunb.)DC. var. *Chinensis*(Bge.)Kitam.
鬼针草属	*Bidens* L.
婆婆针	*B. bipinnata* L.
金盏银盘	*B. biternata*(Lour.)Merr. et Sherff.
狼把草	*B. tripartita* L.
小花鬼针草	*B. parviflora* Willd.
大狼把草	*B. frondosa* L.
蟹甲草属	*Cacalia* L.
两拟蟹甲草	*C. ambiqua* Ling.
耳翼蟹甲草	*C. otopteryx* Hand. _Mazz.
羽裂蟹甲草	*C. tangutica*(Franch.)Hand. _Mazz.
飞廉属	*Carduus* L.
丝毛飞廉	*C. crispus* L.
天名精属	*Carpesium* L.
天名精	*C. abrotanoides* L.
烟管头草	*C. cernuum* L.
棉毛挖耳草	*C. cernuum* var. *lanatum* Hook. f.
金挖耳	*C. divaricatum* Sieb. et Zucc.
红花属	*Carthamus* Ling.
红花	*C. tinctorius* L.
刺儿菜属	*Cephalanoplos* L.
刺儿菜	*C. segetum*(Bunge)Kitam.
蓟属	*Cirsium* Mill.
大蓟	*C. japonicum* Fisch ex DC.
湖北蓟	*C. hupehense* Pamp.
线叶蓟	*C. lineare*(Thunb.)Sch. _Bip.
光苍蓟	*C. fargesii*(Franch.)Diels
绒背蓟	*C. vlassovianum* Fisch.
白酒草属	*Conyza* Less.
小白酒草	*C. canadensis*(L.)Cronq.
菊属	*Dendranthema* Gaertn.
野菊花	*D. idicum* L.
甘野菊	*D. lavandulifolium* var. *seticuspe* (Maxim.)Shih.
菊花	*D. morifolia*(Ramat.)Tzvel.
毛华菊	*D. vestitum*(Hemsl.)Ling
鱼眼草属	*Dichrocephala* DC.
鱼眼草	*D. auriculata*(Thunb.)Druce.
东风菜属	*Doellingeria* Nees.
东风菜	*D. scabra*(Thunb.)Nees.
一点红属	*Emilia* Cass.
一点红	*E. sonchifolia*(L.)DC.

飞蓬属 *Erigeron* L.
飞蓬 *E. acer* L.
一年蓬 *E. annuus*(L.)Pers.
野塘蒿 *E. crispus* Pourr.
泽兰属 *Eupatorium* L.
华泽兰 *E. chinense* L.
佩兰 *E. fortunei* Turcz.
泽兰 *E. japonicum* Thunb.
林泽兰 *E. lindleyanum* DC.
轮叶泽兰 *E. lindleyanum* DC. var. *trifolitum* Makino
鼠曲草属 *Gnaphalium* L.
鼠曲草 *G. affine* D. Don
秋鼠曲草 *G. hypoleucum* DC.
细叶鼠曲草 *G. japonicum* Thunb.
三七草属 *Gynura* Merr.
三七草 *G. japonica*(L. f.)Juel(*G. segetum*(Lour.)Merr.)
泥胡菜属 *Hemistepta* Bge.
泥胡菜 *H. lyrata*(Bunge.)Bunge.
狗哇花属 *Heteropappus* Less.
狗哇花 *H. hispidus*(Thunb.)Less.
阿尔泰狗哇花 *H. Altaicus*(Willd.)Novopokr.
山柳菊属 *Hieracium* L.
山柳菊 *H. umbellatum* L.
旋复花属 *Inula* L.
旋复花 *I. japonica* Thunb.
窄叶旋复花 *I. lineriifolia* Turcz.
苦荬菜属 *Ixeris* Cass.
中华小苦荬 *I. chinense*(Thunb.)Tzvel.
抱茎小苦荬 *I. sonchifolium*(Maxim.)Shih.
细叶小苦荬 *I. gracilis*(DC.)Shih.
多头苦荬菜 *I. policephala* Cass.
马兰属 *Kalimeris* Cass.
裂叶马兰 *K. incisa*(Fisch.)DC.
马兰 *K. indica*(L.)Sch. _Bip.
毡毛马兰 *K. shimadae*(Kitam.)Kitam.
全缘叶马兰 *K. intergrifolia* Turczz. ex DC.
羽叶马兰 *K. pinnatifida*(Maxim)Kitam.
莴苣属 *Lactuca* L.
山莴苣 *L. indica* L.
毛脉山莴苣 *L. radadeana* Maxim.
高莴苣 *L. raddeana* var. *elata*(Hemsl.)Kitam.
大丁草属 *Leibnitzia* Cass.
大丁草 *L. anandria*(L.)Nakai.
火绒草属 *Leontopodium* R. Br.
薄雪火绒草 *L. japonicum* Miq.
火绒草 *L. leontopodioides*(Willd.)Beauv.
囊吾属 *Ligularia* Cass.
窄叶囊吾 *L. stenocephata* Matsum. et Koidz.
小囊吾(狭苞囊吾)*L. intermedia* Nakai
毛连菜属 *Picris* L.
毛连菜 *P. hieracioides* ssp. *japonica* Krylv.
风毛菊属 *Saussurea* DC.
锈毛风毛菊 *S. dutaillyana* Franch.
风毛菊 *S. japonica*(Thunb.)DC.
少华风毛菊 *S. oligantha* Franch.
长梗风毛菊 *S. dolichopoda* Diels.
千里光属 *Senecio* L.
千里光 *S. scandens* Buch. _Ham. ex D. Don
羽叶千里光 *S. argunensis* Turcz.
琥珀千里光 *S. ambracens* Turcz.
蒲儿根 *S. Oldhaminus* Maxim.
狗舌草 *S. kirilowii* Turcz. ex DC.
麻花头属 *Serratula* L.
麻花头 *S. centauroides* L.
蕴苞麻花头 *S. stranglata* Iljin
豨莶属 *Siegesbeckia* L.
豨莶 *S. orientalis* L.
腺梗豨莶 *S. pubescens* Makino
一枝黄花属 *Solidago* L.
一枝黄花 *S. decurrens* Lour.
苦苣菜属 *Sonchus* L.
苦苣菜 *S. oleraceus* L.
苣荬菜 *S. arvensis* L.
续断菊 *S. asper*(L.)Hill.
山牛蒡属 *Synurus* Lirjin.
山牛蒡 *S. deltoides*(Ait.)Nakai

蒲公英属　*Taraxacum* Wiggers.
华蒲公英　*T. sinicum* Kitag.
蒲公英　*T. mongolicum* Hand. _Mazz.
女菀属　*Turczaninovia* DC.
女菀　*T. fastigiata*(Fisch.)DC.
苍耳属　*Xanthium* L.
苍耳　*X. sibiricum* Patr. et Widd.
黄鹌菜属　*Youngi* Cass.
黄鹌菜　*Y. japonica*(L.)DC.
祁洲漏芦属　*Rhaponticum* Lam.
祁洲漏芦　*R. uniflorum*(L.)DC.
鸦葱属　*Scorzonera* L.
笔管草　*S. albicaulis* Bge.
秋英属　*Cosmos* Cav.
秋英　*C. bipinnatus* Cav.
醴肠属　*Eclipta* L.
醴肠　*E. prostrata*(L.)L.
球子草属　*Centipeda* Lour.
球子草　*C. minima* A. Br. et Aschers.

单子叶植物纲　Monocotyledoneae

160　香蒲科　Typhaceae

香蒲属　*Typha* L.
长苞香蒲　*T. angustata* Bory et Chaub.
水烛　*T. angustifolia* L.
香蒲　*T. orientalis* Presl.

161　黑三棱科　Sparganiaceae

黑三棱属　*Sparganium* L.
小黑三棱　*S. simplex* Huds.
黑三棱　*S. stoloniferum* Buch. _Ham.

162　眼子菜科　Potamogetonaceae

眼子菜属　*Potamogeton* L.
小叶眼子菜　*Potamogcton cristatus* Rcgcl ct Maack.
菹草(虾藻)　*P. crispus* L.
眼子菜　*P. distinctus* A. Benn.
浮叶眼子菜　*P. natans* L.
异叶眼子菜　*P. heterophylus* Schreber
光叶眼子菜　*P. lucens* L.
微齿眼子菜　*P. maackianus* A. Benn.
竹叶眼子菜　*P. malaianus* Mig.
纯头眼子菜　*P. obtusefolius* Wertens et Koch.
穿叶眼子菜　*P. perfoliatus* L.
小浮叶眼子菜　*P. raseyi* Robbins
篦齿眼子菜　*P. pectinaatus* L.
角果藻属　*Zannichellia* Kunfh.
角果藻　*Z. palutris* L.

163　茨藻科　Najadaceae

茨藻属　*Najas* L.
茨藻　*N. mirina* L.
小茨藻　*N. minor* All.

164　泽泻科　Alismataceae

泽泻属　*Alisma* L.
窄叶泽泻　*A. cnaliculatum* A. Br. et Bouche
泽泻　*A. orientale* Juzep.
慈姑属　*Sagittaria* L.
矮慈姑　*S. pygmaea* Miq.
慈姑　*S. trifolia* L.

165　花蔺科　Butomaceae

花蔺属　*Butomus* L.
华蔺　*B. umbelatus* L.

166　水鳖科　Hydrocharitaceae

黑藻属　Hydrilla L. C. Richard
黑藻　*H. verticillata*(L. f.)Royle.
水鳖属　*Hydro charis* L.
水鳖　*H. Asiatica* Miq.
水车前属　*Ottelia* Pers.
水车前　*O. alismoides* Pers.
苦草属　*Vallisneria* L.
苦草　*V. spiralis* L.

167　禾本科　Gramineae

竹亚科 Bambusoideae Ascherson

箬竹属 *Indocalamus* Nakai
阔叶箬竹 *I. latifolius* C. H. Hu
箬叶竹 *I. longiauritus* Hand. _Mazz.
刚竹属 *Phyllostachys* Sieb. et Zucc.
刚竹 *P. bambusoides* Sieb. et Zucc.
水竹 *P. heteroclada* Oliv.
美竹 *P. decora* MC. Clure
毛竹 *P. pubescens* Mazel.
甜竹 *P. flezuosa*(Carr.)Riv.
桂竹 *P. marinoi* Hayata
毛金竹 *P. nigra* var. *henonis*(Mitford) Stapf ex Rendle.
紫竹 *P. nigra*(Lodd. ex Lindl.)Munro
白夹竹 *P. nidularia* Munro
苦竹属 *Pleioblastus* Nakai
苦竹 *P. amaurs* Keng f.

禾亚科 Agrostidoidaceae Keng et Keng f.

淡竹叶属 *Lophatherum* Brongn.
淡竹叶 *L. gracile* Brongn.
羊茅属 *Festuca* L.
小颖羊茅 *F. parvigluma* Steud.
素羊茅 *F. modesta* Steud.
早熟禾属 *Poa* L.
白顶早熟禾 *P. acroleuca* Steud.
早熟禾 *P. annua* L.
华东早熟禾 *P. faberi* Rendle
林地早熟禾 *P. nemoralis* L.
草地早熟禾 *P. pratensis* L.
硬质早熟禾 *P. sphondylodes* Trin. et Bge.
臭草属 *Melica* L.
臭草 *M. scabrosa* Trin.
日本臭草 *M. onoei* Franch. et Bge.
甜茅属 *Glyceria* R. Br.
甜茅 *G. acutiflora* Torr. Ssp. *japonica* T. Koyama et Kawano
假鼠妇草 *G. leptolepis* Ohwi.
雀麦属 *Bromus* L.
雀麦 *B. japonicus* Thunb.
疏花雀麦 *B. remotiflorus*(Steud.)Ohwi
画眉草属 *Eragrostis* Beauv.
大画眉草 *E. cilianensis*(All.)Link.
知风草 *E. ferruginea*(Thunb.)Beauv.
黑穗画眉草 *E. nigra* Nees
画眉草 *E. pilosa*(L.)Beauv.
小画眉草 *E. poaeoides* Beauv.
乱草 *E. japonica*(Thunb.)Trin.
芦竹属 *Arundo* L.
芦竹 *A. donax* L.
芦苇属 *Phragmites* Trin.
芦苇 *P. communis* Trin.
鹅冠草属 *Roegneria* C. Koch.
纤毛鹅冠草 *R. ciliaris*(Trin.)Nevski
竖立鹅冠草 *R. japonensis*(Honda)Keng
鹅冠草 *R. kamoji* Whwi
东瀛鹅冠草 *R. maybearana*(Honda)Whwi
千金子属 *Leptochioa* Beauv.
千金子 *L. chinensis*(L.)Nees
蜡子草 *L. panicea*(Betz)Ohwi
猬草属 *Asperella* Humb.
猬草 *A. duthiei* Stapf ex Hook. f.
双稃草属 *Diplachne* Beauv.
双稃草 *D. fusca*(L.)Beauv.
移草属 *Eleusine* Gaertn.
牛筋草 *E. indica*(L.)Gaertn.
草沙蚕属 *Tripogon* Roem et Schult.
中华草沙蚕 *T. chinensis*(Franch.)Hack
狗尾草属 *Pennisetum* Swarts
狗尾草 *P. alopecuroides*(L.)Spreng.
狗牙根属 *Cynodon* Rich.
狗牙根 *C. dactylon*(L.)Pers.
莔草属 *Beckmannnia* Host.
莔草 *B. syzigachne*(Stend.)Fernald.
三毛草属 *Trisetum* Pers.
三毛草 *T. bifidum*(Thunb.)Ohwi.
湖北三毛草 *T. henryi* Rendle
燕麦属 *Avena* L.
野燕麦 *A. fatua* L.
拂子茅属 *Calamagrostis* Adans.
拂子茅 *C. epjgejos* Roth

假拂子茅	*C. pseudophragmites*(Hall. f.)Koel
剪股颖属	*Agrostis* L.
小糠草	*A. alba* L.
台湾剪股颖	*A. sozanensis* Hayata
剪股颖	*A. clavata* var. *matsumurae* (Hack. ex honda)Tateoka
多花剪股颖	*A. myriantha* Hook. f.
梯牧草属	*Phleum* L.
鬼蜡烛	*P. paniculatum* Huds.
棒头草属	*Polypogon* Dest
棒头草	*P. fugax* Nees et Steud.
长芒棒头草	*P. monspeliensis*(L.)Desf.
乱子草属	*Muhlenbergia* Schreb.
乱子草	*M. hugelii* Trin.
日本乱子草	*M. japonica* Steud.
鼠尾粟属	*Sporobolus* R. Br.
鼠尾粟	*S. fertilis*(Steud.)W. D. Cclayton
看麦娘属	*Alopecurus* L.
看麦娘	*A. aequalis* Sobel.
日本看麦娘	*A. japonicus* Steud.
显子草属	*Phaenosperma* Munro ex Benth
显子草	*P. globosa* Munro et Benth.
粟草属	*Milium* L.
粟草	*M. effusum* L.
落芒草属	*Oryzopsis* Michx
湖北落芒草	*O. henryi*(Rendle)Keng
钝颖落芒草	*O. obtusa* Stapf
芨芨草属	*Achnatherume* Beauv.
远东芨芨草	*A. extremi riontale*(Hara)Keng
针茅属	*Stipa* L.
长芒草	*S. bungeana* Trin.
稻属	*Oryza* L.
稻	*O. sativa* L.
李氏禾属	*Leersia Solandex* Swartz
假稻	*Leersia japonica* Makino
菰属	*Zizania* Gronov ex L.
菰(茭笋)	*Z. caddciflora*(Turcz. et Trin.) Hand. _Mazz.
柳叶箬属	*Isachne* R. Br.
柳叶箬	*I. globosa*(Thunb.)Kuntze
稷属	*Panicum* L.
糠稷	*P. bisulcatum* Thunb.
柳枝稷	*P. virgatum* L.
求米草属	*Oplismenus* Beauv.
求米草	*O. undulatifolius*(Ard.)Roem. et Schult.
稗属	*Echinochloa* Beauv.
光头稗	*E. colonum*(L.)Lonk.
稗	*E. crugalli*(L.)Beauv.
无芒稗	*E. crusgalli* var. *mitis*(Pursh.)Peterm.
西米稗	*E. crusgalli* var. *zelayensis*(H. B. K.)Hitchc
旱稗	*E. crusgalli* var. *hispidula*(Retz.) Hack
囊颖草属	*Sacciolepis* Nash
囊颖草	*S. indica* A. Chase
臂形草属	*Brachiaria* Griseb.
毛臂形草	*B. villosa*(Lam.)A. Camus
野黍属	*Eriochloa* Kunth
野黍	*E. villosa*(Lam.)A. Camus
雀稗属	*Paspalum* L.
圆果雀稗	*P. orbiculare* G. Forst.
双穗雀稗	*P. paspaloides*(Michx.)Scribn
雀稗	*P. Thunbergii* Kunth et Steud.
马唐属	*Digitaria* Hall.
升马唐	*D. adscendens*(H. B. K.)Henrard
毛马唐	*D. cillaris*(Retz.)Koel.
止血马唐	*D. ischaemum*(Schreb.)Schreb. ex Muhl.
马唐	*D. saguinalis*(L.)Scop.
狗尾草属	*Setaria* Beauv.
稃草	*S. chondrachne*(Steuc.)Honda
大狗尾草	*S. faberii* Herrm.
金色狗尾草	*S. glauca*(L.)Beauv.
狗尾草	*S. viridis*(L.)Beauv.
谷子	*S. italica* Beauv.
硬草属	*Sclerochlo* Beauv.
硬草	*S. kengiana* Tzvel.
野古草属	*Arumdinella* Raddi.
野古草	*A. hirta*(Thunb.)Tanaka.
刺芒野古草	*A. setosa* Trin.

结缕草属 *Zoysia* Willd.
结缕草 *Z. japonica* Steud.
锋芒草属 *Tragus* Haller
锋芒草 *T. berteronianus*(L.)Scault
虱子草 *T. racemesus*(L.)Scault
芒属 *Miscanthus* Anders
五节芒 *M. floridulus*(Labill.)Warb. ex K. Schum. et Lauterb.
荻 *M. sacchariflorus*(Maxim.) Benth.
芒 *M. sinensis* Anders.
白茅属 *Imperata* Grill.
白茅 *I. cylindrica* var. *major*(Nees)C. E. Hunbb.
甘蔗属 *Saccharum* L.
斑茅 *S. arundinaceum* Retz.
甜根子草 *S. spontaneum* L.
大油芒属 *Spodiopogon* Trin.
大油芒 *S. sibivicus* Trin.
莠竹属 *Microstegium* Nees.
竹叶茅 *M. nudum*(Trin.)A. Camus
柔枝莠竹 *M. vimineum*(Trin)A. Camus
牛鞭草属 *Hemarthria* R. Br.
牛鞭草 *Hemarthria compressa* var. *fassiculata*(Lam.)Keng
蜈蚣草属 *Eremochloa* Buse
假俭草 *E. ophiuroides*(Munro)Hack.
荩草属 *Arthraxon* Beauv.
荩草 *A. hispidus*(Thunb.)Makino
柔叶荩草 *A. prionodes*(Steud.)Dandy
细柄草属 *Capillipedium* Stapf
细柄草 *C. parviflorum*(R. Br.)Stapf
孔颖草属 *Botriochlora* Kuntz.
白草 *B. ischaemum*(L.)Keng
香茅属 *Cymbopogon* Spreng
芸香草 *C. distans*(Nees)W. Wats.
枯草 *C. goeringii* Steud.
黄茅草属 *Heteropogon* Pers.
黄茅 *H. contortus*(L.)Beauv.
菅草属 *Themeda* Forsk.
黄背草 *T. japonica*(Willd.)Tanaka
薏苡属 *Coix* L.
薏苡 *C. lacryma_ jobi* var. ma_yuen (Roman.)Stapf.
野青茅属 *Deyeuxia* Clarion ex Beauv.
野青茅 *D. sylvatica*(Schard)Kunth.
隐子草属 *Cleistogenes* Keng
隐子草 *C. strotina*(L.)Keng

168　莎草科　Cyperaceae

球柱草属 *Bulbostylis* Kunth.
球柱草 *B. barbata*(Rottb.)Kunth.
丝叶球柱草 *B. densa*(Wall.)Hand. _Mazz.
苔草属 *Carex* L.
阿芨苔 *C. argyi* Levl. et Vant.
独穗苔 *C. biwensis* Franch.
亚大苔 *C. brownii* Tuckerm.
灰花苔 *C. cinerascens* Ku. Kenth.
垂穗苔 *C. dimorpholepis* Steud
弯囊苔草 *C. dispalata* Boott
芒尖苔草 *C. doniana* Spreng
穹隆苔草 *C. gibba* Wahlenb
湖北苔草 *C. henryi* C. B. Ciarke
异穗苔 *C. heterostachya* Bunge.
披叶苔 *C. lanceolata* Boott.
宽苔 *C. latticepa* C. B. Clarke
青绿苔草 *C. leucochlora* Bge.
舌叶苔草 *C. ligulata* Nees ex Wight.
条穗苔草 *C. nemostachys* Steud.
头状苔 *C. neurocarpa* Maxim.
云雾苔草 *C. nubigena* D. Don.
扁杆苔草 *C. planiculmis* Kom
粉被苔草 *C. pruinosa* Boott.
节带苔 *C. rochebrunii* Franch. et Sav.
糙叶苔 *C. scabrifolia* Steud.
锈鳞苔草 *C. sendaica* Franch.
宽叶苔 *C. siderosticta* Hance
细叶苔 *C. stenophylla* Wahl.
细校苔草 *C. stipitinux* C. B. Clarks
单性苔 *C. unisexualis* C. B. Clarks
长芒苔草 *C. davidii* Franch.
日本苔草 *C. japonica* Thunb.
莎草属 *C. yperus* L.
阿修尔莎草 *C. amuricus* Maxim.
扁穗莎草 *C. compressus* L.
异形莎草 *C. difformis* L.

褐穗莎草 *C. fuscus* L.
聚穗莎草 *C. glomeratus* L.
白鳞莎草 *C. Nipponicus* Franch. et avat.
碎米莎草 *C. iria* L.
香附子 *C. rotundus* L.
荸荠属 *Eleocharis* R. Br.
牛毛毡 *E. yokoscensis*(Franch. et Sav.) Tang et wang
渐狭针蔺 *E. atenuata* Palla
荸荠 *E. tuberosa*(Roxb.)Roem et Schut
槽杆针蔺 *E. vauecllosa* Ohwi.
飘拂草属 *Fimbristylis* Vahl.
两歧飘拂草 *F. dichotoma*(L.)Vahl.
宜吕飘拂草 *F. henryi* C. B. Clarke.
水虱草 *F. miliacea*(L.)Vahl.
水葱 *F. subbispicata* Nees et Mey.
复穗飘拂草 *F. bisumbellata*(Forsk.)Bubani.
拟叶飘拂草 *F. diphylloides* Makino
五棱飘拂草 *F. quinquangularis*(Vahl.) Kunth.
烟台飘拂草 *F. stautonii* Debeaux et Franch.
水莎草属 *Juncellus*(Griseb)C. B. Clarke
水莎草 *J. serotinus*(Rottb.)C. B. Clarke
水蜈蚣属 *Kyllinga* Rottb.
水蜈蚣 *K. brevifolia* Rottb.
砖子苗属 *Mariscus* Gaertn.
砖子苗 *M. umbellatus* Vahl.
扁莎属 *Pycreus* Beauv.
球穗扁莎 *P. globosus*(All.)Reichb.
红鳞扁莎 *P. sanguinolentus*(Uahl)Nees.
藨草属 *Scirpus* L.
萤蔺 *S. juncoides* Roxb.
百球草 *S. rosthornii* Diels
华北藨草 *S. karuizawensis* Makino
庐山藨草 *S. lushanensis* Ohwi.
扁杆荆三棱 *S. planiculmis* Franch.
类头状藨草 *S. subcapitata* Thw.
水毛花 *S. triangulatus* Roxb.
光棍子(藨草) *S. trqueter* L.
荆三棱 *S. yagara.* Ohwi.

169 天南星科 Araceae

菖蒲属 *Acorus* L.
白菖蒲 *A. calamus* L.
石菖蒲 *A. tatarinowii* Schott.
天南星属 *Arisaema* Mart
天南星 *A. consanguineum* Schott.
异叶天南星 *A. heterophyllum* Bl.
江苏天南星 *A. du_bois_reymendiae* Lingl.
灯台莲 *A. sikokianum* var. *serratum* (Makino)Hand. _Mazz.
花南星 *A. lobatum* Engl.
虎掌 *A. thunbergii* Bl.
日本天南星 *A. japonicum* Bl.
半夏属 *Pinellia* Terone
掌叶半夏 *P. pedatisecta* Schott
半夏 *P. ternata*(Thunb.)Breit.
独角莲属 *Typhonium* Schott
独角莲 *T. giganteum* Engl.

170 浮萍科 Lemnaceae

浮萍属 *Lemna* L.
青萍 *L. minor* L.
品藻 *L. trisulca* L.
紫萍属 *Spirodela* Schleid.
紫萍 *S. Polyrrhiza*(L.)Schleid.
无根萍属 *Wolffia* Horkel.
无根萍 *W. arrhiza*(L.)Hook. ex Wimmer

171 谷精草科 Eriocaulaceae

谷精草属 *Eriocaulon* L.
谷精草 *E. buergerianum* Koern.
白药谷精草 *E. sieboldianum* Sieb. et Zucc.

172 鸭跖草 Commelinaceae

鸭跖草属 *Commelina* L.
火柴头 *C. bengalensis* L.
鸭跖草 *C. communis* L.
水竹叶属 *Murdannia* Roylo
棵华水竹叶 *M. nudiflora* Brenan

水竹叶 *M. triquetra*(Wall.)Bruckn.
竹叶子属 *Streptolirion* Edgeuw.
竹叶子 *S. volubile* Edgeuw.
杜若属 *Pollia* Thunb
杜若 *P. japonica* Thunb

173 雨久花科 Pontederiaceae

雨久花属 *Monochoria* C. Presl
鸭舌草 *Monochoria vaginalis*(Burm. f.) Presl. ex Kunth
雨久花 *M. korsakowii* Kegel et Maack

174 灯心草科 Juncaceae

灯心草属 *Juncus* L.
翅茎灯心草 *J. alatus* Franch. et Sav.
灯心草 *J. effusus* L.
小灯心草 *J. bufonius* L.
细灯心草 *J. gracillimus*(Buch.)
江南灯心草 *J. leschenaultii* Gay
单枝灯心草 *J. potaninii* Buchen.
野灯心草 *J. setchuensis* Buchen.
地杨梅属 *Luzula* DC.
多花地杨梅 *L. multiflora*(Retz.)Lej.
华北地杨梅 *L. oligantha* G. Sam.
羽毛地杨梅 *L. plumosa* E. Mey.

175 百部科 Stemonaceae

百部属 *Stemona* Lour.
百部 *S. tuberosa* Lour.
直立百部 *S. sessilifolia*(Miq)Fr. et Sav.

176 百合科 Liliaceae

肺筋草属 *Aletris* L.
肺筋草 *A. spicata*(Thunb.)Franch.
光肺肺筋草 *A. glabra* Bur. et Franch.
葱属 *Allium* L.
矮藠 *A. anisopodium* Ledeb
薤白 *A. macrostemon* Bunge.
多叶韭 *A. plurifoliatum* Rendle.
细叶韭 *A. plurifoliatum* Rendle.
韭 *A. tuberosum* Rottler et Spreng
天蓝韭 *A. cyaneum* Regel.
卵叶韭 *A. ovalifolium* Hand. _Mazz.
太白韭 *A. prattii* C. H. Wright.
合被韭 *A. tubiflorum* Rendle.
天门冬属 *Asparagus* L.
天门冬 *A. cochinchinensis*(Lour.)Merr.
羊齿天门冬 *A. filicinus* Ham. ex D. Don.
大百合属 *Cardiocrinum* Engl.
荞麦叶大百合 *C. cathayanum* Stearn.
宝铎草属 *Disporopsis* Salsb
万寿竹 *D. cantoniense*(Lour.)Merr.
宝铎草 *D. sessile* D. Don.
贝母属 *Fritillaria* L.
贝母 *F. verticinata* Wind.
萱草属 *Hemerocallis* L.
黄花 *H. citrina* Baroni
萱草 *H. fulva*(L.)L.
小萱草(野金针菜) *H. minor* Mill.
北黄花菜 *H. lilioasphodelus* L.
铃兰属 *Convallaria* L.
铃兰 *C. Keiskei* Miq.
玉簪属 *Hosta* Tratt
玉簪 *H. plantaginea*(Lam.)Aschers.
紫玉簪 *H. ventricosa*(Salisb.)Stearn
百合属 *Lilium* L.
百合 *L. brownii* var. *viridulum* Baker
卷丹 *L. lancifolium* Thunb.
乳头百合 *L. papilliferum* Franch.
绿花百合 *L. fargesii* Franch.
线叶百合 *L. cauosum* Gieb. et Zucc.
云南大百合 *L. giganteum* var. *yunnanense* Leichtlin ex Elwes
渥丹 *L. contor* Sailsh
禾叶山麦冬属 *Liriope* Baker
阔叶山麦冬 *L. platyphylla* Wang et Tang
山麦冬 *L. spicata*(Thunb.)Lour.
禾叶山麦冬 *L. graminifolia*(L.)Baker
舞鹤草属 *Maianthemum* Wigg.
舞鹤草 *M. bifolium*(L.)F. W. Schmidt
沿阶草属 *Ophiopogon* Ker_Gawl.
沿阶草 *O. bodinieri* Levl.

麦冬沿阶草　*O. japonicus*(L. f.)Ker_Gawl.
重楼属　*Paris* L.
重楼　*P. polyphylla* Sm.
绵枣属　*Scilla* L.
绵枣　*S. scilloioes* Druce.
黄精属　*Polygonatum* Mill.
卷叶黄精　*P. cirhifolium*(Wall.)Royle
多花黄精　*P. cyrtonema* Hua
玉竹　*P. odoratum*(Mill.)Druce.
黄精　*P. sibiiricum* Delar. ex Redoute
湖北黄精　*P. zanlanscianense* Pampan.
吉祥草属　*Reineckia* Kunth
吉祥草　*R. carnea*(Andr.)Kunth
鹿药属　*Smilacina* Desf
管花鹿药　*S. henryi*(Baker)Wang et Tang
鹿药　*S. japonica* A. Gray
菝葜属　*Smilax* L.
菝葜　*S. china* L.
托柄菝葜　*S. discotis* Warb.
白背牛尾菜　*S. nipponica* Miq.
短梗菝葜　*S. scobinicaulis* C. H. Wright
粉菝葜　*S. glauco_china* Warb.
防己叶菝葜　*S. menispermoidea* A. DC.
小叶菝葜　*S. microphylla* C. H. Wright
鞘叶菝葜　*S. vaginata* Dence.
油点草属　*Tricyrtis* Wall.
油点草　*T. bakeri* Koidz
延龄草属　*Trillium* L.
延龄草　*T. tschonoskii* Maxim.
开口箭属　*Tupistra* Ker_Gawl.
开口箭　*T. chinensis* Baker
藜芦属　*Veratrum* L.
藜芦　*V. nigrum* L.

177　石蒜科　Amaryllidaceae

石蒜属　*Lycoris* Herb
黄花石蒜　*L. aurea*(L'Her.)Herb.
石蒜　*L. radiata*(L'Her.)Herb.

178　薯蓣科　Dioscoreaceae

薯蓣属　*Dioscorea* L.
穿龙薯蓣　*D. nipponica* Makino
盾叶薯蓣　*D. zingiberensis* C. H. Wringt
薯蓣　*D. opposita* Thunb.
黄独　*D. duibifera* L.
野山药　*D. japonica* Thunb.
山草莓　*D. tookro* Makino

179　鸢尾科　Iridaceae

射干属　*Belamcanda* Adans
射干　*B. chinensis*(L.)DC.
鸢尾属　*Iris* L.
蝴蝶花　*I. japonica* Thunb.
鸢尾　*I. tectorum* Maxim.
马蔺　*I. ensata* Thunb.

180　姜科　Zingiberaceae

姜属　*Zingiber* Boenmer
蘘荷　*Z. meoga*(Thunb.)Rosc.
姜　*Z. officeinale* Rosc.

181　美人蕉科　Cannaceae

美人蕉属　*Canna* L.
美人蕉　*C. indica* L.

182　兰科　Orchidaceae

无柱兰属　*Amitostigma* Schltr.
细葶无柱兰　*A. gracile*(Bl.)Schltr.
白芨属　*Bletilla* Rchb.
黄花白芨　*B. ochracea* Schltr.
白芨　*B. striata*(Thunb.)Rchb. f.
虾脊兰属　*Calanthe* R. Br.
剑叶虾脊兰　*C. ensifolia* Rolfe
三棱虾脊兰　*C. tricarinata* Lindl.
银兰属　*Cerphalanthera* Chien
银兰　*C. erecta*(Thunb.)Bl.
金兰　*C. falcata*(Thunb. ex A. Murray)Bl.
独花兰属　*Changnienia* Chien
独花兰　*C. amoena* Chien
兰草属　*Cymbidium* Sw.
建兰　*C. ensifolium*(L.)Sw.
蕙兰　*C. faberi* Rolfe

多花兰　*C. floribundum* Lindl.
春兰　*C. goeringii*(Rchb. f) Rchb. f.
杓兰属　*Cypripedium* L.
毛杓兰　*C. franchetii* Wils.
绿花杓兰　*C. henryi* Rolfe
扇脉杓兰　*C. japonicum* Thunb.
石斛属　*Dendrobium* Sw.
细茎石斛　*D. moniliforme* Sw.
细叶石斛　*D. hancockii* Rolfe
火烧兰属　*Epipactis* Zinn.
大叶火烧兰　*E. mairei* Schltr.
火烧兰　*E. helleborine*(L.) Crantz
天麻属　*Gastrodia* R. Br.
天麻　*G. elata* Bl.
斑叶兰属　*Goodyera* R. Br.
大花斑叶兰　*G. biflora*(Lindl.) Hook. f.
小斑叶兰　*G. repens*(L.) R. Br.
十字兰属　*Habenaria* Willd.
鹅毛十字兰　*H. dentata*(Sw.) Schltr.
角盘兰属　*Herminium* Guett.
角盘兰　*H. monorchis* R. Br.
羊耳兰属　*Liparis* Rich.
大唇羊耳蒜　*L. dunnii* Rolfe
羊耳兰　*L. japonica*(Miq.) Maxim.
鸟巢兰属　*Neottia* L.
鸟巢兰　*N. acuminata* Schltr.
兜被兰属　*Neottianthe* Schltr.
二叶兜被兰　*N. cucullata* Schltr.
长距兰属　*Platanthera* . C. Rich.
舌唇兰　*P. japonica*(Thunb.) Lindl.
小舌唇长距兰　*P. mandarinorum* Rchb. f.
独蒜兰属　*Pleione* D. Don.
独蒜兰　*P. bulbocodioides*(Franch.) Rolfe
朱兰属　*Pogonia* Jussieu
朱兰　*P. japonica* Rchb. f.
绶草属　*Spiranthes* L. C. Rich
绶草　*S. lancea*(Thunb.) Backer. Bakh. f. et V. Steenis
蜻蜓兰属　*Tulotis* Lindl.
蜻蜓兰　*T. asiatica* Hara
小花蜻蜓兰　*T. ussuriensis*(Reg. et Maack) Hara

附录2　高乐山自然保护区两栖动物名录

种类名称	区系从属			保护级别	CITES附录	“三有”动物
	古北型	广布型	东洋型			
Ⅰ有尾目 Urodela						
(一)隐鳃鲵科 cryptobranchidae						
01 大鲵 *Anerias davidianus*		√		Ⅱ	附录Ⅰ	
(二)蝾螈科 Salamandriade						
02 东方蝾螈 *Cynops orientalis*			√			+
Ⅱ无尾目 Anura						
(三)蟾蜍科 Bufonidae						
03 中华大蟾蜍 *Bufo gargarizans*		√				+
04 花背蟾蜍 *Bufo raddei*	√					+
(四)雨蛙科 Hylidae						
05 无斑雨蛙 *Hyla srborea*		√				
06 中国雨蛙 *Hyla chinensis*			√			
(五)蛙科 Ranidae						
07 泽蛙 *Rana limnocharis*			√			+
08 沼蛙 *Rana guentheri*			√			+
09 金线蛙 *Rana plancyi*		√				+
10 日本林蛙 *Rana japonica*			√			+
11 虎纹蛙 *Hoplobatrachus ruguolsus*			√	Ⅱ	附录Ⅱ	
12 隆肛蛙 *Rana quadranus*			√			+
13 黑斑蛙 *Rana nigromaculata*		√				
(六)姬蛙科 Microhylidae						
14 饰纹姬蛙 *Microhyla ornata*			√			+
15 北方狭口蛙 *Kaloula borealis*	√					+

附录3　高乐山自然保护区爬行动物名录

种类名称	区系从属			保护级别	CITES附录	“三有”动物
	古北型	广布型	东洋型			
Ⅰ龟鳖目 Testudoformes						
(一)龟科 Testudinidae						
01 乌龟 *Chinemys reevesii*			√			
02 黄缘闭壳龟 *Cuora flavomarginata*		√				
(二)鳖科 Trionychidae						
03 鳖 *Pelodiscus* sinensis		√				+
Ⅱ蜥蜴目 Lacertiformen						
(三)壁虎科 Gekkonidae						+
04 无蹼壁虎 *Gekkonidae*		√				
(四)石龙子科 Scincidae						
05 蓝尾石龙子 *Eumeces elegans*			√			+
06 蝘蜓 *Lygosma indicum*			√			
(五)蜥蜴科 Lacertidae						
07 丽斑麻蜥 *Eremias argus*	√					+
08 山地麻蜥 *Eremias brechieyi*	√					+
09 北草蜥 *Takydromrs septentrionclis*			√			+
Ⅲ蛇目 Serpentiformes						
(六)游蛇科 Colubrtidae						
10 黄脊游蛇 *Coluber spinalis*	√					+
11 赤链蛇 *Dinodon rufozonatum*		√				+
12 双斑锦蛇 *Elaphe bimaculata*			√			+
13 王锦蛇 *Elaphe carinata*			√			+
14 白条锦蛇 *Elaphe dione*	√					+
15 黑眉锦蛇 *Elaphe taeniura*		√				+
16 红点锦蛇 *Elaphe rufodorsata*		√				+
17 灰腹绿锦蛇 *Elaphe frenata*			√			+
18 锈链游蛇 *Natrix craspedogaster*			√			
19 水赤链游蛇 *Natrix annularis*			√			
20 乌游蛇 *Natrix percainata*			√			
21 草游蛇 *Natrix stolata*			√			
22 虎斑游蛇 *Natix tigrina*		√				
23 翠青蛇 *Opheodrys major*			√			+
24 斜鳞蛇 *Pseudoxenodon macrops*			√			+
25 花尾斜鳞蛇 *Pseudoxenodon nothus*			√			+
26 黑头剑蛇 *Sibinophis chinensis*			√			+
27 乌梢蛇 *Zaocys dhumnades*			√			+
(七)蝰科 Viperidae						
28 蝮蛇 *Agkistrodon halys*		√				

附录4　高乐山自然保护区鸟类名录

种类名称	区系从属			居留型				保护级别	CITES附录	“三有”动物
	东洋种	古北种	广布种	留鸟	夏候鸟	冬候鸟	旅鸟			
Ⅰ鸊鷉目 Podicipediformes										
(一)鸊鷉科 Podicipedidae										
001. 小鸊鷉 *Podiceps ruficollis*			√	√						+
Ⅱ鹈形目 Pelecaniformes										
(二)鹈鹕科 Pelecanidae										
002. 普通鹈鹕 *Pelecanus roseus Gmelin*			√			√				+
Ⅲ鹳形目 Ciconiformes										
(三)鹭科 Ardeidae										
003. 草鹭 *Ardea purpurea*			√				√			+
004. 池鹭 *Ardeoal bacchus*	√				√					+
005. 牛背鹭 *Bubulcus ibis*	√				√				Ⅲ	+
006. 大白鹭 *Egretta alba*			√				√		Ⅲ	+
007. 白鹭 *Egretta garzetta*	√				√				Ⅲ	+
008. 中白鹭 *Egretta intermedia*	√				√					+
009. 黄嘴白鹭 *Egretta eulophotes*	√				√					
010. 夜鹭 *Nycticorax nycticorax*			√		√					+
011. 栗苇鳽 *Ixobrychus cinnamomeus*	√				√					+
012. 黑鳽 *Dupetor flavicollis*	√				√					+
(四)鹳科 Ciconiidae										
013. 黑鹳 *Ciconia nigra*		√				√		Ⅰ	Ⅱ	
Ⅳ雁形目 Anseriformes										
(五)鸭科 Anatidae										
014. 鸿雁 *Anser cygnoides*		√				√				+
015. 豆雁 *Anser fabalis*		√				√				+
016. 赤麻鸭 *Tadorna terruginea*		√				√				+

种类名称	区系从属			居留型				保护级别	CITES附录	“三有”动物
	东洋种	古北种	广布种	留鸟	夏候鸟	冬候鸟	旅鸟			
017. 罗纹鸭 *Anas falcata*		√				√				+
018. 绿翅鸭 *Anas crecca*			√			√				+
019. 花脸鸭 *Anas formosa*		√				√			Ⅱ	+
020. 绿头鸭 *Anas platynchos*			√			√				+
021. 棉凫 *Nettapus coromandelianus*					√		√			+
Ⅴ隼形目 Falconiformes										
(六)鹰科 Accipitridae										
022. 鸢 *Milvus korschun*			√	√				Ⅱ	Ⅱ	
023. 苍鹰 *Accipiter gentilis*		√			√			Ⅱ	Ⅱ	
024. 雀鹰 *Accipiter nisus*		√			√			Ⅱ	Ⅱ	
025. 松雀鹰 *Accipiter virgatus*			√				√	Ⅱ	Ⅱ	
026. 普通鵟 *Buteo buteo*			√				√	Ⅱ	Ⅱ	
027. 赤腹鹰 *Accipiter soloensis*	√				√			Ⅱ	Ⅱ	
028. 金雕 *Aquila chrysaetos*		√		√				Ⅰ	Ⅱ	
(七)隼科 Falconidae										
029. 燕隼 *Falco columbarius*		√					√	Ⅱ	Ⅱ	
030. 灰背隼 *Falco columbarius*		√			√			Ⅱ	Ⅱ	
031. 红脚隼 *Falco Vespertinus*		√			√			Ⅱ	Ⅱ	
032. 红隼 *Falco tinnunculus*			√	√				Ⅱ	Ⅱ	
Ⅵ 鸡形目 GALLIFORMES										
(八)雉科 Phasianidae										
033. 鹌鹑 *Coturnix coturnix*		√				√				+
034. 环颈雉 *Phasianus colchicus*		√								
035. 白冠长尾雉 *Syrmaticus reevesii*	√			√				Ⅱ		
Ⅶ 鹤形目 Gruiformes										
(九)秧鸡科 Rallidae										
036. 普通秧鸡 *Rallus aquaticus*		√			√					+
037. 红胸田鸡 *Porzana fusca*	√				√					+

种类名称	区系从属			居留型				保护级别	CITES附录	“三有”动物
	东洋种	古北种	广布种	留鸟	夏候鸟	冬候鸟	旅鸟			
038. 白胸苦恶鸟 *Amaurornis phoenicurus*	√				√					+
039. 董鸡 *Gallicrex cinerea*	√				√					+
040. 黑水鸡 *Gallinula chloropus*			√		√					+
041. 骨顶鸡 *Fulica atra*			√			√				+
(十)三趾鹑科 Turnicidae										
042. 黄脚三趾鹑 *Turnix tanki*			√		√					
Ⅷ鸻形目 Charadriiformes										
(十一)鸻科 Charadriidae										
043. 凤头麦鸡 *Vanellus vaellus*		√					√			+
044. 剑鸻 *Charadrius hiaticula*		√					√			+
045. 金眶鸻 *Charadrius dubius*			√		√					+
(十二)鹬科 Scoipacidae										
046. 黑尾胜鹭鹬 *Limosa limosa*		√					√			+
047. 白腰草鹬 *Tringa ochropus*			√			√				+
048. 红脚鹬 *Tringa totanus*		√				√				+
049. 扇尾沙锥 *Capella gallinago*		√					√			+
(十三)燕鸻科 Glareolidae										
050. 普通燕鸻 *Glareola maldivarum*			√				√			+
Ⅸ鸥形目 Lariformes										
(十四)鸥科 Laridae										
051. 普通燕鸥 *Sterna hirundo*			√		√					+
Ⅹ鸽形目 Columbiformes										
(十五)鸠鸽科 Columbidae										
052. 山斑鸠 *Streptopelia orientalis*			√		√					+
053. 灰斑鸠 *Streptopelia decaocto*			√		√					+
054. 珠颈斑鸠 *Streptopelia chinensis*		√			√					+
055. 火斑鸠 *Oenopopelia tranquebarica*		√				√				+

种类名称	区系从属			居留型				保护级别	CITES附录	“三有”动物
	东洋种	古北种	广布种	留鸟	夏候鸟	冬候鸟	旅鸟			
Ⅺ鹃形目 Columbiformes										
（十六）杜鹃科 Cuculidae										
056. 红翅凤头鹃 *Clamator coromandus*	√				√					+
057. 鹰鹃 *Cuculus sparverioides*	√				√					+
058. 四声杜鹃 *Cuculus micropterus*	√				√					+
059. 大杜鹃 *Cuculus canorus*			√		√					+
060. 中杜鹃 *Cuculus saturatus*			√		√					+
061. 小杜鹃 *Cuculus poliocephalus*			√		√					+
062. 噪鹃 *Eudynamys scolopacea*	√				√					+
（十七）鸱鸮科 Strigidae										
Ⅻ鸮形目 Strigiformes										
063. 红角鸮 *Otus scops*			√		√			Ⅱ	Ⅱ	
064. 领角鸮 *Otus bakkamoena*			√		√			Ⅱ	Ⅱ	
065. 鵰鸮 *Bubo bubo*		√		√				Ⅱ	Ⅱ	
066. 领鸺鹠 *Glaucidium brodiei*	√			√				Ⅱ	Ⅱ	
067. 斑头鸺鹠 *Glaucidium cuculoides*	√			√				Ⅱ	Ⅱ	
068. 鹰鸮 *Surnia ulula*	√			√				Ⅱ	Ⅱ	
069. 纵纹腹小鸮 *Athene noctua*		√		√						
XⅢ夜鹰目 Caprimulgiformes										
（十八）夜鹰科 Caprimulgidae										
070. 普通夜鹰 *Caprimulgus indicus*			√		√					+
XⅣ雨燕目 Apodiformes										
（十九）雨燕科 Apodidae										
071. 楼燕 *Apus apus*		√			√					+
072. 白腰雨燕 *Apus pacificus*		√			√					+
XⅤ佛法僧目 Coraciiformes										

种类名称	区系从属			居留型				保护级别	CITES附录	"三有"动物
	东洋种	古北种	广布种	留鸟	夏候鸟	冬候鸟	旅鸟			
(二十)翠鸟科 Alcedinidae										
073. 冠鱼狗 *Ceryle lugubris*	√			√						
074. 普通翠鸟 *Alcedo atthis*			√	√						+
075. 蓝翡翠 *Halcyon pileata*	√				√					+
(二十一)蜂虎科 Meropidae										
076. 栗头蜂虎 *Merops viridis*										
(二十二)佛法僧科 Coraciidae										
077. 三宝鸟 *Eurystomus orientalis*	√				√					+
(二十三)戴胜科 Upupidae										
078. 戴胜 *Upupa epops*			√	√						
XVI鴷形目 Piciformes										
(二十四)啄木鸟科 Picidae										
079. 斑姬啄木鸟 *Picumnus innominatus*	√			√						+
080. 黑枕绿啄木鸟 *Picus canus*			√	√						
081. 大斑啄木鸟 *Dendrocopos major*		√				√				
082. 星头啄木鸟 *Dendrocopos canicapillus*	√			√						+
XVII雀形目 Passeriformes										
(二十五)八色鸫科 Pittidae										
083. 蓝翅八色鸫 *Pitta nympha*	√					√		Ⅱ	Ⅱ	
(二十六)百灵科 Alaudidae										
084. 短趾沙百灵 *Calandrella chelensis*			√			√				
085. 凤头百灵 *Galerida cristata*			√			√				
086. 云雀 *Alauda arvensis*		√				√				+
(二十七)燕科 Hirundinidae										
087. 家燕 *Hirundo rustica*		√			√					+
088. 金腰燕 *Hirundo daurica*			√		√					+

种类名称	区系从属			居留型				保护级别	CITES附录	“三有”动物
	东洋种	古北种	广布种	留鸟	夏候鸟	冬候鸟	旅鸟			
089. 毛脚燕 *Delichon urbica*		√			√					+
(二十八)鹡鸰科 Motacillidae										
090. 树鹨 *Anthus hodgsoni*		√				√				+
091. 田鹨 *Anthus novaeseelandiae*		√			√					+
092. 山鹡鸰 *Dendronanthus indicu*		√			√					+
093. 白鹡鸰 *Motacilla alba*			√	√						+
094. 黄鹡鸰 *Motacilla flava*	√					√				+
095. 灰鹡鸰 *Motacilla cinerea*		√		√						+
(二十九)山椒鸟科 Campephagidae										
096. 暗灰鹃 *Coracina melaschistos*	√				√					+
097. 灰山椒鸟 *Pericrocotus divaricatus*	√				√					+
(三十)鹎科 Pycnonotidae										
098. 绿鹦嘴鹎 *Spizixos semitorques*	√			√						+
099. 黄臀鹎 *Pycnonotus xanthorrhous*	√			√						+
100. 白头鹎 *Pycnonotus sinensis*	√			√						+
101. 冠鸭 *Criniger pallidus*	√				√					
102. 黑短脚鹎 *Hypsipetes madagascariensis*	√				√					+
(三十一)伯劳科 Laniidae										
103. 虎纹伯劳 *Lanius tigrinus*			√		√					
104. 红尾伯劳 *Lanius cristatus*			√		√					
105. 牛头伯劳 *Lanius bucephalus*		√				√				
106. 棕背伯劳 *Lanius schach formosae*	√						√			
(三十二)黄鹂科 Oriolidae										
107. 黑枕黄鹂 *Oriolus chincnsis*	√				√					+
(三十三)卷尾科 Dicruridae										
108. 黑卷尾 *Dicrurus macrocercus*	√				√					+

种类名称	区系从属			居留型				保护级别	CITES附录	"三有"动物
	东洋种	古北种	广布种	留鸟	夏候鸟	冬候鸟	旅鸟			
109. 灰卷尾 *Dicrurus leucophaeus*	√				√					+
110. 发冠卷尾 *Dicrurus hottentottus*	√				√					+
(三十四)椋鸟科 Sturnidae										
111. 丝光椋鸟 *Sturnus sericeus*	√				√					+
112. 灰椋鸟 *Sturnus cineraceus*			√	√						+
113. 八哥 *Acridotheres cristatellus*	√			√						+
(三十五)鸦科 Corvidae										
114. 松鸦 *Garrulus glandarius*			√	√						
115. 红嘴蓝鹊 *Cissa erythrohyncha*	√			√						+
116. 喜鹊 *Pica pica*			√	√						+
117. 灰喜鹊 *Cyanopica cyana*		√		√						+
118. 秃鼻乌鸦 *Corvus frugilegus*		√				√				+
119. 寒鸦 *Corvus monedula*		√				√				
120. 大嘴乌鸦 *Corvus macrorhynchus*		√		√						
121. 白颈鸦 *Corvus torquatus*			√	√						
(三十六)河乌科 Cinclidae										
122. 褐河乌 *Cinclus pallasii pallasii*			√	√						
(三十七)鹟科 Muscicapidae										
123. 红胁蓝尾鸲 *Arsiger cyanurus*		√					√			+
124. 鹊鸲 *Copschus saularis*	√				√					+
125. 北红尾鸲 *Phoenicurus auroreus*		√				√				+
126. 白顶溪鸲 *Chaimarrornis leucocephalus*			√			√				
127. 红尾水鸲 *Rhyacornis fuliginosus*			√	√						
128. 黑背燕尾 *Enicurus leschenalti*	√			√						
129. 兰矶鸫 *Monticola solitarius*		√		√						

种类名称	区系从属			居留型				保护级别	CITES附录	“三有”动物
	东洋种	古北种	广布种	留鸟	夏候鸟	冬候鸟	旅鸟			
130. 紫啸鸫 *Myiophoneus caeruleus*	√				√					
131. 橙头地鸫 *Zoothera citrina*	√				√					
132. 乌鸫 *Turdus merula*	√			√						
133. 斑鸫 *Turdus naumanni*		√				√				+
134. 棕颈钩嘴鹛 *Pomatorhinus ruficollis*	√			√						
135. 棕头鸦雀 *Paradoxornis webbianus*		√		√						+
136. 黑脸噪鹛 *Garrulax perspicillatus*	√			√						+
137. 画眉 *Garrulax canorus*	√			√						+
138. 短翅树莺 *Cettia diphone*			√		√					
139. 棕顶树莺 *Cettia brunnfrons*	√				√					
140. 大苇莺 *Acrocephalus arundinaceus*			√		√					+
141. 黄眉柳莺 *Phylloscopus proregulus*		√					√			+
142. 黄腰柳莺 *Phylloscopus proregulus*		√					√			+
143. 极北柳莺 *Phylloscopus borealis*		√					√			+
144. 暗绿柳莺 *Phylloscopus trochiloides*		√					√			+
145. 白眉鹟 *Ficedula zanthopygia*		√			√					+
146. 北灰鹟 *Muscicapa latirostris*	√						√			+
147. 寿带鸟 *Terpsiphone paradisi*	√				√					+
148. 大山雀 *Parus major*			√	√						+
149. 煤山雀 *Parus ater*				√						+
150. 杂色山雀 *Parus varius*			√		√					+

种类名称	区系从属			居留型				保护级别	CITES附录	“三有”动物
	东洋种	古北种	广布种	留鸟	夏候鸟	冬候鸟	旅鸟			
151. 红头长尾山雀 *Aegithalos concinnus*	√			√						+
152. 银喉长尾山雀 *Aegithalos caudatus*		√		√						+
153. 普通䴓 *Sitta europaea*		√		√						
154. 暗绿绣眼鸟 *Zosterops japonicus*	√				√					+
（三十八）文鸟科 Ploceidae										
155. 树麻雀 *Passer montanus*			√	√						+
156. 山麻雀 *Passer rutilans*	√			√						+
157. 白腰文鸟 *Lenchura striata*			√	√						+
（三十九）雀科 Fringillidae										
158. 金翅雀 *Carduelis sinica*			√	√						+
159. 北朱雀 *Carpodacus roseus*		√					√			+
160. 黑尾蜡嘴雀 *Eophona migratoria*		√					√			+
161. 锡嘴雀 *Coccothraustes coccothraustes*		√					√			+
162. 栗鹀 *Emberiza rutila*		√					√			+
163. 黄胸鹀 *Emberiza fucata*		√					√			+
164. 三道眉草鹀 *Emberiza cioides*		√		√						+
165. 田鹀 *Emberiza rustica*		√				√				+
166. 小鹀 *Emberiza pusilla*		√				√				+
167. 黄眉鹀 *Emberiza chrysophrys*		√				√				+
168. 白眉鹀 *Emberiza tristrami*		√				√				+
163. 凤头鹀 *Melophus lathami*		√				√				+
164. 黄喉鹀 *Emberiza elegans*		√					√			+

附录5 高乐山自然保护区兽类名录

目	科	名称	区系从属			保护级别	CITES附录	“三有”动物
			东洋种	古北种	广布种			
食虫目	猬科	1. 普通刺猬 *Erinasus eyropaeus*		√				
		2. 短棘猬 *Hemiechinus dauuricus*		√				+
	鼹科	3. 短齿鼹 *Mogera wagera*		√				
		4. 小缺齿鼹 *Magera wagera*		√				
	鼩鼱科	5. 中鼩鼱 *Sarex caeculieus*		√				
		6. 灰鼩鼱 *Cracidura suavealeus*	√					
		7. 水麝鼩 *Chimmarogale platycephala*	√					
翼手目	菊头蝠科	8. 马铁菊头蝠 *Rhinolophus ferrumequinum*	√					
	蝙蝠科	9. 普通伏翼 *Pipistrellus abramus*	√					
兔形目	兔科	10. 草兔 *Lepus capensis*			√			+
啮齿目	松鼠科	11. 岩松鼠 *Sciurotamias davidianus*			√			+
		12. 隐纹花松鼠 *Tamipos swinhoe M * E*		√				+
		13. 花鼠 *Eutamias sibiricus*		√				+
		14. 赤腹松鼠 *Callosciurus erythraeus*	√					+
	鼯鼠科	15. 飞鼠 *Pteromys volans*		√				+
		16. 复齿鼯鼠 *Trogopterus xanthipes*	√					+
	仓鼠科	17. 中华鼢鼠 *Myospalas fontanieri*		√				
	鼠科	18. 褐家鼠 *Rattus norvegicus*			√			
		19. 黄胸鼠 *Rattus flavipectusm*	√					
		20. 社鼠 *Rattus confucianus*	√					
		21. 小家鼠 *Mus musculus*			√			
		22. 黑线姬鼠 *Apodemus agrarius*		√				
	豪猪科	23. 豪猪 *Hystrix subcristat*	√					+
食肉目	犬科	24. 狼 *Canis lupus*			√		Ⅱ	+
		25. 豺 *Cuon alpinus*		√		Ⅱ	Ⅱ	
		26. 赤狐 *Vulpes Vulpes*		√				
		27. 貉 *Nyctereutes procyonoides*	√					
		28. 青鼬 *Martes flavigula*			√	Ⅱ	Ⅲ	
		29. 艾鼬 *Mustela eversmanni*		√				+

目	科	名 称	区系从属			保护级别	CITES附录	“三有”动物
			东洋种	古北种	广布种			
食肉目	犬科	30. 黄鼬 *Mustela sibirica*			√		Ⅲ	+
		31. 黄腹鼬 *Mastela kathiah*	√				Ⅲ	+
		32. 鼬獾 *Melogale moschata*	√					+
		33. 猪獾 *Arctonyx collaris*	√					+
		34. 狗獾 *Meles meles*		√				+
		35. 水獭 *Lutra lutra*			√			+
	灵猫科	36. 大灵猫 *Viverra zibetya*	√			Ⅱ	Ⅲ	
		37. 小灵猫 *Viverricula indica*	√			Ⅱ	Ⅲ	
		38. 花面狸 *Paguma lavarta*	√				Ⅲ	+
	猫科	39. 豹猫 *Felis bengalensis*			√		Ⅱ	+
		40. 金钱豹 *Panthera pardus*			√		Ⅲ	
偶蹄目	猪科	41. 野猪 *Sus scrofa*			√			+
	鹿科	42. 麝 *Moschus moschiferus*	√			Ⅰ	Ⅰ	
		43. 小麂 *Mnticus reveesi*	√					+
		44. 狍 *Capreolus carpreolus*		√				+
	牛科	45. 青羊 *Naemorhedus gordl*	√			Ⅱ		

附录6　高乐山自然保护区鱼类名录

目、科、种	拉丁名	生态类型	食性
Ⅰ鲤形目	Cypriniformes		
一、鲤科	Cyprinidae		
1. 宽鳍鱲	*Z. platypus*(Temminck et Schlegel)	L	C
2. 马口鱼	*O. bidens* Gunther	L	C
3. 中华细鲫	*A. chinensis* Gunther	L	C
4. 赤眼鳟	*S. qualiobarbus curricus*(Richardoson)	L	A
5. 银飘鱼	*P.* sinensis Bleeker	L	A
6. 银鲴	*X. argentea* Qunther	J	C
7. 黄尾鲴	*X. clavidi* Bleeker	J	C
8. 兴凯鱊	*A. chankaensis*(Dybowski)	J	A
9. 短须鱊	*A. barbatulus* Gunther	J	A
10. 高体鳑鲏	*R. ocellatus*(Kner)	J	C
11. 中华鳑鲏	*R. sinensis* Gunther	L	C
12. 麦穗鱼	*P. parva*(Temminck et Tchlegel)	J	A
13. 黑鳍鳈	*S. nigripinnis nigripinnis*(Gunther)	J	A
二、鳅科	Cobitidae		
14. 长薄鳅	*L. elongata*(Bleeker)	J	B
15. 中华花鳅	*L. sinensis* Sauvage	L	B
16. 泥鳅	*M. anguillicaudatus*(Cantor)	L	B
Ⅱ鲇形目	Siluriformes		
三、鲇科	Siluridae		
17. 鲇	*Silurus asotus*	J	B
四、鲿科	Bagridae		
18. 黄颡鱼	*P. fulvidraco*(Richardson)	J	B
19. 瓦氏黄颡鱼	*P. vachelli*(Richardson)	J	B
20. 光泽黄颡鱼	*P. niridus*(Sauvage et Dabry)	J	B
21. 粗唇鮠	*L. Crassilabris* Gunther	L	B
22. 纵带鮠	*L. argentivittatus*(Kegan)	L	B
五、鮡科	Sisoridae		
23. 福建纹胸鮡	*G. fukiensis fukiensis*(Kendhl)	L	B
Ⅲ合鳃鱼目	Synbranchiformes		

目、科、种	拉丁名	生态类型	食性
六、合鳃科	Synbranchidae		
24. 黄鳝	*M. albus*(Zuiew)	J	B
Ⅳ鲈形目	Perciformes		
七、塘鳢科	Eleotridae		
25. 黄黝鱼	*H. swinhonis*(Gunther)	J	B
八、鰕虎鱼科	Gobiidae		
26. 普栉鰕虎鱼	*C. giurinus*(Rulter)	L	B
九、鳢科	Ophiocephalidae		
27. 乌鳢	*C. argus*	J	B
十、刺鳅科	Mastacembelidae		
28. 大刺鳅	*M. armatus*(Lacepede)	L	B

注:J 净水型、L 流水型、A 植食性、B 肉食性、C 杂食性。

附录 7　高乐山自然保护区昆虫名录

Ⅰ　蜻蜓目　Odonata

一、色虫忽科	Agriidae
1. 黑色虫忽	*Agrion atratum* Selys
2. 晕翅眉虫忽	*Matrona basilaris Basilaris* Selys
3. 绿虫忽	*Mnais andersoni* tenuis(Oguma)
二、虫忽科	Agrionidae
4. 短尾黄虫忽	*Ceriagrion melanurum* Selys
5. 二色异痣虫忽	*Ischnura labata* Needham
三、扇虫忽科	Platycnemidtdae
6. 四斑长腹虫忽	*Coeliccia didyma* (Selys)
7. 白狭扇虫忽	*Copera onnulata*(Selys)
8. 白扇虫忽	*Platycnemis foliacea foliacea* Selys
四、丝虫忽科	Lestidae
9. 蓝丝虫忽	*Ceylonlestes gracilis peregrina* Ris
五、大蜓科	Cordulegasteridae
10. 次大蜓	*Anotogaster kuchenbeiseci* Foerster
11. 黑纹银蜓	*Anax nigrofasciatus* Oguma
12. 马大头	*A. parthenope julius* (Brauer)
13. 工纹长昆蜓	*Gynacantha bayadera* Selys
六、春蜓科	Gomphidae
14. 褐胸棘尾春蜓	*Trigomphus agriccla* (Ris)
15. 环沟尾春蜓	*Onychogomphus ringens* Needham
七、伪蜻科	Corduliidae
16. 缘斑毛伪蜻	*Epitheca morginata* Selys
八、蜻科	Libellulidae
17. 赤卒	*Crocothemis servilia* Drury
18. 基斑蜻	*Libillula depressa* L.
19. 闪绿广腹蜻	*Lyriothemis pachgastra* Selys
20. 白尾灰蜻	*Orthetrum albistylure spectos* Selys
21. 褐肩灰蜻	*O. japonicum interim* Mclachlan
22. 青灰蜻	*O. trianguiare melania* (Selys)
23. 六斑曲缘蜻	*Palpopleura sexmaculata* Fabricius
24. 黄衣蜻	*Pangala flavecens* Fabricius
25. 大赤蜻	*Sympetrum bacoha* Selys
26. 半黄赤蜻	*Sympetrum croceolum* (Selys)
27. 夏赤蜻	*S. darwinianum* Selys
28. 眉斑赤蜻	*S. erotium erotium* Selys
29. 褐顶赤蜻	*S. imfusoatum* Selys
30. 小黄赤蜻	*S. kunckeli* Selys

Ⅱ　等翅目　Isoptera

九、鼻白蚁科　Rhinoermitidae

31. 扩头散白蚁　*Reticulitermes*(P.)*ampliceps* Wang et Lee
32. 锥颚散白蚁　*R. conus* (P.)*conus* Xia et Fan
33. 黑胸散白蚁　*R.* (P.)*chinensis* Snyder
34. 大别山散白蚁　*R.* (P.)*dabieshanensis* Wang et Lee
35. 褐缘散白蚁　*R.* (F.)*fulvimarginalis* Wang et Lee
36. 圆唇散白蚁　*R.* (P.)*labralis* Hsia et Fan
37. 长翅散白蚁　*R.* (F.)*longipennis* Wang et Lee
38. 细颚散白蚁　*R.* (P.)*leptomandibularis* Hsia et Fan
39. 清江散白蚁　*R.* (P.)*qingjiangensis* Hsia er Fan
40. 黄胸散白蚁　*R.* (F.)*speratus*(Kolbe)

十、白蚁科　Termitidae

41. 黄翅大白蚁　*Macrotermes barneyi* Light
42. 商城象白蚁　*Nasutitermes shangchengensis* Wang et Lee
43. 黑翅土白蚁　*Odontotermes formosanus* (Shirake)
44. 扬子江歪白蚁　*Pericapritermes jengtsekiangensis* (Kemner)

Ⅲ　螳螂目　Mantodea

十一、螳螂科　Mantidae

45. 二点广腹螳螂　*Hierodula patellifera* Serville
46. 薄翅螳螂　*Mantis religiosa* L.
47. 中华大刀螳螂　*Tenodera aridifolia sinensis* Saussure
48. 北方大刀螳螂　*T. aridifolia angustipennis* Saussure
49. 南方大刀螳螂　*T. arididolia*(Stoll)

Ⅳ　直翅目　Outhoptera

十二、蝗科　Acridedae

50. 中华蚱蜢　*Acrida chinensis*(westwood)
51. 中华剑角蝗　*A. cinerea* Thunb
52. 长额负蝗　*A. lata* (Motschusky)
53. 隆额网翅蝗　*Arcyptera coreana* Shir
54. 斑蚴蝗　*Aulacobothrus luteipes*(walker)
55. 无斑蚴蝗　*A. sven_hedini* Sjostedt
56. 花胫绿纹蝗　*Aiolopus thalassinus tamulus*(Fabr.)
57. 异角胸斑纹　*Apalacris varicornis* Walk.
58. 短额负蝗　*Atractomorpha sinonsis* Bol.
59. 短星翅蝗　*Calliptamus abbreviatus* Ikonn.
60. 短角斑腿蝗　*Catantops* brachycerus
61. 红褐斑腿蝗　*C. pinguis* (Stal)
62. 棉蝗　*Chondracris rosea rosea* (De Geer)

63. 黄脊竹蝗　*Ceracris kiangsu* Tsai.
64. 青脊竹蝗　*C. nigricornis nigricornis* Walker
65. 中华雏蝗　*Chorthippus chinensis* Tarb.
66. 山东雏蝗　*C. shantungensis* Chang
67. 长翅黑背蝗　*Eyprepocnemis shirakii* Bol.
68. 绿腿腹露蝗　*Fruhstorferiola viridifemorata*
69. 云斑车蝗　*Gastrimargus marmoratus*(Thunberg)
70. 二色嘎蝗　*Gonista bicolor* De Haan
71. 笨蝗　*Haplotropis brunneriana* Sauss.
72. 斑角蔗蝗　*Hieroglyphus anrulicoruis* (Shiraki)
73. 东亚飞蝗　*Locusta migratoria manilensis* Meyen
74. 异翅鸣蝗　*Mongolotettix anomopterus* (Caud.)
75. 无齿稻蝗　*Oxya adentata* Willemse
76. 山稻蝗　*O. agavesa* Tsai.
77. 中华稻蝗　*O. chinensis* (Thunberg)
78. 日本稻蝗　*O. japonica* (Thunberg)
79. 黄胫小车蝗　*Oedaleus infernalis* Sauss.
80. 红胫小车蝗　*O. manjius* Chang
81. 日本黄脊蝗　*Patanga iaponica* (I. Bol.)
82. 黄翅踵蝗　*Pternoscirta calliginosa* (De Haan)
83. 红翅踵蝗　*P. sauteri* (Karny.)
84. 中华佛蝗　*Phlaeoba sinensis* (I. Bol.)
85. 短角直斑蝗　*Stenoctantops mistchenkoi* Will
86. 庞蝗　*Triophidia annulata* (Thunberg)

十三、螽斯科　Tettigoniidae

87. 长剑草螽　*Conocephalus gladiatus* Redt.
88. 日本螽斯　*Holochloca japonica* Brunner Von Wattenwyl
89. 纺织娘　*Mecopoda elongata* L.

十四、蟋蟀科　Gryllidae

90. 黄褐油葫芦　*Gryllus testaceus* Walker
91. 小油葫芦　*G. chinensis* Weber
92. 黄扁头蟋蟀　*Loxoblemmus arietulus* Saussure

十五、蝼蛄科　Gryllotalpidae

93. 华北蝼蛄　*Gryllotalpa unispina* Saussure
94. 东方蝼蛄　*G. orientalis* Palisot de Beauvois

Ⅴ　同翅目　Homoptera

十六、蝉科　Cicadidae

95. 黑蚱蝉　*Cryptotympana atrata* Fabricius
96. 日本黑蝉　*C. japonensis* Kato
97. 鸣蝉　*Euterpnosia chinensis* Mats.
98. 黑翅红蝉　*Hunchys sanguinea* Del. Geer

99. 柳寒蝉	*Meimuna opalifera* Walker
100. 松寒蝉	*M. mongolica* Distant
101. 绿蝉	*Mogannia iwasakii* Mats.
102. 褐斑蝉	*Platypleura kaempferi* Fabricius
103. 春蝉	*Terpnosia mawi* Distant
十七、角蝉科	Membracidae
104. 桑梢角蝉	*Gagara genistae* (Fabricius)
十八、沫蝉科	Cercopidae
105. 松沫蝉	*Aphrophora flavipes* Uhler
十九、叶蝉科	Cicadellidae
106. 黑角顶带叶蝉	*Athysanus atkinsoni* Distant
107. 黄绿短头叶蝉	*Bythoscopus chlorophana* Melichar
108. 大青叶蝉	*Cicadella viridis* (L.)
109. 小绿叶蝉	*Empoasca. flavescens* (Fabricius)
110. 棉二点叶蝉	*E. biguttula* Shiraki
111. 葡萄二点叶蝉	*Erythroneura apicalis* N(Nawa)
112. 桃一点叶蝉	*E. sudra* Distant
113. 桑斑小叶蝉	*E. mori* (Mats.)
114. 窗耳叶蝉	*Ledrot auditura* Walker
115. 黑尾叶蝉	*Nephotittix cincticeps* (Uhler)
116. 二点黑尾叶蝉	*N. impicticeps* Ishihara
117. 白脊匙头叶蝉	*Parabolocratus rusticus* (Distant)
118. 黑尾大叶蝉	*Tettigoniella ferruginea* (Fabricius)
119. 一点木叶蝉	*Thamnotettix cyclops*(Mulsant et Rey)
二十、蜡蝉科	Fulgoridae
120. 斑衣蜡蝉	*Lycorma* delicatula
二十一、飞虱科	Delphacidae
121. 灰飞虱	*Laodelphax* striatella
122. 褐飞虱	*Nilaparvata lugens* (Stal)
123. 白背飞虱	*Sogata fureifera*(Horvath)
124. 稗飞虱	*S. panicicola* (Ishihara)
125. 黑边黄背飞虱	*Toya propingua* (Fieber)
二十二、广翅蜡蝉科	Ricanidae
126. 八点蜡蝉	*Ricania speculum* Walker
二十三、蛾蜡蝉科	Flatidae
127. 碧蛾蜡蝉	*Ceisha distinctissima* Walker
二十四、木虱科	Chermidae
128. 槐木虱	*Psylla willieti* Wu
129. 梨木虱	*P. pyrisuga* Forster
130. 梧桐木虱	*Thysanogyan limbata* Enderlein
二十五、粉虱科	Alcyrodidae
131. 茶黑胶粉虱	*Aleurocanthus camelliae* Kuwana

132. 橘粉虱	*Dialeurodes citri* (Ashmead)
133. 茶粉虱	*Parabemisia myricae* Kuwana
二十六、蚜科	Aphididae
134. 麦无网蚜	*Acyrthosiphon dirhodum* (Walker)
135. 棉蚜	*Aphis gossypii* Glover
136. 豆蚜	*A. croccivora* Koch
137. 大豆蚜	*A. glycines* Matsumura
138. 竹蚜	*A. bambusac* Fullaway
139. 绣线菊蚜	*A. citricola* Van der Goot
140. 刺槐蚜	*A. robiniae* Machiati
141. 柳蚜	*A. farinosa* Gmelin
142. 萝藦蚜	*A. asckepiadis* Fitch
143. 杠柳蚜	*A. periplocophila* Zhang
144. 刀豆黑蚜	*Aphis robiniae canavaliae* Zhang
145. 松大蚜	*Cinara formosana* (Takahashi)
146. 松长足蚜	*Cinara pinea* Morkvilko
147. 柳黑毛蚜	*Chaitohorlls chinensis* Takahashi
148. 夏至草瘾瘤蚜	*Cryptomyzus taoi* Hille Ris Lambers
149. 黎蚜	*Hayhurstia atriplicis* (Linnaeus)
150. 桃粉绿蚜	*Hylaloptera amygdali* Blancbard
151. 栗大蚜	*Lachnus tropicalis* Van der Goot
152. 菜溢管蚜	*Lipaphis erysimi* (Kaltenbach)
153. 麦长管蚜	*Macrosiphum avenae*(Fabricius)
154. 桃纵卷叶蚜	*Myzus tropicals* Takahashi
155. 桃瘤蚜	*M.* momohsis Malts
156. 桃蚜	*M. persicae* (Sulaer)
157. 栗斑翅蚜	*Myzocallis kuricola* Matsumura
158. 禾谷溢管蚜	*Rhopalosiphum padi* (Linnaeus)
159. 榆华毛蚜	*Sinochaitophorus maoi* Takahashi
160. 竹鞘凸唇斑蚜	*Takecallis taiwanus* (Takahashi)
161. 乌桕蚜	*Toxoprera odinae* (Van der Goot)
162. 桃瘤头蚜	*Tuberocephalus momonis*
二十七、球蚜科	Adcligidae
163. 松球蚜	*Pineus cembrae pinikoreanus* Zang et Fang
二十八、绵蚜科	Demphigidae
164. 榆四脉绵蚜	*Tetreaneura ualmi* (Linnaeus)
165. 五倍子蚜	*Schlechetndalis chinensis* (Bell)
二十九、绵蚧科	Margarodidae
166. 草履蚧	*Drosicha corpulenta* Kuwana
167. 吹绵蚧	*Icerya purcasi* Maskell
三十、链蚧科	Asterolecaniidae
168. 竹圆链蚧	*Asterolecanium hemisphaericum* Kuwana

三十一、红蚧科 Kermococcidae
169. 栗红蚧 *Kermococcus mawae* (Kuwana)
三十二、蚧科 Coccidae
170. 枣龟蜡蚧 *Ceroplastes japonicus* Green
171. 角蜡蚧 *C. ceriferus* (Anderson)
三十三、盾蚧科 Diaspididae
172. 茶单蜕盾蚧 *Fiorinia thea* Green
173. 柳蛎蚧 *Lepidosaphes salicina* Borchs.
174. 梨圆蚧 *Quadraspidiotus perniciosus* (Com.)
175. 竹绒蛎蚧 *Takahashiella vermiformis* (Tak.)

Ⅵ 半翅目 Herniptera

三十四、土蝽科 Cydnidae
176. 大鳖土蝽 *Adrisa magna* Uhler
177. 侏地土蝽 *Geotomus pygmaeus* (Fabricius)
178. 青革土蝽 *Macroscytus subaeneus* (Dalias)
179. 白边光土蝽 *Schirus niriemarginatus* Scott
三十五、蝽科 Pentatomidae
180. 宽缘伊蝽 *Aenaria pinchii* Yang
181. 蠋蝽 *Arma custos* Fabricius
182. 九香椿 *Aspongopus chinensis* Dalias
183. 驼蝽 *Brachycerocoris camelus* Costa
184. 薄蝽 *Brachymna tenuis* Stal
185. 紫翅果蝽 *Carpocoris purpureipinnis* (De Geer.)
186. 辉蝽 *Carbula obtusangula* Reuter
187. 峰疣蝽 *Cazira horvathi* Breddin
188. 无刺疣蝽 *C. inerma* Yang
189. 刺槐山邹蝽 *Cyclopelta parua* Distant
190. 绿背蝽 *Dalpada smaragdina* (Walker)
191. 中华岱蝽 *D. cinctipes* Walker
192. 细毛蝽 *Dolycoris baccarum* (L.)
193. 黄斑蝽 *Erthesina fullo* (Thunberg)
194. 硕蝽 *Eurostus validus* Dallas
195. 稻黄蝽 *Euryaspis flavesvens* (Westwood)
196. 暗绿巨蝽 *Eurydema pulchra* (Westwood)
197. 麻蝽 *Eurydema pulchra* (Westwood)
198. 赤条蝽 *Graphosoma rubrolineata* (Westwood)
199 茶翅蝽 *Halyomorpha picus* (Fabricius)
200. 宽曼蝽 *Memida lata* Yang
201. 紫兰蝽 *M. violacea* (Motschulsky)
202. 梭蝽 *Megarrhamphus hastatus* (Fabricius)
203. 大臭蝽 *Metonymia glandulosa* Wolff

204. 稻褐蝽　*Niphe elongata* (Dalias)
205. 稻绿蝽　*Nezara voiridula* (Linnaeus)
206. 黄肩稻绿蝽　*N. viridula forma torma torquata*(Fabricius)
207. 东陵蝽　*Pebtatine armnandi* Fallou
208. 柳蝽　*Palomena amplificata* Distant
209. 宽碧蝽　*P. viridissima* (Poda)
210. 碧蝽　*Piezodorus rudrofasciatus* (Fabricius)
211. 益蝽　*Picromerus lewisi* Scott
212. 卷蝽　*Paterculus elatus* (Yang)
213. 朱绿蝽　*Plautia crossota* Dallas
214. 鳖脚蝽　*Placosternum taurus* (Fabricius)
215. 斑莽蝽　*Placosternum urus* Stal
216. 圆颊珠蝽　*Ruliconia perara* Jakover
217. 珠蝽　*R. intermedia* (wolff)
218. 稻黑蝽　*Scotinophora lurida* (Burmeister)
219. 二星蝽　*Stollia guttiger* (Thunberg)
220. 安丸蝽　*Sepontia aonea* Distnat
221. 四剑蝽　*Tetroda histeroidea* (Fabricius)
222. 点蝽　*Talumina latipes* (Dalias)

三十六、龟蝽科　Cassididae

223. 浙江圆龟蝽　*Coptosoma chekiana* Yang
224. 孟达圆龟蝽　*C. munda* Bergroth
225. 双列圆龟蝽　*C. bifaria* Montandon
226. 高山圆龟蝽　*C. montana* Hsiao et Jen
227. 小黑圆龟蝽　*C. nigrella* Hsiao et Jen
228. 子都圆龟蝽　*C. pulehella* Montandon
229. 双峰豆龟蝽　*Megacopta tituminata* Montandon
230. 筛豆龟蝽　*M. crobravia* (Fabr.)
231. 镶边豆龟蝽　*M. fimbriata* (Distant)
232. 和豆龟蝽　*M. horvathi* (Montandon)

三十七、同蝽科　Acanthosomatidae

233. 宽铗同蝽　*Acanthosoma labiduroides* Jakovlev
234. 钝肩直同蝽　*Dichobothrium nubium* (Dallas)
235. 糙匙同蝽　*Elasmucha aspera* (Walker)
236. 钝角直同蝽　*Elasmostethus scotti* (Reuter)
237. 伊锥同蝽　*Sastragala esakii* (Hasegrwa)

三十八、异蝽科　Urostyiidae

238. 淡娇异蝽　*Urostylis yangi* Maa

三十九、缘蝽科　Coreidae

239. 亚碎缘蝽　*Alydus zichyi* Horvath
240. 孔背安缘蝽　*Anoplocnemis phasiana* Fabricius
241. 稻棘缘蝽　*Anoplocnemis phasiana* Fabricius

242. 平肩棘缘蝽 *C. tenuis* Kiritschenko
243. 长肩棘缘蝽 *C. punctiger* Dallas
244. 短肩棘缘蝽 *C. pugnator* Fabricius
245. 颗缘蝽 *Coriomeris scabricornis* Panzer
246. 波原缘蝽 *Coreus potanini* Jakovlev
247. 褐奇缘蝽 *Dereptergx fuliginosa* (Uhler)
248. 月肩奇缘蝽 *Dereptergx Iunata* (Distant)
249. 长角岗缘蝽 *Gonocerus longicornis* Hsiao
250. 广腹同缘蝽 *Homoeocerus dilatatus* Horvath
251. 异稻缘蝽 *Leptocorisa varicornis* Fabricius
252. 黑胫眯缘蝽 *Mictis fnscipes* Hsiao
253. 刺肩普缘蝽 *Plianchtus dissimillis* Hsiao
254. 钝肩普缘蝽 *P. bicolorpes* Scott
255. 条蜂缘蝽 *Roptortus Iinearis* Fabricius
256. 点蜂缘蝽 *R. pedestis* Fabricius
257. 开环缘蝽 *Stictopleurus minutus* Blote

四十、跷蝽科 Berytidae

258. 娇驼跷蝽 *Gampsocoris pulchellus* (Dallas)
259. 锤肋跷蝽 *Yemma sionatus* (Hsiao)

四十一、网蝽科 Tingidae

260. 泡桐网蝽 *Eteoneus angulatus* Drake et Maa
261. 膜肩网蝽 *Hegesidemus habrus* Drake
262. 梨网蝽 *Stephanitis nashi* Esaki et akeya
263. 褐角肩网蝽 *Uhlerites debilis* (Uhler)

四十二、盲蝽科 Miridae

264. 苜蓿盲蝽 *Adelphocoris lineolatus* Geoze
265. 烟盲蝽 *Cyrtopeltis tenulis* (Reuter)
266. 黑食蚜盲蝽 *Deraeocoris punctulatus* Fallen
267. 绿盲蝽 *Lygus lucorum* Meyer_Dur

四十三、盾蝽科 Scutelleridae

268. 角盾蝽 *Cantao ocellatus* (Thunberg)
269. 麦角盾蝽 *Eurygaster integriceps* Puton
270. 扁盾蝽 *E. testudinarius* (Geoffroy)
271. 斜纹宽盾蝽 *Poecilocoris dissimilis* (Martin)
272. 长盾蝽 *Scutellera perplex* (Westwood)

四十四、红蝽科 Pyrrhocoridae

273. 叉带棉红蝽 *Dysdercus decussatus* Boesdural
274. 小斑红蝽 *Physopelta cincticollis* Stal
275. 直红蝽 *Pyrhnpeplus carduelis* (Stal)
276. 曲缘红蝽 *Pywhocoris sinuaticollis* Reuter
277. 地红蝽 *Tibialis* Stal

四十五、长蝽科 Lygaeidae

278. 中华异腹长蝽 *Heterogaster chinensis* Zou et Zheng

279. 横带红长蝽　*Lygaeus equestris*(Linnaeus)
280. 中华巨股长蝽　*Macropes sinicus* Zheng et Zou
281. 中国束长蝽　*Malcus sinicus* Stys
282. 短翅迅足长蝽　*Metochus abbreviatus* (Scott)
283. 长须梭长蝽　*Pachygrontha antennata* (Uhler)
284. 红脊长蝽　*Tropidothorax elegans* (Distant)

四十六、扁蝽科　Aradidae

285. 原扁蝽　*Aradus betulae* Linnaeus
286. 锯缘扁蝽　*A. turkestanicus* Jakovlev

四十七、猎蝽科　Reduviidae

287. 白带猎蝽　*Acanthaspis cincticru* Stal
288. 圆腹猎蝽　*Ahriosphodrus dohrni* (Stal)
289. 环足猎蝽　*Cosmolestes annulipes* Distant
290. 艳红猎蝽　*Cydnocoris russaius* Stal
291. 八节黑猎蝽　*Ectrychotes andreae* (Thunberg)
292. 暗素猎蝽　*Epidaus nebulo* (Stal)
293. 福建赤猎蝽　*Haematoloecha fokinensis* Distant
294. 二色赤猎蝽　*Haematoloecha nigrorufa* Stal
295. 异赤猎蝽　*H. aberrens* Hsiae
296. 黄缘真猎蝽　*Harpactor marginellus* Fabrieius
297. 红缘真猎蝽　*H. rubromarginata* Takouler
298. 黑翅猎蝽　*Labidocoris pectoralis* Stal
299. 南普猎蝽　*Oncocephalus philippinus* Lethierry
300. 日月盗猎蝽　*Pirates arcuatus* (Stal)
301. 乌猎蝽　*P. turpis* Walker
302. 棘猎蝽　*Polididus armatissimus* Stal
303. 黄足猎蝽　*Sirthenea. Flavipes* (Stal)
304. 细颈猎蝽　*Sphedanolestes impressicollis* (Stal)
305. 红缘猛猎蝽　*S. gularis* Hsiae
306. 敏猎蝽　*Thodelmus* fallenistal
307. 黑脂猎蝽　*Velinus nodipes* Uhler
308. 黄色食虫蝽　*Xylocoris galactinus* Fieber

四十八、姬蝽科　Nabidae

309. 日本高姬蝽　*Gropis japonicus* Korshner
310. 原姬蝽　*Nabis ferus* Linnaeus
311. 华姬蝽　*N. sinoferus* Hsiao

四十九、花蝽科　Anthoeoridae

312. 黑顶黄花蝽　*Amphiareus obsuriceps* (Poppius)
313. 小花蝽　*Orius minuts* Linnaeus

Ⅶ　缨翅目　Thysanoptera

五十、蓟马科　Thripidae

314. 六点蓟马　*Scolothrips sexmaculatus* Pergande

315. 烟蓟马 *Thripstabaci* Lindeman
316. 日本蓟马 *T. japonicus* Bagnall
317. 端带蓟马 *Taeniothrips distalis* Karny
五十一、纹蓟马科 Aeolothripidae
318. 横纹蓟马 *Aeolothrips* fasciatus（L.）

Ⅷ 脉翅目 Neuroptera

五十二、粉蛉科 Coniopterygicae
319. 中华啮粉蛉 *Conwentzia sinica* Yang
五十三、草蛉科 Chrysopidae
320. 多斑草蛉 *Chrysopa intima* Maclachlam
321. 牯岭草蛉 *C. kulingensis* Navas
322. 丽草蛉 *C. formosa* Brauer
323. 叶色草蛉 *C. phyllochrona* Wesmael
324. 中华草蛉 *C. sinica* Tjeder
325. 大草蛉 *C. septempunctata* Wesmael
五十四、鱼蛉科 Corydalidae
326. 中华斑鱼蛉 *Neochauliodes sinensis*（Walker）
327. 花边星齿蛉 *Protohermes costalis*（Walker）
五十五、蚁蛉科 Myrmeleontidae
328. 褐纹树蚁蛉 *Dendroleon pantherius* Fabricius
329. 追击大蚁蛉 *Heoclisis japonica*（Maclachlan）

Ⅸ 鞘翅目 Coleoptera

五十六、步甲科 Carabidae
330. 尖须步甲 *Acupalpus inornatus* Bates
331. 大星步甲 *Calosoma maximoviczi* Morawitz
332. 中华广肩步甲 *C. maderae chinense* Kirby
333. 麻步甲 *Carabus brandti* Firby
334. 绿步甲 *C. smaragdinus* Fisch
335. 伊步甲 *C. elysii* Thomson
336. 艳大步甲 *C. lafossei coelestis* Stew.
337. 瓦纹链步甲 *C. conciliator* Fischer Von Woldcheim
338. 黄胸丽步甲 *Callistoides pericallus* Redtenbadrer
339. 日本残步甲 *Cdpodes papunas* Moosehusky
340. 逗斑青步甲 *Chlaenius virgulifer* Chaudoir
341. 麻青步甲 *C. junceus* Aner.
342. 狭边步甲 *C. inops* Chaudoir
343. 绿头横皱青步甲 *C. ocreatus* Bates
344. 跗边青步甲 *C. prostenus* Bates
345. 黄边青步甲 *C. circumdatus* Brulle
346. 黄缘青步甲 *C. spoliatus* Rossi

347. 后斑青步甲 *C. posticalis* Motsch.
348. 韦氏小金秋步甲 *Ctrina cllestcuoodi* Putzegs
349. 宽额重唇步甲 *Diplocheila latifrons* Dejean
350. 日本膨胸步甲 *Dischissus japonicus* Andrcwes
351. 大黄缘步甲 *Epomis nigricans* Wiedemann
352. 大头婪步甲 *Harpalus capito* Morawitz
353. 铜绿婪步甲 *H. chaleentus* Bates
354. 中华婪步甲 *Harpalus sinicus* Hope
355. 烟斑婪步甲 *H. fuliginosus* Dafeeshmid
356. 毛婪步甲 *H. griseus* (Panzer)
357. 淡鞘婪步甲 *H. pallidipennis* Morawitz
358. 长毛跗步甲 *Lachnoerepis prctixa* Bates
359. 大劫步甲 *Lesticus magnus* Motschulsky
360. 准同步甲 *Lsiocarabus fiducicrrus* Thorns
361. 稜室大蓬步甲 *Macrochlaenius costiger* Chaud
362. 黄缘步甲 *Nebria livida* Linnaeus
363. 翻绿鹿皮步甲 *N. saeriens* Bates
364. 谷步甲 *Ophonus calceatus* Duftschmid
365. 黄足隘步甲 *Patrobus flavipes* Motschulsky
366. 短鞘步甲 *Pheropsophus jessoensis* Mor.
367. 黄毛角胸步甲 *Peronomerus auripilis* Bates
368. 黑角胸步甲 *P. niginus* Bates
369. 大锹步甲 *Scarites Sulcatus* Olivier
370. 一棘锹步甲 *S. acutides* Chandir
371. 背黑狭胸步甲 *Stenolophus connotatus* Bates
372. 银四斑步甲 *Tachys gradaeus* Bates

五十七、拟步甲科 Tenebrionidae

373. 蒙古拟步甲 *Gonocephalum reticulatum* Motschulsky
374. 网目拟步甲 *Opatrum sabulosum* Linnaeus

五十八、虎甲科 Cicindellidae

375. 曲纹虎甲 *Cicindela elisae* Motschulsky
376. 星斑虎甲 *C. kalea* Bates
377. 月斑虎甲 *C. lunulata* Fabuicius
378. 钳端虎甲 *C. lobipennis* Bates
379. 镜面虎甲 *C. specularis* Chaudoir
380. 连珠虎甲 *C. striolata* Illiger
381. 髯虎甲 *C. sumstrensis* Herbst
382. 中国虎甲 *C. chinensis* De Geer
383. 多型虎甲红翅亚种 *C. hybrida nitide* Lichtenstein
384. 多型虎甲铜翅亚种 *C. hybrida transbaicalica* Motsch.

五十九、锹甲科 Lucanidae

385. 大黑锹甲 *Eurytrachelus platymelus* Saunders

386. 大齿锹甲 *Psalidoremes inclinatus* Motsehulsky

六十、吉丁虫科 Buprestidae

387. 日本吉丁虫 *Chelcophora japonica chinensis* Schauffuss
388. 红缘绿吉丁虫 *Lampra bellula* Lewis

六十一、叩头虫科 Eulateridae

389. 细胸叩头虫 *Agriotes fusicollis* Miwa
390. 褐色叩头虫 *A. sericatus* Schwqrz
391. 茶叩头虫 *A. sericeus* Candeze
392. 眼斑叩头虫 *Alaus oculatus*（L.）
393. 沟叩头虫 *Pleonomus canaliculatus* Falder

六十二、金龟子科 Scarabaeidae

394. 茸喙丽金龟 *Adoretus puberulus* Motschulsky
395. 斑喙丽金龟 *A. tenulmacuslatus* Waterhouse
396. 脊绿异丽金龟 *Anomala aulax* Wledemann
397. 铜黑丽金龟 *A. qntigua* Gyllenhal
398. 铜绿丽金龟 *A. corpulenta* Motschulsky
399. 斑黑异丽金龟 *A. ebenIna* Fairmaire
400. 赤相金龟 *A. dilicoslis* Cllaeorhcouse
401. 多色丽金龟 *A. smaragdina* Ohaus
402. 红脚绿金龟 *A. cupripes* Hope
403. 黄褐丽金龟 *A. testaceipes* Motschulsky
404. 宽翅丽金龟 *A. expansa* Bates
405. 黄铜金龟 *A. fstiva* Arrow
406. 小铜绿丽金龟 *A. gudzenkai* Jacobson
407. 侧斑丽金龟 *A. luculent* Erichson
408. 蒙古丽金龟 *A. mongalica* Faldermann
409. 油桐绿丽金龟 *A. sieversi* Heyen
410. 脊黄丽金龟 *A. sulcipennis* Faldermann
411. 赤斑金龟 *Anthracophare rusticola* Burm
412. 褐条丽金龟 *Blitopertha palliaipeonnis* Reitter
413. 长毛花金龟 *Cetonia magnifica* Ballion
414. 褐鳞花金龟 *Cosminmorpha modesta* Saunders
415. 宽带鹿花金龟 *Dicranocephalus adamsi* Pascoe
416. 黄粉鹿花金龟 *Dicranocephalus bowringi* Pascoe
417. 围绿阿鳃金龟 *Hoplia cincticollis*（Faldermann）
418. 突臀鳃金龟 *Holotrichia convexopyga* Moser
419. 江南大黑鳃金龟 *H. gaebri* Faldermann
420. 华北大黑鳃金龟 *H. oblita* Faldermann
421. 棕色金龟 *Holotrichia titanis* Reitter
422. 灰褐土鳃金龟 *H. incanus* Motschulsky
423. 弟兄鳃金龟 *Maladera frater* Arrow
424. 鲜黄鳃金龟 *M. tumidiffrons* Fairmaire

425. 中华彩丽金龟　*M. chinensis* Kirby
426. 大栗鳃金龟　*M. hippocastani mogolica* Menetries
427. 赤绒金龟　*M. verticalis* Fairm
428. 亮绿丽金龟　*Mimela plendens* Gylenual
429. 黄闪丽金龟　*M. testaceoviridis* Blanchard
430. 斑青花丽金龟　*Oxycetonia bealiae* Gory et Percheron
431. 小青花金龟　*O. jucunda* Faldermann
432. 大云斑鳃金龟　*Polyphylla laticolis* Lewis
433. 小云斑鳃金龟　*P. gracilicornis* Blanchard
434. 无斑弧丽金龟　*Popillia mutans* Newan
435. 曲带弧丽金龟　*P. pustulata* Fairmaire
436. 白星花丽金龟　*Potosia brevitarsis* Lewis
437. 褐锈花丽金龟　*Poecilophilides rusticola* Burmcister
438. 苹毛丽金龟　*Proagopertha lucidula* Faldermann

六十三、长蠹科　Bostrychidae

439. 竹长蠹虫　*Dinoderus minutus* Fabricius
440. 竹节长蠹　*D.* sp.
441. 双齿长蠹　*Heterobostrychus hamatipeunis* Lewis
442. 双棘长蠹　*Sinoxylon anale* Lesne

六十四、粉蠹科　Lyctidae

443. 竹粉蠹　*Lyctus brunneus* Stephens
444. 抱扁蠹　*L. linearis* Goeze
445. 中华粉蠹　*L. sinensis* Lesne

六十五、小蠹科　Scolytidae

446. 松纵坑切梢小蠹　*Blastophagus piniperda* L.
447. 松横坑切梢小蠹　*B. minor* Hartig
448. 马尾松梢小蠹　*Cryphalus massonianus* Tsai et Li
449. 额毛小蠹　*Dryocoetes luteus* Blandrord
450. 松六齿小蠹　*Ips acuminatus* Gyllenhal
451. 松瘤小蠹　*Orthotomicus erosus* Wollaston
452. 杉肤小蠹　*Phloeosinus sinensis* Schedl
453. 柏肤小蠹　*P. aubei* Perris
454. 榆球小蠹　*Sphaerotrypes ulmi* Tsai et Yin
455. 微脐小蠹　*Scolytus shikisani* Niisima

六十六、豆象科　Bruchidae

456. 皂荚豆象　*Bruchidius dorsalis* Fabrieius

六十七、象虫科　Curculionidae

457. 橘长足象　*Alcidodes trifidus* (Pascoe)
458. 杨卷叶象　*Byctiscus congener* Jekel
459. 苹卷叶象　*B. princeps* (Solsky)
460. 皱纹绿卷叶象　*B. rugosus* Gebier
461. 柳绿象　*Chlorophanus sibiricus* Gyllenhyl

462. 橡实象 *Curculio arakawlai* Matsumura et Kono
463. 茶象 *C. camelliae* Roelofs
464. 柞栎象 *C. dintipes* Roelofs
465. 蒙栎象 *C. sikkimensis* (Heller)
466. 麻栎象 *C. robustus* (Roelofs)
467. 同喙象 *C. conjugalis*(Faust)
468. 栎实黑象 *C.* sp.
469. 栗实象 *C. dayidi* Fairmaire
470. 油茶果象 *C. chinensis* Chevrolat
471. 竹笋大象 *Cyrtotrachelus longimanus* Fabricius
472. 粟剪枝象 *Cyllorhynchites ursulus* Roelofs
473. 中华长足象 *Enaptorrhinus sinensis* Waterhouse
474. 金绿长足象 *E. alini* VOSS
475. 椿大象 *Eucryptorrhynchus scrobiculatus* L.
476. 椿小象 *E. brandti* Harold
477. 松大象 *Hylobius abietis haroldi* Faust
478. 大圆筒象 *Macrocorynus psittacinus* Redtenbacher
479. 多变雪片象 *Niphades variegatus* (Roelofs)
480. 板栗雪片象 *N. castanea* Chao
481. 竹一字象 *Otidognthus davidis* Fairmaire
482. 小竹笋象 *O. nigripictus* Fairmaire
483. 长颈切叶象 *Paracentrocorynus nifricollis* Roelofs
484. 栎卷叶象 *Paroplapodcpnlhovapodeeru*
485. 栎小卷叶象 *P. vanvolxemi* Roelofs
486. 枫杨卷叶象 *P. seniannuletus* Jekel
487. 长苹切叶象 *Phyllobius longicornis* Roelofs
488. 银光球胸象 *Piazomias fausti* Frivaldszky
489. 隆胸球胸象 *P. globulicollis* Faldermann
490. 橘斜脊象 *Platymycteropsis mandarinus* Fairmaire
491. 苜蓿象 *Sitona tibialis* Herbst
492. 大灰象 *Sympiezomias velatus* (Chevrolat)
493. 黄褐纤毛象 *Tanymecus urbanus* Gyllenynhl
494. 蒙古象 *Xylinophorus mongolicus* Faust.

六十八、叶甲科 Chrysomelidae

495. 葡萄丽叶甲 *Acrothinium gaschkevitschii* Motschulsky
496. 榆紫叶甲 *Ambrostoma quadrii mpressum* Mots.
497. 琉璃叶甲 *A. fortunei* Baly
498. 黄守瓜 *Aulacophora femoralis* Motschulsky
499. 细胸萤叶甲 *Asiorestia interpunctata* Mots
500. 钝角胸叶甲 *Basilepta davidi* (Lefevre)
501. 葡萄叶甲 *Bromius obscurus* (Lefevre)
502. 亮叶甲 *Chrysolampra splendens* Baly
503. 白杨叶甲 *Chrysomela populi* Linnaeus

504. 中华萝藦叶甲 *Chrysochus chinensis* Baly
505. 黄胸蓝叶甲 *Cneorane elegans* Baly
506. 刺股沟臀叶甲 *Colaspoides opaca* Jacoby
507. 甘薯叶甲 *Colaspoides dauricum* Mannerheim
508. 丽隐头叶甲 *Cryptocephalus festivus* Jacohy
509. 斑鞘隐头叶甲 *C. regalis regalis* Gebler
510. 水稻铁甲虫 *Dicladispa armigera* (Olivier)
511. 褐背小萤叶甲 *Galercella grisescens* (Joannis)
512. 二纹柱萤叶甲 *G. bifasciat* Motschulsky
513. 榆丽叶甲 *G. nigromaculata* Baly
514. 核桃扁叶甲 *Gastrolina deprdssa* Baly
515. 紫藤角径叶甲 *Gonioctena sorbian* Weise
516. 葡萄十星叶甲 *Olides decempunctata* Billberg
517. 双条蓝叶甲 *O. bowringii* (Baly)
518. 梨叶甲 *Paropsides duodecimpustulata* Gehler
519. 绿缘扁角叶甲 *Platycorynus parryi* Baly
520. 榆黄叶甲 *Pyrrhalta maculicollis* (Motschulsky)
521. 榆蓝叶甲 *P. aenescens* (Fairmaire)
522. 黑额光叶甲 *Smaragdina nigrifrons* (Hope)
523. 合欢毛叶甲 *Trichochysea nitidissima* (Jacoby)
524. 银纹毛叶甲 *T. japaha* (Mats.)

六十九、龟甲科 Cassididae

525. 泡桐龟甲 *Basiprionota bisignata* Boheman
526. 中华龟甲 *Thlaspida biramosa chinensis* Spaeth

七十、跳甲科 Halitcidea

527. 二纹跳甲 *Galeruca bifasciata* Motschulsky
528. 双点跳甲 *Pseudodera xanthospila* Baly

七十一、芫菁科 Meloidae

529. 红头芫菁 *Epicauta tibialis* Waterhouse
530. 绿芫菁 *Lytta caraganae* Pallas
531. 大斑芫菁 *Mylabris phalerata* Pallas
532. 眼斑芫菁 *M. cichorii* Linnaeus

七十二、坚甲虫科 Colydiidae

533. 花绒坚甲 *Dastarcus longulus* Sharp

七十三、隐翅虫科 Staphilinidae

534. 黄胸隐翅虫 *Paederus fuscipes* Curtis

七十四、天牛科 Cerambycidae

535. 中华闪光天牛 *Aclesthes sinensis* Gahan
536. 星天牛 *Anoplophora chinensis* (Forster)
537. 光肩星天牛 *A. glabripennis* (Motschulsky)
538. 槐星天牛 *A. lurida* (Motschulsky)
539. 黑星天牛 *A. leehi* (Gahan)

540. 桑天牛　*Apriona germari* Hope
541. 碎斑簇天牛　*Aristobia voeti* Thomson
542. 瘤胸天牛　*A. hispida* Saunders
543. 桃红颈天牛　*Aromia hungii* (Faldermann)
544. 桃黄颈天牛　*A. foldermannii* (Saunders)
545. 红缘天牛　*Asias halodendri* (Pallas)
546. 橙斑白条天牛　*Batocera david* Deynolle
547. 云斑白条天牛　*B. harsfieldi* (Hope)
548. 杉棕天牛　*Callidium villosulum* Fairmaire
549. 中华桑天牛　*C. cresium sinicum* White
550. 角胸天牛　*Chelidomius guadricolle* Bater
551. 裂纹虎天牛　*Chlorophorus separartus* Gressitt
552. 六斑虎天牛　*C. sexmaculatus* (Mots.)
553. 弧纹虎天牛　*C. niwai* Gressitt
554. 紫缘绿天牛　*Chloridolum provosti* (Pic.)
555. 竹虎天牛　*Chlorophoras annularis* (Fabrieius)
556. 榆绿天牛　*Chloridolum provosti* (Fairmaere)
557. 梨眼天牛　*Chreonma provosti* (Fairmaere)
558. 蓝翅红胸天牛　*Dere reticulata* Gressite
559. 栎蓝天牛　*D. thoracica* White
560. 大牙锯天牛　*D. paradoxus* Faldermann
561. 黄带黑绒天牛　*E. unifasciata* (Ritasema)
562. 栗长红天牛　*Erthresthes bowringii* Pascoe
563. 油茶红翅天牛　*Erythrus blairi* Gressitt
564. 二点红天牛　*E. rubriceps* Pic.
565. 红天牛　*E. championi* White
566. 瘤胸金花天牛　*Gaurotes tuberculicollis* (Blandehard)
567. 桑官天牛　*Glenea controguttata* Fairmaire
568. 双带粒翅天牛　*Lamiomimus gottschei* Kolbe
569. 十二斑花天牛　*Leptura duodecimguttata* Fabricius
570. 苹枝天牛　*Linda fraterna* (Chevrrolat)
571. 栗山天牛　*Mallamhyx radderi* Blessig
572. 黄绒缘天牛　*Margites fulvidus* (Pascoe)
573. 灰黄天牛　*Pascothea hilaris* (Pascoe)
574. 四点象天牛　*Mesosa myops* (Dalman)
575. 薄翅锯天牛　*Megopis sinica* White
576. 云杉小黑天牛　*Monochamus sufor* (Linnaeus)
577. 松天牛　*M. alternatus* Hope
578. 麻斑墨天牛　*M. sparsutus* Fairmaire
579. 双簇天牛　*Moechotypa diphysis* (Poscoe)
580. 拟吉丁天牛　*Niphona furcata* (Bates)
581. 八星粉天牛　*Olenecamptus octopustulatus*(Motsch.)
582. 赤天牛　*Oupyrrhidium cinnabarinum* (Blessig)

583. 眼斑齿胫天牛 *Paraleprodera diophthalma* (Paseoe)
584. 苎麻天牛 *Paraglenea fortunei* (Saunders)
585. 菊天牛 *Phytoecia rufitventris* Gautier
586. 黄带蓝天牛 *Polyzonus fasciatus* Fabricius
587. 锯天牛 *Prionus insularis* Motschulsky
588. 脊胸天牛 *Rhytidoferia bowrintii* Whire
589. 双条杉天牛 *Semanotus bifasciatus* (Motsch.)
590. 短角幽天牛 *Spondylis buprestoides* L.
591. 四星栗天牛 *Stenygrinum guadrinotatum* Bates
592. 栗瘦花天牛 *Strangalia* sp.
593. 家茸天牛 *Trichoferus campestris* (Faldermann)
594. 桑虎天牛 *Xylotrechus chinensis* Chevrolat
595. 双条合欢天牛 *Xystrocera globosa* (Olivier)
596. 黄条切缘天牛 *Zegrides aurovirgatus* Gressitt

七十五、瓢虫科 Coccinellidae

597. 奇变瓢虫 *Aiollocaria mirabilis* (Mots.)
598. 隐斑瓢虫 *Ballia obscurosignata* Liu
599. 十五星瓢虫 *Calvia quinquedecimguttata* (Fabr.)
600. 细纹裸瓢虫 *C. albolineata* (Sehonheer)
601. 黑缘红瓢虫 *Chilocorus rubidus* Hope
602. 红点唇瓢虫 *Kuwanae* Silvestri
603. 黄斑盘瓢虫 *Coelophora saucia* Mulsant
604. 七星瓢虫 *Coccinella septempunctata* L.
605. 瓜茄瓢虫 *Epilachna admirabilis* Crotch
606. 菱纹食植瓢虫 *E. insignis* Gorham
607. 异色瓢虫 *Leis axyridis* (Pallas)
608. 异色瓢虫十九斑变型 *L. axyridis* (Pallas) var. *novemdecimpunctata* Faldermann
609. 异色瓢虫显明变型 *L. axyridis* (Pallas) var. *Spectabilis* Faldermann
610. 异色瓢虫豹斑变型 *L. dimidiata* (Fabricius) ab. *sicardi* Mad
611. 异色瓢虫暗黄变型 *L. axyridis* ab. *succinea* Hope
612. 龟纹瓢虫 *Propylaea japonica* (Thunderg)
613. 黑襟毛瓢虫 *Scymnus* (Neopullus) *hoffmanni* Welse
614. 深点食螨瓢虫 *Stethorus punctillum* Welse
615. 十二斑和瓢虫 *Synharmonia bissexnotata* (Mulsant)

七十六、郭公虫科 Cleriidae

616. 青带郭公虫 *Trichodesma sinae* Chevr

X 鳞翅目 Lepidoptera

七十七、蝙蝠蛾科 Hepialidae

617. 一点蝙蝠蛾 *Phassus singnifer sinensis* Moore
618. 柳蝙蝠蛾 *P. excrescens* Butler
619. 凸缘蝙蝠蛾 *P. nnakingi* Daniel

七十八、箩纹蛾科	Brahmaeidae
620. 紫光箩纹蛾	*Brachmaea porphyrio* Chu et Wang
621. 青球箩纹蛾	*B. hearseyi* (White)
七十九、袋蛾科	Psychidae
622. 白袋蛾	*Chalioides kondonis* Matsumura
623. 小袋蛾	*Clania minuscula* Butler
624. 螺纹袋蛾	*C. crameri* Westwood
625. 大袋蛾	*Cryptothelea variegata* Sellen
八十、细蛾科	Graciariidae
626. 金纹细蛾	*Lithocolletis ringoniella* Mats
八十一、尖蛾科	Cosmopterygidae
627. 茶梢尖蛾	*Parametriotes theae* Kuznetzor
八十二、夜蛾科	Noctuidae
628. 尖剑夜蛾	*Acronicta pulverosa* Hampson
629. 梨剑纹夜蛾	*A. rumicis* (L.)
630. 大地老虎	*Agrotis tokionis* Butler
631. 小地老虎	*A. ypsilon* (Rottemberg)
632. 八字地老虎	*A. c_nigrum* (Linnaeus)
633. 三角地老虎	*A. triangulum* (Hufnagel)
634. 紫黑扁身夜蛾	*Amphipyra corvina* Motschulsky
635. 齿秀夜蛾	*Apamea cuneata* (Leech)
636. 竹秀夜蛾	*A. repetita comiuncta* (Leech)
637. 桥夜蛾	*Anomis mesogona* Walker
638. 超桥夜蛾	*A. fulvida* Guenee
639. 银纹夜蛾	*Argyrogramma aganta* Staudinger
640. 甘蓝夜蛾	*Barathra brassicae* (L.)
641. 短栉夜蛾	*Brevipecten consanguis* Leech
642. 栗皮夜蛾	*Characoma ruficirra* Hampson
643. 客来夜蛾	*Chrysorithrum amata* (Bremer)
644. 苎麻夜蛾	*Cocytodes caerulea* Guenee
645. 柳残夜蛾	*Coloblchyla salicalis* Schiffermulier
646. 三斑蕊夜蛾	*Cymatophoropsis* lrimaculata
647. 高山翠夜蛾	*Daseochaeta oplium* (Osbeck)
648. 肖毛翅夜蛾	*Dermaleipa juno* (Dalman)
649. 柳金刚钻	*Earias pudicana* Staudinger
650. 一点金刚钻	*E. pudicana pupillana* Staudinger
651. 鼎金刚钻	*E. cupreoviridis* (Walker)
652. 黄地老虎	*Euxoa segetum* (Schiffermaller)
653. 臭椿皮蛾	*Eligma narcissus* (Cramer)
654. 卷裳魔目夜蛾	*Eupatula macrops* Linnaeus
655. 枫香尾夜蛾	*Eutelia geyeri cantonensis* Chu et Chen
656. 白边切根虫	*EuJcoa oberthuri* (Leech)

657. 癞皮夜蛾 *Gadirtha inexacta* Walker
658. 棉铃虫 *Heliothis armigera* (Hubner)
659. 茶色地老虎 *Hermonassa cecilia* Butler
660. 苹梢鹰夜蛾 *Typocala subsatura* Guenee
661. 两色碧夜蛾 *Hylophilina bicolorana* (Fuessly)
662. 长须夜蛾 *Tvfypena probo scidalis* Linnaeus
663. 甜菜夜蛾 *Laphygma exigua* Hubner
664. 橘肖毛翅夜蛾 *Lagoptera dotata* (Fabricius)
665. 粘虫 *Leucania separata* Walker
666. 劳氏粘虫 *L. loreyi* Duponehel
667. 瘦银定夜蛾 *Macdunnoghia conjusa* Stephens
668. 鱼藤毛胫夜蛾 *Mocis undata* Fabricius
669. 土光腹粘虫 *Mythimna turca* (Linnaeus)
670. 竹笋禾夜蛾 *Oligia vulgaris* (Butler)
671. 鸟嘴壶夜蛾 *Oraesia excavata* Butler
672. 玫瑰巾夜蛾 *Parallelia arctotaenia* (Guenee)
673. 围连纹夜蛾 *Perigrapha circumducta* Lederer
674. 银纹夜蛾 *Plusia agnata* Staudinger
675. 白条夜蛾 *P. albostriata* Bermer et Grey
676. 淡银纹夜蛾 *P. pasisna* Butler
677. 红棕灰夜蛾 *Polia illoba* Butler
678. 白斑小夜蛾 *P. persicariae* (Linnaeus)
679. 斜纹夜蛾 *Prodenia litura* (Fabricius)
680. 淡剑纹夜蛾 *Sidemia depravata* Butler
681. 胡核豹夜蛾 *Sinna extrema* Walker
682. 晦旋目夜蛾 *Speiredonia martha* Butler
683. 旋目夜蛾 *Speuredonia retorta* (L.)

八十三、虎蛾科 Agaristidae

684. 葡萄虎蛾 *Seudyra subflava* Moore

八十四、天蛾科 Sphingidae

685. 葡萄缺角天蛾 *Acosmeryx naga* (Moore)
686. 缺角天蛾 *A. castanea* Rothschild et Jordan
687. 芝麻天蛾 *Acherontia styx* Westwood
688. 葡萄天蛾 *Ampelophaga rubiginosa* biginosa
689. 榆绿天蛾 *Callambulyx tutarinovi* (Bremer et Grey)
690. 豆天蛾 *Clanis billineata tsingtauica* Mcu
691. 甘蔗天蛾 *Leucophlebia lineata* Westwood
692. 小豆长喙天蛾 *Macroglossum stellatarum* (L.)
693. 月天蛾 *Parum porphyria* (Butler)
694. 霜天蛾 *Psitogramma menephron* (Cramer)
695. 绒天蛾 *Rhagastis mongoliana mongoliana* (Butler)
696. 杨目天蛾 *Smerinthus caecus* Menetries
697. 蓝目天蛾 *S. planus planus* Walker

698. 松针天蛾 *Sphinx caliqineus* Butler
699. 斜纹天蛾 *Theretra clotho* (Drury)

八十五、毒蛾科 Lymantriidae

700. 豆毒蛾 *Cifuna locuples* Walker
701. 茸毒蛾 *Dasychira pudibunda* (L.)
702. 松毒蛾 *D. axutha* Collenette
703. 乌桕毒蛾 *Euproctis bipunctapax* (Hampson)
704. 孤星黄毒蛾 *Euproctis decussata* Moore
705. 折带黄毒蛾 *E. flava* Bremer
706. 榆毒蛾 *Ivela schropoda* Eversmann
707. 条毒蛾 *Lymantria dissoluta* Swinhoe
708. 舞毒蛾 *Ocneria dispar* Linnaeus
709. 角斑古毒蛾 *Orgyia gonostigma* (L.)
710. 古毒蛾 *O. antiqua* (L.)
711. 侧柏毒蛾 *Parocneria furva* (Leech)
712. 黄羽毒蛾 *Pida rgennis* Moore
713. 黑褐盗毒蛾 *Porthesia atereta* Collenette
714. 棕衣黄毒蛾 *P. scintillans* (Walker)
715. 黄尾毒蛾 *P. similis* Fueszly
716. 柳毒蛾 *Stilpnotia candida* Staudinger

八十六、豹囊蛾科 Zeuzeridae

717. 咖啡豹囊蛾科 *Zeuzeridae coffeae* (Nietner)
718. 六星黑点囊蛾 *Z. leucotum* Butler

八十七、木囊蛾科 Cossidae

719. 柳木囊蛾 *Holcocerus vicarius* Walker
720. 豹纹木囊蛾 *Eeuzera coffeae* Nietner

八十八、刺蛾科 Limacodidae

721. 黄刺蛾 *Cnidocampa flavescens* (Walker)
722. 枣刺蛾 *Iragoides Conjuncta* (Walker)
723. 奇变刺蛾 *I. thaumasta* Hering
724. 小白刺蛾 *Narosa edoensis* Kawada
725. 梨刺蛾 *Narsoedens flavidorsalis* Staudinger
726. 斜纹刺蛾 *Oxyplax ochracea* (Moore)
727. 青刺蛾 *Parasa consocia* Walker
728. 中华青刺蛾 *P. sinica* Moore
729. 四点刺蛾 *P. hilarata* Staudinger
730. 丽绿刺蛾 *P. lepida* (Cramer)
731. 棕边青刺蛾 *P. hilarata* (Staudinger)
732. 桑褐刺蛾 *Setora postornata* (Hampson)
733. 扁刺蛾 *Thosea sinensis* (Walker)

八十九、斑蛾科 Zygaenoidae

734. 竹斑蛾 *Artona funeralis* Butler

735. 马尾松斑蛾 *Campylotes desgodinsi* Oberthur
736. 黄纹旭锦斑蛾 *C. pratti* Leech
737. 李叶斑蛾 *Elcysma westwoodi* Vollenhoven
738. 三色柄脉锦斑蛾 *Eterusia tricolor* Hope
739. 茶斑蛾 *E. aedea* L.
740. 重阳木斑蛾 *Histia rhodope* Cramer
741. 柞斑蛾 *Illiberis sinensis* Walker
742. 梨星毛虫 *I. Pruni* Dyar
743. 透翅硕斑蛾 *Piarosoma hyalina thibetana* Oberthur
744. 环带锦斑蛾 *Pidorus euchromioides* Walker

九十、卷蛾科 Tortricidae

745. 云杉黄卷蛾 *Adoxophyes orana* Walker
746. 黄色卷蛾 *Choristoneura longicellana* Walsingham
747. 异色卷蛾 *C. diversana*（Hubner）
748. 油松球果小卷蛾 *Gravitarmata margarotana*（Heinemann）
749. 杉梢小卷蛾 *Rhyacionia duplana*（Hubner）
750. 顶芽卷叶蛾 *Spilonota lechriaspis* Meyrich

九十一、钩刺蛾科 Drepanidae

751. 洋麻钩蛾 *Cyclidia substigmaria substigmaria*（Hubner）

九十二、蚕蛾科 Bomhycidae

752. 褐蚕蛾 *Oberthuria falcigera* Butler
753. 桑螨 *Rondotia menciana* Moore
754. 桑野蚕 *Thieophila mandarina* Moore

九十三、天蚕蛾科 Saturniidae

755. 绿色天蚕蛾 *Actiaas selene gnoma* Butler
756. 水青蛾 *A. selene ningpoana* Felder
757. 柞蚕 *Antheraea pernyi* Ghuerin Menerille
758. 半目大蚕蛾 *A. yamamai* Guerin et Menerille
759. 樟蚕 *Eriogyna pytretorum*（Westwood）
760. 黄豹大蚕蛾 *Leopa katinka* Westwood
761. 樗蚕 *Philosamia cynthia* Walker et Felder
762. 榆风蛾 *Epicopeia mencia* Moore

九十四、鹿蛾科 Arnatidae

763. 桑鹿蛾 *Amata germana mandarinia* Butler
764. 蕾鹿蛾 *A. germana*（Feider）

九十五、螟蛾科 Pyrilidae

765. 竹螟 *Algedonia coclesalis* Walker
766. 杨黄卷叶螟 *Botyodes diniasalis* Walker
767. 大黄卷叶螟 *B. principalis* Leech
768. 稻纵卷叶螟 *Cnaphalocrocis medinalix* Guenee
769. 褐边螟 *Catagela adjurella* Walker
770. 拟桑螟 *Diaphania pryeri* L.

771. 爪野螟 *Diaphania indica* (Saunder)
772. 松梢螟 *Dioryctria splendidella* Herrich - Schaeffer
773. 油松球果螟 *D. mendacelia* Staudinger
774. 桃蛀螟 *Dichocrocis puntiferalis* (Guenee)
775. 三条卷叶螟 *D. chlorophanta* Butler
776. 赤双纹螟 *Herculia pelasgalis* Walker
777. 豆卷叶螟 *Lamprosema indica* Fabricius
778. 扶桑四点野螟 *Lygropia quaternalis* Zeller
779. 豆荚叶螟 *Maruca testulaiis* Zeller
780. 梨大食心虫 *Nephopteryx pirixorella* Matstlmura
781. 楸螟 *Omphisa plagialis* Wileman
782. 欧洲玉米螟 *Ostrinia nubilalis* (Hubner)
783. 紫斑谷螟 *Pyralis farinalis* L.
784. 柞褐叶螟 *Sybrida fasciata* Butler
九十六、灯蛾科 Arctiidae
785. 红缘灯蛾 *Amsacta lactinea* (Cramer)
786. 豹灯蛾 *Arctia caja* (L.)
787. 花布丽灯蛾 *Campoloma interiorata* Walker
788. 八点灰灯蛾 *Creatonotus transiens* (Walker)
789. 黑条灰灯蛾 *C. gangis* (L.)
790. 肖浑黄灯蛾 *Rhyparioides amurensis* (Bremer)
791. 白雪灯蛾 *Spilosoma niveus* (Menetries)
792. 星白雪灯蛾 *S. menthastri* (Esper)
793. 红腹灯蛾 *Spilarctia subcarnea* (Walker)
九十七、苔蛾科 Lithosiidae
794. 米艳苔蛾 *Asura megala* Hampson
795. 条纹苔蛾 *Asura strigipennis* (H. S.)
796. 猩红苔蛾 *Chionaema coccinea*(Moore)
797. 四点苔蛾 *Lothosia quadra* (L.)
798. 硃美苔蛾 *Miltochrista pulchra* Butler
799. 优美苔蛾 *M. striata* Bremer et Grey
800. 黄痣苔蛾 *Stigmatophora flava* (Motschulsky)
九十八、尺蛾科 Geormetridae
801. 杉霜尺蠖 *Alcis angulifera* Butler
802. 萝藦青尺蠖 *Agathia carissima* Butler
803. 锯翅尺蠖 *Angerona glandinaria* Mots.
804. 杨尺蠖 *Apochemia cinerarius* Erschoff
805. 大造桥虫 *Ascotis selenaria dianeria* Hubner
806. 焦边尺蠖 *Bizia aexria* Walker
807. 松尺蠖 *Bupalus piniarius* L.
808. 油桐尺蠖 *Buzura suppressaria* Guenee
809. 云尺蠖 *B. thibetaria* Oberthur

810. 丝绵木金星尺蠖 *Calospilos suspecta* Warren
811. 榛金星尺蠖 *C. sylvata* Seopoli
812. 木橑尺蠖 *Culeula panterinaria* (Bremer et Grey)
813. 北京尺蠖 *Epipristis transiens* Sternech
814. 云纹尺蠖 *Eulithis pyropota* Hubner
815. 尖尾尺蠖 *Gelasma illiturata* Walker
816. 直脉青尺蠖 *Hipparchus valida* Felder
817. 黄辐射尺蠖 *Iataphora iridicolor* Butler
818. 青辐射尺蠖 *I. admirabilis* (Oberthusr)
819. 茶用克青尺蠖 *Junkowskia athleta* Oberthur
820. 女贞尺蠖 *Naxa seriaria* Motschulsky
821. 黄黑星尺蠖 *Obeidia tigrata neglecta* Thierry – Mieg
822. 雪尾尺蠖 *Ourapteryx nivea* Butler
823. 接骨木尺蠖 *O. sambucaria* L.
824. 拟柿星尺蠖 *Percnia albinigrata* Warren
825. 桑尺蠖 *Phthonosema abrilineata* (Butler)
826. 黑条大白姬尺蠖 *Problepsis dizoma* Prout
827. 四月尺蠖 *Selenia tetralunaria* Hufnagel
828. 尘尺蠖 *Serraca punctinalis* Conferenda Butler
829. 忍冬尺蠖 *Somatina indicataria* Walker
830. 樟翠尺蠖 *Thalassodes opalina* Butler
831. 玉臂黑尺蠖 *Xandrames dholaria sericea* Butler

九十九、枯叶蛾科 Lasiocampidae

832. 黄斑波纹杂毛虫 *Cyclophragma undans fasciatella* Men_etries
833. 马尾松毛虫 *Dendrolimus punctatus* Walker
834. 思茅松毛虫 *D. kikuchii* Matsumura
835. 赤松毛虫 *Dendrolimus spectabilis* Butler
836. 油松毛虫 *D. tabulaeformis* Tsai et Liu
837. 杨枯叶蛾 *Gastropacha populifolia* Esper
838. 李枯叶蛾 *G. quercifolia* L.
839. 油茶枯叶蛾 *Lebeda nobilis* Walker
840. 东北栎黄毛虫 *Paralebeda plagifera femorata* (Men_etries)
841. 竹黄枯叶蛾 *Philudoria laeta* Walker
842. 栎黄枯叶蛾 *Trabala vishnou* Lefebure

一百、舟蛾科 Notodontidae

843. 银刀奇舟蛾 *Allata argyropeza* (Oberthur)
844. 杨二尾舟蛾 *Cerura menciana* Moore
845. 黑带二尾舟蛾 *C. vinula felina* (Butler)
846. 杨扇舟蛾 *Clostera anachoreta* (Fabricius)
847. 短扇舟蛾 *C. curuloides* Erschoff
848. 高粱舟蛾 *Dinara combusta* (Walker)
849. 栎枝背舟蛾 *Hybocampa umbrosa* (Staudinger)
850. 银二星舟蛾 *Lampronadata splendida* (Oberthur)

851. 黄二星舟蛾　*L. cristata* (Butler)
852. 杨小舟蛾　*Micromelalopha troglodyta* (Graeser)
853. 乙竹箩舟蛾　*Norraca retrofusca* De Joannis
854. 赭小内斑舟蛾　*Peridea graeseri* (Staudinger)
855. 蒙内斑舟蛾　*P. gigantea* Butler
856. 栎掌舟蛾　*Phalera assimilis* (Bremer et Grey)
857. 榆掌舟蛾　*P. fuscescens* Butler
858. 舟形毛虫　*P. flavescens* (Bremer et Grey)
859. 刺槐掌舟蛾　*P. cihuai* Yang et Lee
860. 槐羽舟蛾　*Pterostoma sinicum* Moore
861. 姬舟蛾　*Saliocleta nonatrioides* Walker
862. 沙舟蛾　*Shaka atrovittata* (Bremer)
863. 艳金舟蛾　*Spatalia doerriesi* Graeser
864. 核桃舟蛾　*Uropyia meticulodina* (Oberthur)

一百零一、凤蝶科　Papilionidae

865. 红纹凤蝶　*Atrophaneura aristolochiae* Fabricius
866. 麝凤蝶　*Byasa alcinous* Klug
867. 碧凤蝶　*Papilio bianor* Cramer
868. 黄凤蝶　*P. machaon* L.
869. 美妹凤蝶　*P. macilentus* Janson
870. 五带凤蝶　*P. polytes* L.
871. 蓝凤蝶　*P. protenor* Cramer
872. 丝带凤蝶　*Sericinus telamon* Donoven
873. 软尾亚凤蝶　*S. montela* Gray

一百零二、娟蝶科　Parnassiidae

874. 白娟蝶　*Parnassius glacialis* Butler

一百零三、粉蝶科　Pieridae

875. 红襟粉蝶　*Anthocaris cardamines* L.
876. 黄襟粉蝶　*A. scolmus* Butler
877. 黄粉蝶　*Colias hyale* L.
878. 橙黄粉蝶　*Colasf ields* Menetries
879. 小黄粉蝶　*Eurema blanda* Boisduval
880. 宽边小黄粉蝶　*E. hecabe* L.
881. 角翅粉蝶　*Gonepteryx rhamni* L.
882. 锐角翅粉蝶　*G. aspasia* Menetries
883. 菜粉蝶　*Pieris rapae* L.
884. 东方粉蝶　*P. canidia* Sparrman
885. 褐脉粉蝶　*P. napi* L.
886. 黑脉粉蝶　*P. melete* Menetries

一百零四、眼蝶科　Satyridae

887. 白点艳眼蝶　*Callerebia albipuncta* Leech
888. 珍眼蝶　*Coenonympha amaryllis* Cramer

889. 蛇眼蝶　*Minois dryas* L.
890. 稻眼蝶　*Mycalesis gotoma* Moore
891. 蒙链眼蝶　*Ncope imuirheadi* Felder
892. 链纹眼蝶　*Ypthima balds* Fabricius
893. 灰带矍眼蝶　*Y. megalomma* Butler

一百零五、蛱蝶科　Nympalidae

894. 紫光蛱蝶　*Apaturaiia* Schiff_Demis
895. 斐豹蛱蝶　*Arygyrcus hyperbius* L.
896. 黄豹蛱蝶　*Argyronome laodica* Paller
897. 老豹蛱蝶　*A. laodica* Pallas
898. 云豹蛱蝶　*Argynnis anadyomene* Felder
899. 黄闪蛱蝶　*Dilip afenestra* Leech
900. 灿豹蛱蝶　*Fabriciana adeppe* L.
901. 琉璃蛱蝶　*Kaniska canacae* L.
902. 星三线蛱蝶　*Ladoga sulpitia* Cramer
903. 线蛱蝶　*Limenitis helmanne* Lederer
904. 中环蛱蝶　*Niptis hylas* L.
905. 重环蛱蝶　*N. alwina* Bremer et Grey
906. 小环蛱蝶　*N. sappho intermedia* Pryer
907. 豹蛱蝶　*Timelaea maculata* Bremer et Grey
908. 黄环蛱蝶　*Neptis themis* Leech
909. 黄钩蛱蝶　*Polyonia c_aureum* L.
910. 白钩蛱蝶　*P. c_album hemigera* Bul Butler
911. 二尾蛱蝶　*Polyura narcaea* Hewitson
912. 蓝地蛱蝶　*Precis orithya* L.
913. 大红蛱蝶　*Vanessa indica* L.

一百零六、灰蝶科　Lycaenidae

914. 蓝灰蝶　*Eueres argiades* Pallas
915. 艳灰蝶　*Favonius orientalis* Murray
916. 红灰蝶　*Lycaena phlaeas* L.
917. 乌灰蝶　*Stymonidia w_album* Knoeh
918. 线灰蝶　*Strymonidia eximia* Leech
919. 点玄灰蝶　*Tongeiaf ilicaudis* Pryer

一百零七、弄蝶科　Hesperilidae

920. 无纹弄蝶　*Baoris farrifarri* Moore
921. 多角弄蝶　*Ctenoptilum* sp.
922. 带弄蝶　*Loboclabf asciata* Bremer et Grey
923. 赭弄蝶　*Ochlodes subhyalina* Bremer et Grey
924. 黄弄蝶　*Potanthus clnfrcius* Felder
925. 直纹稻弄蝶　*Parnara guttata* Bremer et Grey
926. 曲纹稻弄蝶　*P. gamga* Evans
927. 隐纹稻弄蝶　*Pelopides mathias*（Fabricius）

Ⅺ 膜翅目 Hymenoptera

一百零八、树蜂科	Siricidae
928. 云杉树蜂	*Sirex piceus* Xiao et Wu
929. 冷杉大树蜂	*S. gigus* L.
930. 烟角树蜂	*Tremex fuscicornis* (Fabricius)
一百零九、扁叶蜂科	Pamphiliidae
931. 梨扁叶蜂	*Cephaleia* sp.
932. 云杉斑胸扁叶蜂	*C. cephaleia* sp.
一百一十、叶蜂科	Tenthredinidae
933. 梨实蜂	*Hoplocampa pyricola* Fhower
934. 松红腹叶蜂	*Nematus erichsoni* Hartig
935. 松黄叶峰	*Nesodiprion sertifer* Geoffroy
一百一十一、三节叶蜂科	Argidae
936. 榆叶蜂	*Arge captiva* Smith
937. 蔷薇叶蜂	*A. pagana* Panzer
一百一十二、瘿蜂科	Cynipidae
938. 槲柞瘿蜂	*Cynips mukaigawae* Muk
939. 栗瘿蜂	*Dryocosmus kuriphilus* (Yasumatsu)
940. 栎叶瘿蜂	*Diplolepis agama* Hart.
一百一十三、茎蜂科	Cephidae
941. 梨茎蜂	*Janus piri* Okanota et Muramatsu
一百一十四、姬蜂科	Ichneumonidae
942. 齿唇姬蜂	*Campoletis* sp.
943. 稻苞虫凹眼姬蜂	*Casinaria colacae* Sonan
944. 黄足黑瘤姬蜂	*Coccygomimus flavipes* (Cameron)
945. 稻苞虫黑瘤姬蜂	*Coccygomimus parnarae* Viereek
946. 日本黑瘤姬蜂	*C. nipponcus* (Uchida)
947. 台湾弯尾姬蜂	*Diadegma akoensis* (Shiraki)
948. 黑斑瘦姬蜂	*Dicamptus nigropictus* (Matsumura)
949. 花胸姬蜂	*Gotra octocincta* (Ashmead)
950. 桑蟥聚瘤姬蜂	*Gregopimpla kuwanae* (Viereck)
951. 松毛虫埃姬蜂	*Itoplectis alternaans spectabilis* (Matsumura)
952. 褐斑马尾姬蜂	*Megarhyssa praceuens* Tosquinet
953. 甘兰夜蛾拟瘤姬蜂	*Netelia oceuaris* (Thomson)
954. 夜蛾瘦姬蜂	*Ophion luteus* (L.)
955. 蓑蛾瘦姬蜂	*Sericopimpla sagrae sauteri* Cushman
956. 松毛虫棘领姬蜂	*Therion giganteum* Gravenhorst
957. 黄眶离缘姬蜂	*Trathala flavo_orbitalis* (Cameron)
958. 广黑点瘤姬蜂	*Xanthopimpla punctata* Fabricius
959. 松毛虫黑点瘤姬蜂	*X. pedator* Krieger

一百一十五、茧蜂科 Braconidae

960. 枯叶蛾绒茧蜂 *Apanteles Liparidis* Bouche
961. 粘虫绒茧蜂 *A. rariyal* Watanate
962. 弄蝶绒茧蜂 *A. baoris* Wakinson
963. 黑胸茧蜂 *Byacon nigrorufum* (Cushman)
964. 天牛茧蜂 *Brulleia shibuensis* (Matsumura)
965. 菜蚜茧蜂 *Diaeretiella rapae* Milntosh
966. 麦蚜茧蜂 *Ephedrus plagiator* (Nees)
967. 菲岛长距茧蜂 *Macrocentrus philippinensis* Ashmead
968. 桑尺蠖脊茧蜂 *Rogas japonicus* Ashmead

一百一十六、小蜂科 Chalcididae

969. 无脊大腿小蜂 *Brachymeria axcarinata* Gahan
970. 广大腿小蜂 *B. obscurata* (Walker)
971. 次生大腿小蜂 *B. secundaria* (Rufcur)
972. 红大腿小蜂 *B. fonscolombei* (Dufcur)

一百一十七、长尾小蜂科 Torymidae

973. 中华螳小蜂 *Podagrion chinensis* Ashmead

一百一十八、纹翅小蜂科 Trichogrammatidae

974. 拟澳洲赤眼蜂 *Trichogramma confusum* Viggiani
975. 松毛虫赤眼蜂 *T. dendrolimi* Matsumura
976. 稻螟赤眼蜂 *T. japonicum* Ashmead

一百一十九、跳小蜂科 Encyrtidae

977. 球蚧细柄跳小蜂 *Microterys clauseni* Compete
978. 红蚧细柄跳小蜂 *Psilophrys tenuicornis* Graham

一百二、金小蜂科 Pteromelidae

979. 凤蝶金小蜂 *Pteromalus puparum* (L.)

一百二十一、姬小蜂科 Eulophidae

980. 螟蛉姬小蜂 *Euplectrus* sp.
981. 稻苞虫腹柄姬小蜂 *Pediobius rnisukarii* (Ashmead)

一百二十二、广肩小蜂科 Eurytomidae

982. 刺槐种子小蜂 *Bruchophagus caragana* Wik
983. 粘虫广肩小蜂 *Eurytoma verticillata* (Fabricius)
984. 竹小蜂 *Harmolita phyllostachitis* Galm

一百二十三、肿腿蜂科 Bethylidae

985. 管氏肿腿蜂 *Scleroderma guani* Xiao et Wdsci

一百二十四、土蜂科 Scoliidae

986. 白毛长腹土蜂 *Campsomeris annulata* Fabricius
987. 金毛长腹土蜂 *C. puismatica* Smith

一百二十五、青蜂科 Chrysididae

988. 上海青蜂 *Chrysis shanghaiensis* Smith

一百二十六、螯蜂科 Dryinidae

989. 斑衣蜡蝉螯蜂 *Dryinus* sp.

990. 黑腹螯蜂 *Haplogonatopus atratus* Esaki et Hashirmoto
991. 稻虱红螯蜂 *H. joponicus* Esaki et Hashirmoto
一百二十七、胡蜂科 Vespidae
992. 约马蜂 *Polistes iokahamae* Radoszkowski
993. 中华马蜂 *P. chinensis* Fabricius
994. 黄长脚胡蜂 *P. rado* Szikowski
995. 棕马蜂 *P. gigas* (Kirby)
996. 纹胡蜂 *Vespa crabroniformis* Smith
一百二十八、泥蜂科 Sphecidae
997. 黄纹泥蜂 *Sceliphron deforme* Smith
998. 黄腰泥蜂 *S. madrospatanum* Fabricius
999. 金毛泥蜂 *Sphex* sp.
1000. 黄足大唇泥蜂 *Stizus pulcherrimus* Smith
一百二十九、木蜂科 Xylocopidae
1001. 黄胸木蜂 *Xylocopa appendiculata* Smith

Ⅻ 双翅目 Diptera

一百三十、瘿蚊科 Cecidomyiidae
1002. 食蚜瘿蚊 *Aphidoletes meridonalis* Felt
1003. 柳蚜瘿蚊 *Rhabdophaga rosaria* H. loew
1004. 柳梢瘿蚊 *R. salicis* Schrank
一百三十一、食虫虻科 Asilidae
1005. 虎斑食虫虻 *Astochia virgatipes* Coguilett
1006. 大食虫虻 *Promachus yesonicus* Bigot
1007. 牛虻 *Abanus amaenus* Walker
一百三十二、食蚜蝇科 Syrphidae
1008. 黑带食蚜蝇 *Epistrophe balteata* De Geer
1009. 刺腿食蚜蝇 *Ischioton scutellaris* Fabricius
1010. 月斑鼓额食蚜蝇 *Lasiopticus selentiica* (Meigen)
1011. 斜斑鼓额食蚜蝇 *L. pyrastri* (L.)
1012. 梯斑黑食蚜蝇 *Melanostoma scalare* Fabricius
1013. 星波食蚜蝇 *Metasyphas niten* Tenerstedt
1014. 四条小食蚜蝇 *Paragus quadrifasciatus* Meigen
1015. 大灰食蚜蝇 *Syrphus corollae* Fabricius
1016. 门食蚜蝇 *Sphaerophoria menthastri* L.
1017. 长扁食蚜蝇 *S.* sp.
1018. 印度细腹食蚜蝇 *S. indiana* Bigot
一百三十三、寄蝇科 Tachinidae
1019. 松毛虫狭额寄蝇 *Carcelia rasella* Baranov
1020. 蚕饰腹寄蝇 *Crossocosmia zebina* Walker
1021. 粘虫缺须寄蝇 *Cuphocera varia* Fabricius
1022. 家蚕追寄蝇 *Exorista sorbillans* Wiedemnn

1023. 红尾追寄蝇　*E. fallax* Meigen
1024. 日本追寄蝇　*E. japonica* Tyler_Townsend
1025. 灰色等腿寄蝇　*Isomera cinerascens* Rondani
1026. 玉米螟历寄蝇　*Lydella grisescens* Robineau_Desvoidy
1027. 黑腹膝芒寄蝇　*Conia sicula* Robineau_Desvoidy

一百三十四、花蝇科　Anthomyiidae

1028. 灰地种蝇　*Deiia platura*（Meigen）
1029. 江苏泉蝇　*Pegomyia kiangsuensis* Fan

一百三十五、长吻虻科　Bombyliidae

1030. 长吻虻　*Anastoechus nitidulus* Fabrieius
1031. 大长吻虻　*Bombylius major* L.

一百三十六、头蝇科　Pipuncalidae

1032. 爪哇头蝇　*Pipunciius javanensis* Demeijere
1033. 黄足头蝇　*P. mutillatus*(Loeve)
1034. 黑尾叶蝉头蝇　*Tomosvayella oryzaetora* Koizuml
1035. 针竹头蝇　*T. spioutiata* Havay
1036. 林栖头蝇　*T. sylvatica*（Meigen）

附录8　高乐山自然保护区重点保护野生植物名录

科名	序号	种名	拉丁名	国家保护级别	中国植物红皮书	CITES附录
银杏科 Ginkgoaceae	1	银杏	*Ginkgo biloba*	Ⅰ	稀有	
红豆杉科 Tzxaceae	2	红豆杉	*Taxus chinensis*	Ⅰ		
	3	南方红豆杉	*T. chinensis* var. *mairei*	Ⅰ		
榆科 Ulmaceae	4	榉树	*Zelkova schneideriana*	Ⅱ		
	5	青檀	*Pteroceltis tatarinowii*		稀有	
领春木科 Eupteleaceae	6	领春木	*Euptelea pleiospermum*		稀有	
连香树科 Cercidiphyllaceae	7	连香树	*Cercidiphyllum japonicum*	Ⅱ	稀有	
木兰科 Magnoliaceae	8	鹅掌楸	*Liriodendron chinensis*	Ⅱ	稀有	
	9	厚朴	*Magnolia officinalis*	Ⅱ	稀有	
	10	水青树	*Tetracentron sinense*	Ⅱ	渐危	
樟科 Lauraceae	11	樟(香樟)	*Cinnamomum camphora*	Ⅱ	渐危	
	12	润楠	*Machilus nanmu*	Ⅱ		
	13	楠木	*Phoebe zhennan*	Ⅱ	稀有	
豆科 Leguminosae	14	野大豆	*Glycine soja*	Ⅱ	稀有	
茜草科 Rubiaceae	15	香果树	*Emmenopterys henryi*	Ⅱ	渐危	
胡桃科 Juglandaceae	16	胡桃	*Juglans regia*	Ⅱ*	渐危	
瓶尔小草科 Ophioglossaceae	17	狭叶瓶尔小草	*Ophioglossum hermale*		渐危	
马兜铃科 Aristolochiaceae	18	木通马兜铃	*Aristolochia manshuriensis*	Ⅱ*		
小檗科 Berberidaceae	19	八角莲	*Dysosma versipellis*	Ⅱ*	稀有	
杜仲科 Eucommiaceae	20	杜仲	*Eucommia ulmoides*	Ⅱ*	渐危	
猕猴桃科 Actinidiaceae	21	中华猕猴桃	*Actinidia chinensis*	Ⅱ*		
山茶科 Theaceae	22	紫茎	*Stewartia sinensis*		稀有	
葫芦科 Cucurbitaceae	23	绞股蓝	*Gynostemma pentaphyllum*	Ⅱ*		
薯蓣科 Dioscoreaceae	24	穿龙薯蓣	*Dioscorea nipponica*	Ⅱ*		
	25	盾叶薯蓣	*D. zingiberensis*	Ⅱ*		
大戟科 Euphorbiaceae	26	钩腺大戟	*E. ebiacteolata*			Ⅱ
	27	乳浆大戟	*E. esula*			Ⅱ
	28	泽漆	*E. helioscopia*			Ⅱ
	29	地锦草	*E. humifusa*			Ⅱ
	30	续随子	*E. lathyris*			Ⅱ
	31	猫眼草	*E. lunulata*			Ⅱ
	32	甘遂	*E. kansui*			Ⅱ
	33	京大戟	*E. pekinensis*			Ⅱ

科名	序号	种名	拉丁名	国家保护级别	中国植物红皮书	CITES附录
兰科 Orchidaceae	34	细葶无柱兰	*Amitostingma gracile*	Ⅱ*		Ⅱ
	35	黄花白芨	*Bletilla ochracea*	Ⅱ*		Ⅱ
	36	白芨	*B. striata*	Ⅱ*		Ⅱ
	37	剑叶虾脊兰	*Calanthe davidii*	Ⅱ*		Ⅱ
	38	三棱虾脊兰	*C. tricarinata*	Ⅱ*		Ⅱ
	39	银兰	*Cephalanthera erecta*	Ⅱ*		Ⅱ
	40	金兰	*C. falcata*	Ⅱ*		Ⅱ
	41	独花兰	*Changnienia amoena*	Ⅱ*	稀有	Ⅱ
	42	建兰	*Cymbidium ensifolium*	Ⅱ*		Ⅱ
	43	蕙兰	*C. faberi*	Ⅱ*		Ⅱ
	44	多花兰	*C. folribundum*	Ⅱ*		Ⅱ
	45	春兰	*C. goeringii*	Ⅱ*		Ⅱ
	46	毛杓兰	*Cypripedium franchetii*	Ⅱ*		Ⅱ
	47	绿化杓兰	*C. henryi*	Ⅱ*		Ⅱ
	48	扇脉杓兰	*C. japonicm*	Ⅱ*		Ⅱ
	49	曲茎石斛	*Dendrobium flexicaule*	Ⅱ*		Ⅱ
	50	细叶石斛	*D. hancockii*	Ⅱ*		Ⅱ
	51	大叶火烧兰	*Epipactis mairei*	Ⅱ*		Ⅱ
	52	火烧兰	*E. helleborine*	Ⅱ*		Ⅱ
	53	天麻	*Gastrodia elata*	Ⅱ*		Ⅱ
	54	大花斑叶兰	*Goodyera biflora*	Ⅱ*		Ⅱ
	55	小斑叶兰	*G. repens*	Ⅱ*		Ⅱ
	56	鹅毛玉凤花	*Habenaria dentata*	Ⅱ*		Ⅱ
	57	角盘兰	*Herminium monorchis*	Ⅱ*		Ⅱ
	58	大唇羊耳蒜	*Liparis dunnii*	Ⅱ*		Ⅱ
	59	羊耳蒜	*L. japonica*	Ⅱ*		Ⅱ
	60	鸟巢兰	*Neottia acuminata*	Ⅱ*		Ⅱ
	61	二叶兜被兰	*Neottianthe cucullata*	Ⅱ*		Ⅱ
	62	舌唇兰	*Platanthera japonica*	Ⅱ*		Ⅱ
	63	尾瓣舌唇兰	*P. mandarinorum*	Ⅱ*		Ⅱ
	64	独蒜兰	*Pleione bulbocodioides*	Ⅱ*		Ⅱ
	65	朱兰	*Pogonia japonica*	Ⅱ*		Ⅱ
	66	绶草	*Spiranthes lancea*	Ⅱ*		Ⅱ
	67	蜻蜓兰	*Tulotis asiatica*	Ⅱ*		Ⅱ
	68	小花蜻蜓兰	*T. ussuriensis*	Ⅱ*		Ⅱ

注:"保护级别"中,Ⅰ、Ⅱ分别指国家林业局1999年颁布的《国家重点保护野生植物名录(第一批)》的保护级别,其中Ⅰ级3种,Ⅱ级10种,共13种;Ⅱ* 指待公布的《国家重点保护野生植物名录(第二批)》中的国家Ⅱ级保护,共43种;"CITES附录"指《濒危野生动植物种国际贸易公约》(CITES)附录,共43种被列入附录Ⅱ。

附录9　高乐山自然保护区重点保护野生动物名录

序号	中文名	拉丁名	保护级别	CITES 附录
1	狼	*Canis lupus*		Ⅱ
2	豺	*Cuou alpinus*	Ⅱ	Ⅱ
3	青鼬	*Martes flavigula*	Ⅱ	Ⅲ
4	黄腹鼬	*Mustela kathiah*		Ⅲ
5	黄鼬	*Mustela sibirica*		Ⅲ
6	水獭	*Lutra lutra*	Ⅱ	Ⅰ
7	大灵猫	*Viverra zibirica*	Ⅱ	Ⅲ
8	小灵猫	*Viverricula indica*	Ⅱ	Ⅲ
9	花面狸	*Paguma larvata*		Ⅲ
10	豹猫	*Prionailurus bengalensis*		Ⅱ
11	金钱豹	*Panthera pardus*	Ⅰ	Ⅰ
12	麝	*Moschus moschiferus*	Ⅰ	Ⅰ
13	青羊	*Naemorhedus goral*	Ⅱ	
14	白冠长尾雉	*Syrmaticus reevesii*	Ⅱ	
15	花脸鸭	*Anas formosa*		Ⅱ
16	领角鸮	*Otus bakkamoena*	Ⅱ	Ⅱ
17	雕鸮	*Bubo bubo*	Ⅱ	Ⅱ
18	红角鸮	*Otus scops*	Ⅱ	Ⅱ
19	领鸺鹠	*Glaucidium brodiei*	Ⅱ	Ⅱ
20	斑头鸺鹠	*Glaucidium cuculoides*	Ⅱ	Ⅱ
21	纵纹腹小鸮	*Athene noctua*	Ⅱ	Ⅱ
22	鹰鸮	*Ninox scutulata*	Ⅱ	Ⅱ
23	鸢	*Milvus korschun*	Ⅱ	Ⅱ
24	赤腹鹰	*Accipiter soloensis*	Ⅱ	Ⅱ
25	松雀鹰	*Accipter virgatus*	Ⅱ	Ⅱ
26	雀鹰	*Accipter nisus*	Ⅱ	Ⅱ
27	苍鹰	*Accipter gentilis*	Ⅱ	Ⅱ
28	普通鵟	*Buteo buteo*	Ⅱ	Ⅱ
29	金雕	*Aquilu chrysuetos*	Ⅱ	Ⅱ
30	灰背隼	*Falco columbarius*	Ⅱ	Ⅱ
31	红隼	*Falco tinnunculus*	Ⅱ	Ⅱ

序号	中文名	拉丁名	保护级别	CITES 附录
32	红脚隼	*Falco amurensis*	Ⅱ	Ⅱ
33	燕隼	*Falco subbuteo*	Ⅱ	Ⅱ
34	蓝翅八色鸫	*Pitta nympha*		Ⅱ
35	牛背鹭	*Bubulcus ibis*		Ⅲ
36	大白鹭	*Egretta alba*		Ⅲ
37	白鹭	*Egretta garzetta*		Ⅲ
38	黑鹳	*Ciconia nigra*	Ⅰ	Ⅱ
39	大鲵	*Andrias davitianus*	Ⅱ	Ⅰ
40	虎纹蛙	*Hoplobatrachus rugulosa*	Ⅱ	Ⅱ
41	黄缘闭壳龟	*Cuora flavomarginata*		Ⅱ

注:“保护级别”,Ⅰ、Ⅱ分别指国家重点保护Ⅰ级、Ⅱ级,其中Ⅰ级3种,Ⅱ级27种,共30种;“CITES附录”中Ⅰ、Ⅱ、Ⅲ分别指列入《濒危野生动植物种国际贸易公约》(EITES)附录Ⅰ、Ⅱ、Ⅲ物种,其中附录Ⅰ4种、附录Ⅱ26种,附录Ⅲ9种,共39种。